基于 MATLAB 与 FPGA 的图像处理教程

韩 彬 林海全 姜宇奇 / 编著

电子工业出版社
Publishing House of Electronics Industry
北京·BEIJING

内 容 简 介

本书不是一本纯粹的基于软件算法的教程，亦不是一本单一讲述 FPGA 硬件实现的书，而是一本从图像处理算法理论基础出发，结合 MATLAB 软件实现，最终采用 FPGA 进行并行硬件加速的指南。书中选用了一些常用的图像处理算法，相关章节大都遵循"算法理论→MATLAB 软件验证→FPGA 硬件实现"的流程，将这些算法由浅入深、循序渐进地从算法理论讲解到 FPGA 硬件实现。

本书适合对 FPGA 图像处理感兴趣的读者，需读者熟悉 MATLAB 软件与 Verilog 语言，并且具备一定的 FPGA 基础。如果是 FPGA 初学者，可以先阅读笔者的另外两本书：《FPGA 设计技巧与案例开发详解（第 3 版）》《Verilog 数字系统设计教程（第 4 版）》。

本书的所有例程均已经过了验证，并且已经在实际项目中得到了多次应用，配套的代码及参考资料可在华信教育资源网（www.hxedu.com.cn）下载，也可联系笔者获取（邮箱 crazyfpga@qq.com）。

图书在版编目（CIP）数据

基于 MATLAB 与 FPGA 的图像处理教程 / 韩彬，林海全，姜宇奇编著. — 北京：电子工业出版社，2023.1
ISBN 978-7-121-44759-4

Ⅰ. ①基… Ⅱ. ①韩… ②林… ③姜… Ⅲ. ①数字图像处理－教材 Ⅳ. ①TN911.73

中国版本图书馆 CIP 数据核字（2022）第 244732 号

责任编辑：牛平月　　　　　　　特约编辑：田学清
印　　刷：固安县铭成印刷有限公司
装　　订：固安县铭成印刷有限公司
出版发行：电子工业出版社
　　　　　北京市海淀区万寿路 173 信箱　　　邮编：100036
开　　本：787×1092　　1/16　　印张：18　　字数：438 千字
版　　次：2023 年 1 月第 1 版
印　　次：2025 年 1 月第 6 次印刷
定　　价：98.00 元

凡所购买电子工业出版社图书有缺损问题，请向购买书店调换。若书店售缺，请与本社发行部联系，联系及邮购电话：(010) 88254888，88258888。

质量投诉请发邮件至 zlts@phei.com.cn，盗版侵权举报请发邮件至 dbqq@phei.com.cn。

本书咨询联系方式：niupy@phei.com.cn。

前　言

业内有很多介绍 MATLAB 图像处理的书，如《数字图像处理（MATLAB 版）》（作者冈萨雷斯），也有不少介绍 FPGA 图像处理的书，如《FPGA 数字图像采集与处理》（作者吴厚航），但尚未出现一本结合 MATLAB 仿真与 FPGA 实现的图像处理教程。单纯地学习 MATLAB 图像处理的读者，很难在 FPGA 上对其算法用硬件实现；单纯地学习 FPGA 图像处理的读者，又很难从底层了解算法的原理与实现。因此，本书的出现将填补业内这一空缺，会给对该领域感兴趣的读者，带来不一样的福音。

本书将从图像格式转换、降噪、增强、二值化、锐化、缩放等传统基础图像算法入手，从原理到 MATLAB 设计、FPGA 硬件加速实现进行由浅入深、循序渐进的介绍。以深度学习算法 LeNet5 为例，介绍如何用 FPGA 实现较简单的硬件加速卷积神经网络。最后，作为画龙点睛之笔，介绍传统 ISP 和新兴 AISP 的理论概念及区别，并阐述未来图像硬件加速的发展走向。

为了让读者能够更好地了解本书的架构，笔者整理了章节规划的图谱，如下所示。读者可以按顺序阅读，也可以根据自己的兴趣挑重点查阅，章节规划没有严格的先后顺序。

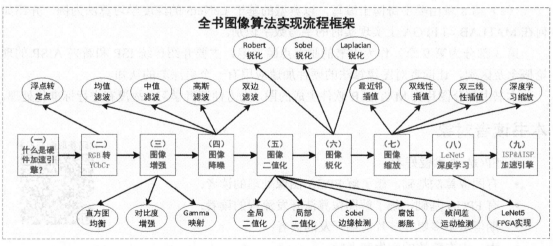

图像算法的实现属于方法论，优秀的图像算法可以让我们事半功倍；同样，如何用更低的 PPA（Power Performance Area，即功耗、性能、面积，是芯片最主要的三个评价指标）在 FPGA/IC 上实现图像算法的硬件加速，也是一门学问，需要充分理解图像算法的实现过程，还需要掌握 FPGA 的设计思维，并且熟练运用 FPGA 常用的加速思维。笔者曾在《FPGA 设计技巧与案例开发详解（第 3 版）》一书中讲述了很多的 FPGA 设计技巧，本书将重点

针对图像处理，为读者讲解具体的算法实现。

截至本书出版前，笔者在 IC 公司已经工作 7 年有余，深刻地感受到研发人员的能力对自主研发代码质量（设计功能不考虑时序、门控时钟满天飞等）的影响，目前虽然功能验证及后端收敛可以正常流片，但考虑到 PPA 对成本及竞争力的影响，目前 PPA 还有很大的提升空间。因此，本书旨在带给读者图像处理的硬件加速思维，希望读者能够学会图像处理的 FPGA 加速方法，同时能够掌握在 IC 中设计优秀电路的技术。希望本书的出版，能够帮助提高 IC 行业人才的质量与产品的竞争力。

本书内容体系

本书共 9 章，分为 3 部分，各部分对应的章节和具体内容如下。

第 1 部分为第 1 章，由韩彬编写，主要通过对 CPU 结构体系加速，以及苹果 M1 芯片架构、海思 Hi3516A 芯片架构的介绍，讲解什么是硬件加速引擎。同时这一章也介绍了 FPGA 软件仿真环境，以及可配套的 FPGA 图像处理开发板。

第 2 部分包括第 2~8 章，主要介绍常用的图像处理算法的理论、MATLAB 设计，以及 FPGA 硬件加速实现，相关章节内容介绍如下。

（1）第 2~5 章由韩彬编写，主要介绍 RGB 转 YCbCr 算法、常用图像增强算法、常用图像降噪算法，以及常用图像二值化算法。

（2）第 6、7 章由林海全编写，主要介绍常用图像锐化算法、常用图像缩放算法，其中第 7 章中的"浅谈基于深度学习的缩放算法"，由从事多媒体算法开发的孔德辉博士编写。

（3）第 8 章由姜宇奇博士编写，以典型的基于 LeNet5 的深度学习算法为例，介绍如何在 MATLAB 与 FPGA 上实现实时的手写数字识别。

第 3 部分为第 9 章，作为本书的画龙点睛之笔，主要介绍传统 ISP 和新兴 AISP 的理论概念及区别，让读者对图像算法的硬件加速应用有一个更深刻的认知。

本书中部分图片为 MATLAB 软件生成的图，为方便读者学习，故没有进行标准化处理。

本书读者对象

扫码获取配套资料

- FPGA 技术爱好者；
- 有图像算法基础，想了解 FPGA 图像处理的读者；
- 有 FPGA 基础，想了解图像算法开发流程的读者；
- 期望从事多媒体芯片前端开发的读者；
- 大、中专院校的学生和老师；
- 相关培训学校的学员。

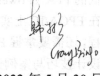

2022 年 5 月 30 日

目　　录

第1章　什么是硬件加速引擎 1

 1.1　CPU 是怎么加速的？ 1

  1.1.1　CPU 体系结构加速 1

  1.1.2　CPU 流水线加速 3

 1.2　什么是硬件加速引擎 5

  1.2.1　苹果 M1 芯片架构 6

  1.2.2　海思 Hi3516A 芯片架构 8

  1.2.3　本书图像加速内容 9

 1.3　FPGA 软件仿真环境介绍 10

  1.3.1　FPGA 目录规划约定 10

  1.3.2　仿真验证平台介绍 10

  1.3.3　相关软件环境介绍 13

 1.4　FPGA 硬件验证平台介绍 14

第2章　RGB 转 YCbCr 算法介绍及 MATLAB 与 FPGA 实现 17

 2.1　RGB 与 YCbCr 色域介绍 17

  2.1.1　RGB 模型 18

  2.1.2　YCbCr 色域介绍 20

 2.2　RGB 转 YCbCr 加速运算 22

  2.2.1　让你的软件飞起来 22

  2.2.2　FPGA 硬件加速思维 24

  2.2.3　FPGA 硬件实现推导 27

 2.3　RGB 转 YCbCr 的 MATLAB 实现 27

  2.3.1　MATLAB 代码的设计 27

  2.3.2　仿真数据的准备 31

 2.4　RGB 转 YCbCr 的 FPGA 实现 32

  2.4.1　FPGA 代码的实现 33

  2.4.2　仿真流程的详解 36

第 3 章　常用图像增强算法介绍及 MATLAB 与 FPGA 实现 39

　　3.1　直方图均衡算法的实现 39

　　　　3.1.1　直方图均衡的原理 39

　　　　3.1.2　直方图均衡的 MATLAB 实现 42

　　　　3.1.3　直方图均衡的 FPGA 实现 47

　　　　3.1.4　直方图均衡的 ModelSim 仿真 51

　　3.2　对比度算法的实现 53

　　　　3.2.1　对比度增强的原理 53

　　　　3.2.2　指数对比度增强的 MATLAB 实现 56

　　　　3.2.3　指数对比度增强的 FPGA 实现 58

　　　　3.2.4　指数对比度增强的 ModelSim 仿真 60

　　3.3　Gamma 映射算法的实现 62

　　　　3.3.1　Gamma 映射的原理 62

　　　　3.3.2　Gamma 映射的 MATLAB 实现 66

　　　　3.3.3　Gamma 映射的 FPGA 实现 69

　　　　3.3.4　Gamma 映射的 ModelSim 仿真 71

第 4 章　常用图像降噪算法介绍及 MATLAB 与 FPGA 实现 73

　　4.1　降噪原理介绍 73

　　　　4.1.1　为什么要降噪 73

　　　　4.1.2　什么是噪声 73

　　　　4.1.3　图像降噪简介 74

　　4.2　均值滤波算法的实现 75

　　　　4.2.1　均值滤波算法的理论 75

　　　　4.2.2　均值滤波的 MATLAB 实现 75

　　　　4.2.3　均值滤波的 FPGA 实现 78

　　　　4.2.4　均值滤波的 ModelSim 仿真 82

　　4.3　中值滤波算法的实现 84

　　　　4.3.1　中值滤波算法的理论 84

　　　　4.3.2　中值滤波的 MATLAB 实现 87

　　　　4.3.3　中值滤波的 FPGA 实现 90

　　　　4.3.4　中值滤波的 ModelSim 仿真 90

　　4.4　高斯滤波算法的实现 93

　　　　4.4.1　高斯滤波算法的理论 95

4.4.2　高斯滤波的 MATLAB 实现 97

4.4.3　高斯滤波的 FPGA 实现 99

4.4.4　高斯滤波的 ModelSim 仿真 104

4.5　双边滤波算法的实现 107

4.5.1　双边滤波算法的理论 107

4.5.2　双边滤波的 MATLAB 实现 109

4.5.3　双边滤波的 FPGA 实现 118

4.5.4　双边滤波的 ModelSim 仿真 123

第 5 章　常用图像二值化算法介绍及 MATLAB 与 FPGA 实现 126

5.1　图像二值化的目的 126

5.2　全局阈值二值化算法 127

5.2.1　全局阈值二值化算法的理论与 MATLAB 实现 128

5.2.2　全局阈值二值化的 MATLAB 实现 131

5.2.3　全局阈值二值化的 FPGA 实现 131

5.3　局部阈值二值化算法 131

5.3.1　局部阈值二值化算法的理论 131

5.3.2　局部阈值二值化的 MATLAB 实现 132

5.3.3　局部阈值二值化的 FPGA 实现 134

5.3.4　局部阈值二值化的 ModelSim 仿真 136

5.4　Sobel 边缘检测算法 140

5.4.1　Sobel 边缘检测算法的理论 141

5.4.2　Sobel 边缘检测的 MATLAB 实现 142

5.4.3　Sobel 边缘检测的 FPGA 实现 144

5.4.4　Sobel 边缘检测的 ModelSim 仿真 145

5.5　二值化腐蚀、膨胀算法 147

5.5.1　二值化腐蚀、膨胀算法的理论 147

5.5.2　二值化腐蚀、膨胀的 MATLAB 实现 148

5.5.3　二值化腐蚀、膨胀的 FPGA 实现 152

5.5.4　二值化腐蚀、膨胀的 ModelSim 仿真 153

5.6　帧间差算法及运动检测算法 155

5.6.1　帧间差算法及运动检测算法的理论 155

5.6.2　帧间差及运动检测的 MATLAB 实现 157

5.6.3　帧间差及运动检测的 FPGA 实现 164

第 6 章　常用图像锐化算法介绍及 MATLAB 与 FPGA 实现...................................165

　　6.1　图像锐化的原理...................................165

　　　　6.1.1　一阶微分的边缘检测...................................166

　　　　6.1.2　二阶微分的边缘检测...................................167

　　　　6.1.3　一阶微分与二阶微分的边缘检测对比...................................168

　　6.2　Robert 锐化算法的实现...................................170

　　　　6.2.1　Robert 锐化算法的理论...................................170

　　　　6.2.2　Robert 锐化的 MATLAB 实现...................................170

　　　　6.2.3　Robert 锐化的 FPGA 实现...................................172

　　　　6.2.4　Robert 锐化的 ModelSim 仿真...................................173

　　6.3　Sobel 锐化算法的实现...................................176

　　　　6.3.1　Sobel 锐化算法的理论...................................176

　　　　6.3.2　Sobel 锐化的 MATLAB 实现...................................177

　　　　6.3.3　Sobel 锐化的 FPGA 实现...................................179

　　　　6.3.4　Sobel 锐化的 ModelSim 仿真...................................180

　　6.4　Laplacian 锐化算法的实现...................................182

　　　　6.4.1　Laplacian 锐化算法的理论...................................182

　　　　6.4.2　Laplacian 锐化的 MATLAB 实现...................................183

　　　　6.4.3　Laplacian 锐化的 FPGA 实现...................................185

　　　　6.4.4　Laplacian 锐化的 ModelSim 仿真...................................186

第 7 章　常用图像缩放算法介绍及 MATLAB 与 FPGA 实现...................................190

　　7.1　最近邻插值算法的实现...................................191

　　　　7.1.1　最近邻插值算法的理论...................................191

　　　　7.1.2　最近邻插值的 MATLAB 实现...................................192

　　　　7.1.3　最近邻插值的 FPGA 实现...................................194

　　　　7.1.4　最近邻插值的 ModelSim 仿真...................................197

　　7.2　双线性插值算法的实现...................................199

　　　　7.2.1　双线性插值算法的理论...................................199

　　　　7.2.2　双线性插值的 MATLAB 实现...................................201

　　　　7.2.3　双线性插值的 FPGA 实现...................................204

　　　　7.2.4　双线性插值的 ModelSim 仿真...................................209

　　7.3　双三次插值算法的实现...................................214

　　　　7.3.1　双三次插值算法的理论...................................214

7.3.2 双三次插值的 MATLAB 实现 216

7.3.3 双三次插值的 FPGA 实现 219

7.4 浅谈基于深度学习的缩放算法 219

7.4.1 DL-SR 算法的理论 219

7.4.2 DL-SR 算法的性能提升 222

7.4.3 DL-SR 与 High-level CV 的区别 223

7.4.4 DL-SR 的几点思考与未来 223

第 8 章 基于 LeNet5 的深度学习算法介绍及 MATLAB 与 FPGA 实现 225

8.1 神经网络的介绍 225

8.1.1 人工神经网络 225

8.1.2 卷积神经网络 226

8.2 基于 LeNet5 卷积神经网络的 MATLAB 实现 229

8.2.1 LeNet5 卷积神经网络的简介 229

8.2.2 LeNet5 卷积神经网络的 MATLAB 实现 230

8.2.3 基于 LeNet5 卷积神经网络的 FPGA 实现 233

8.3 基于摄像头的字符识别 FPGA Demo 的搭建与实现 240

第 9 章 传统 ISP 及 AISP 的图像处理硬件加速引擎介绍 248

9.1 ISP 介绍 248

9.1.1 ISP 简介 248

9.1.2 ISP 的应用 250

9.1.3 ISP 基础算法及流水线 253

9.1.4 Bayer 域的图像处理算法 254

9.1.5 RGB 域的图像处理算法 256

9.1.6 YUV 域的图像处理算法 258

9.2 基于 AI 的 ISP 图像加速引擎介绍 259

9.2.1 AI 在图像领域的应用 259

9.2.2 AISP 简介 260

9.2.3 AISP 的产业化应用 265

9.2.4 本章小结 267

延伸阅读 268

缩略语 271

第 1 章

什么是硬件加速引擎

1.1 CPU 是怎么加速的?

软件在 CPU 上执行，需采用一定的流水线执行指令，通常步骤有取指（Instruction Fetch）、译码（Instruction Decode）、执行（Execute）、访存（Memory）、写回（Write Back）。CPU 流水线执行指令，如图 1.1 所示。包括 5 个阶段顺序执行的处理器指令流，即 CPU 执行指令按照流水线，有一定的先后顺序，单线程同一时刻只能计算出一个结果。

图 1.1　CPU 流水线执行指令

1.1.1 CPU 体系结构加速

接下来，本节深入探讨 CPU 的体系结构，不外乎图 1.2 所示的几种：冯・诺依曼体系结构、哈佛结构、改进的哈佛结构，这几种结构有各自的优势，应用于不同的产品中，也有各自的优缺点，其中 X86 处理器是较典型的冯・诺依曼体系结构，广泛应用于个人计算机、工作站、服务器等；而 ARM 处理器是较典型的哈佛结构，广泛应用于单片机、ARM 芯片等终端芯片，如手机、平板的 CPU。关于具体的细分，详见图 1.2 所示的计算机体系结构思维导图。

冯・诺依曼体系结构（von Neumann Architecture），也称普林斯顿结构，冯・诺伊曼体系结构 CPU，如图 1.3 所示，是一种将程序指令和数据合并在一起的存储器结构。该结构中程序指令和数据共用一条总线，通过分时复用的方式进行读写操作，结构相对简单，总线面积较小，但缺点是效率低，无法同时取程序指令和数据，成为执行的瓶颈。

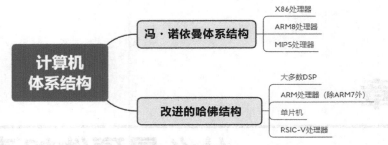

图 1.2　计算机体系结构思维导图

为了解决冯·诺依曼体系结构无法并行取指令和数据的问题，提高计算效率，在此基础上提出了**哈佛结构**（Harvard Structure），哈佛结构是一种将程序指令和数据分开的存储器结构，其 CPU 如图 1.4 所示。该结构由于程序指令和数据存储在两个独立的存储器，各自有独立的访问总线，因此提供了更大的存储器带宽，减轻了程序运行时访问内存的瓶颈。但相应的也需要独立的存储器，以及更大的总线面积，其中 ARM 就是典型的哈佛结构。

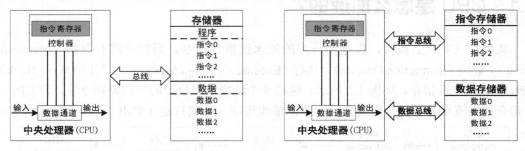

图 1.3　冯·诺伊曼体系结构 CPU　　　　　　　　图 1.4　哈佛结构 CPU

同样采用流水线，相对于冯·诺依曼体系结构，哈佛结构的指令效率更高。首先哈佛结构在当前指令译码的时候，可以进行下一条指令的取指；然后在执行下一条指令译码的同时，又开始了第三条指令的取指。这一过程，通过指令预取加快了原先 5 个步骤的流水线结构，提高了流水线的并行度。

实际上计算机体系结构发展至今，冯·诺依曼体系结构和哈佛结构的界限已经没有那么清晰了。如改进的哈佛结构，指令和数据还是一起存储在主存储器中，但 CPU 有额外的指令存储器和数据存储器，混合型 CPU 体系结构，如图 1.5 所示。在主存储器带宽足够的前提下，使 CPU 可以同时取指令和数据，所以可以认为混合型 CPU 体系结构对外是冯·诺依曼体系结构，对内是哈佛结构，即改进的哈佛结构。

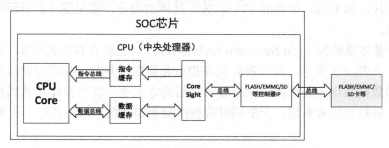

图 1.5　混合型 CPU 体系结构

　　由于本章仅在高层次上，对 CPU 架构设计带来的加速进行基础的描述，这部分就不再深入介绍了。本节继续探讨，如何可以让 CPU 流水线计算得更快。

1.1.2　CPU 流水线加速

1.1.2.1　采用更先进的工艺

　　图 1.6 所示为半导体工艺的演进。从 19 世纪 90 年代到现在，半导体工艺经历了从 0.5μm～3nm 甚至 2nm 的演进，更先进的工艺使我们的电路可以在更高的频率下工作，尽管也需要更高的流片成本。典型的以 28nm 工艺为例，A53 可以运行到 1.5GHz，而在 16nm 工艺下，A53 可以运行到 2.3GHz 的主频（以上数据仅供参考，跟具体优化有关）。

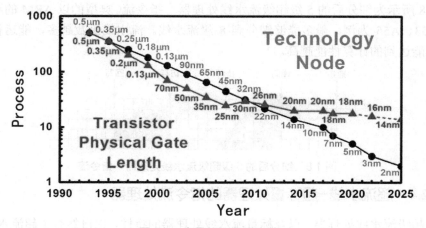

图 1.6　半导体工艺的演进

　　当晶体管小到一定程度，工艺的提升难度就越来越大，摩尔定律也将终结，因此一味地想通过工艺的升级来提升主频，将会变得越来越困难。除了采用更先进的工艺，我们还可以通过先进的封装技术，或者系统架构的优化来提升性能。

1.1.2.2　标量流水线处理器

　　用更细的计算颗粒可以提高处理器的主频，从而提高流水线的处理速率。当然也可以换个思路，采用空间换时间的设计方式，来达到大力出奇迹的效果，即我们拥有多个流水线，在主频不变的情况下，可以同时对数据流进行处理，进而成倍地提高处理速率，这就是标量流水线处理器，其指令流，如图 1.7 所示。

图 1.7　标量流水线处理器　指令流

图 1.7 所示的每条流水线仍需 5 个周期执行完 1 条指令,但上下两条流水线可以重叠执行,用 9 个周期可以执行完 5 条指令。即当流水线满载时,每个周期都可以完成 1 条指令,相对于单流水线处理器,标量流水线处理器提高了 5 倍的工作效率,但也付出了面积增加的代价,这就是 FPGA 中常用的面积换取速度的设计思维。

1.1.2.3 超级流水线处理器

在流水线中,工作的时钟频率受流水线中计算最耗时的操作的影响,即主频需要满足各阶段的 setup/hold time。如果我们将流水线操作中的每步计算拆分为更细的颗粒度,那么更容易满足各阶段的 setup/hold time,因而电路可以运行在更高的频率下,即超级流水线处理器或深流水线处理器。

图 1.8 所示为细分后的 5 级超级流水线处理器 指令流。典型的以 ARM 的顺序处理器 Cortex A53、A55 为例,最多能够细分到 8 级流水线。流水线级数越多,能运行的频率越高,因此能达到的计算性能越高。

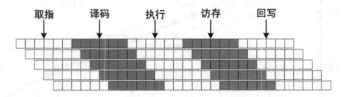

图 1.8 细分后的 5 级超级流水线处理器 指令流

1.1.2.4 超流水线-超标量处理器的指令流处理器

结合超级流水线处理器,以及标量流水线处理器的特性,也自然有了超流水线-超标量处理器,其指令流,如图 1.9 所示。

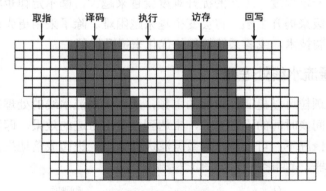

图 1.9 超流水线-超标量处理器 指令流

超流水线-超标量处理器采用了多条流水线的结构,增加了并行计算的总流量;同时通过增加流水线每一阶段的颗粒度,提高了运行的主频。当然,相对于超级流水线处理器和标量流水线处理器,超流水线-超标量处理器也付出了面积增加的代价。目前市场上几乎所有处理器都是超流水线-超标量处理器。

1.1.2.5　采用多核 CPU 结构

当采用确定的工艺和一定的超级标量流水线处理器时，单核 CPU 的性能很难再实现质的飞跃。在这种情况下，仍然可以采用面积换取速度的设计方法，使用多核处理器结构成倍地提升 CPU 的处理性能。

本节以 ARM Cortex-A53/A75 多核处理器结构为例，如图 1.10 所示。采用多核处理器结构进行 SOC 设计，不仅需要考虑 CPU 之间的 cache 一致性，而且多线程处理也对软件提出了更高的要求。

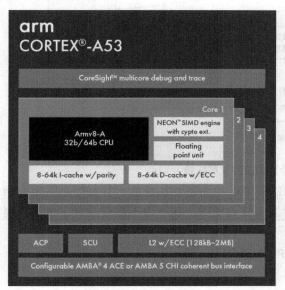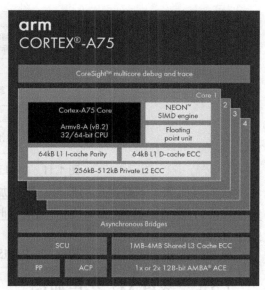

图 1.10　ARM Cortex-A53/A75 多核处理器结构

1.2　什么是硬件加速引擎

普通计算机用指令运算速度衡量计算性能，而超算则通常用浮点运算速度来衡量计算性能。但不管是指令运算还是浮点运算，都脱离不了 CPU 进行流水线式的指令计算。尽管我们可以通过用先进工艺、采用超级标量流水线处理器，甚至是多核的阵列来提升 CPU 的计算性能，但这仍然没有突破"重围"，我们一直在 CPU 的一亩三分地徘徊。

在个人计算机上打开过多的应用时，由于 CPU 的数量及性能受限，无法承载过多的应用，计算机会逐渐变得很卡。但单纯地提高 CPU 的性能，会使空间受限制，且代价很大。除非是首先以性能为目标，对能耗比不那么敏感的超算中心等，否则消费类芯片的核心竞争力仍然以能耗及性能为主，承载到芯片上就是 PPA。

摩尔定律的终结，使我们很难再单一地从 CPU 上榨出更多的性能。如果将某些复杂耗时的计算，采用专用芯片实现，完成计算后，将结果返回给 CPU，这样就实现了专用的加速引擎。典型的以个人计算机为例，采用独立显卡配置的计算机远比仅有集成显卡的计算机有更好的体验感，如 Nvidia/AMD 显卡的 GPU，专门用作图形、图像的加速运算，降低了 CPU 的负荷，提高了整机处理应用的能力。

至此，"主角"终于上场了，世界的最后一块拼图，也终于完整了，图 1.11 所示为 CPU 计算加速的发展路线，终点是最新工艺下，超级标量流水线多核阵列硬件加速引擎。

而最后入场的"观众"，即图 1.11 所示的深色方框，硬件加速引擎。正如前文所述，虽然从 CPU 的一亩三分地，已经很难再开出质变的花，但硬件加速引擎的出现，使 CPU 进入了硬件加速的新时代。

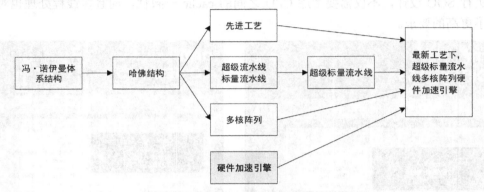

图 1.11　CPU 计算加速的发展路线

我们再梳理一下新提出的概念：硬件加速引擎也称为硬件加速器，其原理是采用专用的加速芯片/模块，替代 CPU 完成复杂耗时的大算力操作，其过程不需要或者仅少量需要 CPU 的参与。

典型的硬件加速引擎有 GPU、DSP、ISP、NPU。

1.2.1　苹果 M1 芯片架构

硬件加速引擎的出现，一方面提升了 SOC 的整体计算性能；另一方面也降低了同等应用场景对 CPU 的性能需求。例如，苹果公司 2021 年在 WWDC 上发布了采用自研 SOC 的全新 MacBook 系列产品，使用的就是其自研的 M1 芯片，其规模达到了 160 亿门晶体管，苹果 M1 芯片的组成结构，如图 1.12 所示（也许本书出版的时候，M2 芯片都出来了，但这不影响我们介绍硬件加速引擎的概念）。

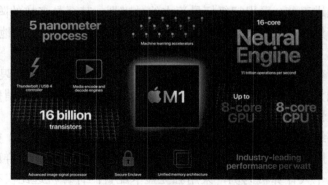

图 1.12　苹果 M1 芯片的组成结构

　　M1 芯片采用了当时较新的 5nm 工艺制程，集成 8 核的 CPU，号称在同等功耗下，达到了 2 倍目前 CPU 的性能。更为重要的是，M1 芯片还集成了众多专用的硬件加速引擎，协助 CPU 完成了很多复杂耗时的运算，苹果 M1 芯片集成的硬件加速引擎，如表 1.1 所示。

表 1.1　苹果 M1 芯片集成的硬件加速引擎

序　号	硬件加速引擎	功能/性能详细描述
1	GPU	图像运算单元，可集成 128 个执行单元，同时可执行 24576 个线程，运算能力高达 2.6TFLOPS
2	Neural Engine	16 核神经网络处理器（NPU），专用卷积网络推理计算加速，每秒可以进行 11 亿万次操作
3	Media Encode & Decode Engine	多媒体视频编解码引擎，硬件加速完成视频的编解码功能，支持 AVS、H.264、H.265 等制式
4	Advance Image Signal Processor	先进的图像信号处理器（AISP），可实现实时的图像采集，Demosaic、3A、2/3D 降噪等图像处理功能

　　勾勒一个粗糙的苹果 M1 芯片架构图（示意图），其实很多多媒体芯片也是类似结构的，如图 1.13 所示。我们简单梳理一下相关模块的工作流程。

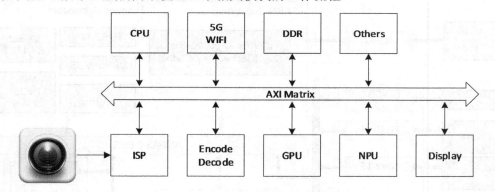

图 1.13　苹果 M1 芯片架构图（示意图）

　　以人工智能（AI）人脸识别的视频拍摄场景为例，苹果 M1 芯片 AI 人脸识别流水线（示意图），如图 1.14 所示。当然每步还需要 CPU 参与配置调度，以及 DDR 读写缓存。其中上半部分，采用 ISP→NPU→Encode→DDR 流水线，实现了实时 AI 人脸识别视频的存储；下半部分，实现了实时 AI 人脸检测的显示。

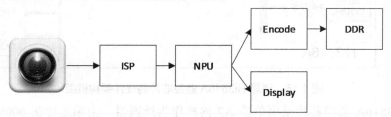

图 1.14　苹果 M1 芯片 AI 人脸识别流水线（示意图）

　　再以体验一个在线游戏为例，采用图 1.15 所示的苹果 M1 芯片在线游戏运行流水线（示意图），实现了游戏的实时解码，图形图像的加速运算，以及实时显示功能。这个过程同样每个模块都需要 DDR 参与读写。此外，CPU 除了参与少量的配置及调度工作，很少参与计算，主要由专用硬件加速引擎完成实时的运算。因此，专业的事情由专用的模块来做，CPU 可以用来做更为复杂的操作，如文件管理、资源优化等。

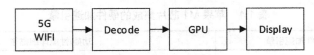

1.15　苹果 M1 芯片在线游戏运行流水线（示意图）

1.2.2　海思 Hi3516A 芯片架构

在苹果 M1 芯片架构中，CPU 与硬件加速引擎协同工作，一起打造了一款 SOC。本节再举一个例子，海思 Hi3516A 芯片架构通过采用硬件加速引擎的方式，降低了产品对 CPU 的性能要求，从而采用低成本的 ARM，在降低成本的前提下，进一步提升了性能。图 1.16 所示为海思 Hi3516A 监控芯片的硬件架构框图。

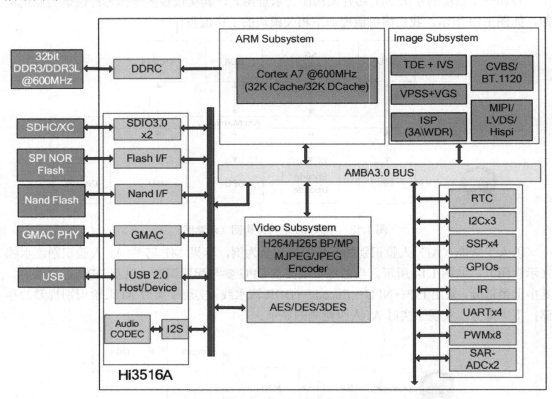

图 1.16　海思 Hi3516A 监控芯片的硬件架构框图

海思 Hi3516A 监控芯片采用单核 A7 内核作为处理器，主频运行在 600MHz，框图左侧为 SOC 的高速模块；右下角为 SOC 的低速模块；中下部分的 AES/DES/3DES 为加、解密模块；右上角的 CVBS/BT.1120 为显示接口；MIPI/LVDS/Hispi 为图像采集接口，以上模块组成了 SOC 的 Boot 最小系统，以及基本输入、输出单元。

海思 Hi3516A 监控芯片是一款 IPC 监控芯片，主要用于实现视频图像采集，编码传输等功能，为了减小 CPU 的消耗，协同完成一些复杂的视频运算，海思 Hi3516A 监控芯片集成了几个重要的硬件加速引擎，使其在低码率、高图像质量、低功耗方面持续引领行业水平。表 1.2 所示为海思 Hi3516A 监控芯片集成的硬件加速引擎。

表 1.2　海思 Hi3516A 监控芯片集成的硬件加速引擎

序　号	硬件加速引擎	功能/性能详细描述
1	TDE	二维引擎（Two Dimensional Engine），硬件加速实现图形的绘制，大大减少对 CPU 的占用，同时又提高了 DDR 的利用率
2	IVS	智能视频引擎（Intelligent Video Engine），模块提供了常用智能分析算法中的 CV 算子，采用硬件实现方式替代 CPU 进行 OpenCV 图像运算
3	VPSS/VGS	视频处理子系统/视频图像系统（Video Processing Sub-System/Video Graph System），硬件加速实现图像显示后的处理功能，包括降噪、缩放、裁剪、叠加、旋转等
5	ISP	图像信号处理器（ISP），实现实时的图像采集、Demosaic、3A、2/3D 降噪等图像处理功能
6	Video Subsystem	视频子系统，支持 H.264、H.265 等制式，以及 ROI 编码，最大支持 5M Pixel 分辨率

IPC 芯片可以用规格较低的 Cortex A9 系列 CPU，得益于 IPC 芯片集成了如表 1.2 所示的专用硬件加速引擎，采用专用计算模块完成了图像处理、视频编码、显示后处理等功能，使 CPU 只需要参与配置及调度，同时才有了资源去处理复杂的操作系统任务。

因为我们总是不断在追求更快，所以我们穷尽一切办法去达成目标。硬件加速引擎在传统 CPU 无法实现质变的基础上，实现了计算能力的突破。硬件加速引擎虽然有其专用的局限性，但协同 CPU 处理，可以以更低的成本及功耗，实现更高的性能，这是当前也是未来计算芯片发展的趋势。

1.2.3　本书图像加速内容

至此，相信你已经了解了硬件加速引擎的非凡意义，所以终于可以提出本书的主题——图像加速引擎。海思 Hi3516A 监控芯片的硬件加速引擎都是与图像相关的，本书也将介绍一些基于图像算法方面的硬件加速，这也是笔者写本书的初衷。

本书将从传统图像加速算法入手，详细地介绍图像处理的相关理论和设计方法，并结合 MATLAB 设计仿真和 FPGA 加速实现开发，介绍硬件加速设计方法的实现处理流程。本书适合从事软件图像开发的读者，可以提升读者对图像算法硬件加速的认知；本书同样也适合从事 FPGA 开发的读者，可以让读者全流程了解如何采用 FPGA 加速实现图像算法。

1.3 FPGA 软件仿真环境介绍

1.3.1 FPGA 目录规划约定

FPGA 工程设计中包括了大量的代码、仿真测试、参考文档等内容，很多人将设计资料杂乱地堆积在一起，这不便于规范化管理，笔者无法忍受杂乱无章的设计。因此，一个 FPGA 工程也必须有一个完善的框架，用来存放相应的源代码、参考文档等，在方便自己查看的同时，也给他人的学习、参考带来了便利。

本节以笔者曾经编写的《FPGA 设计技巧与案例开发详解（第 3 版）》一书中的约定为例，列出了笔者多年来使用 FPGA 工程的目录规划，FPGA 工程开发目录架构图，如图 1.17 所示。

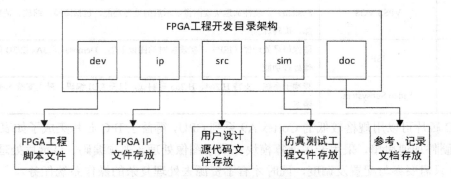

图 1.17　FPGA 工程开发目录架构图

关于各个文件夹具体的规划介绍，如下所示。

（1）dev：存放 Altera、Xilinx、紫光、易灵思、安路等各种 FPGA 工程的脚本文件。

（2）ip：存放用户在设计时将 FPGA 工程生成的 IP 文件。

（3）src：存放 FPGA 工程相关的设计源代码文件。

（4）sim：存放 ModelSim 仿真测试工程的文件，以及 testbench 等。

（5）doc：主要存放关于设计的文档、参考、记录等信息。

1.3.2 仿真验证平台介绍

通常情况下，在完成相关的 RTL 设计之后，接下来要做的事情就是对设计功能进行仿真，验证它是否满足我们的设计需求。本节基于 ModelSim，搭建了一个简易的仿真验证平台，用于本书中 RTL 设计的功能仿真。

该平台是基于批处理脚本、do 脚本、一键化可运行图形界面或命令形式的仿真机制的。图 1.18 所示为仿真验证平台的文件组织架构，下面分别对各文件夹和文件的作用进行介绍。

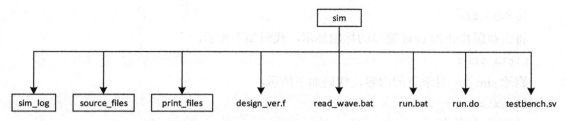

图 1.18 仿真验证平台的文件组织架构

（1）sim_log：存放 ModelSim 仿真过程中产生的文件，包括编译文件、仿真波形文件等。

（2）source_files：存放 ModelSim 仿真用的数据源。

（3）print_files：存放 ModelSim 仿真的打印结果。

（4）design_ver.f：存放 Verilog 设计文件列表。

（5）read_wave.bat：用于打开仿真波形文件的批处理脚本。

（6）run.bat：启动 ModelSim 仿真的批处理脚本。

（7）run.do：执行 ModelSim 仿真的相关指令，包括建立库、映射库、编译、启动仿真。

（8）testbench.sv：存放 ModelSim 仿真的顶层文件。

仿真验证平台的运行机制，如图 1.19 所示。通过批处理脚本和 do 脚本文件之间的调用来启动仿真验证平台。运行 run.bat 时，启动 ModelSim 对 run.do 进行编译（包括 design_ver.f 和 testbench.sv）和仿真。

图 1.19 仿真验证平台的运行机制

接下来对批处理脚本和 do 脚本的内容进行介绍。

1.3.2.1 read_wave.bat

关闭显示信息，代码如下所示。

```
@echo off
```

将当前路径作为 cmd 窗口的标题显示，代码如下所示。

```
title %cd%
```

进入 sim_log 目录，代码如下所示。

```
cd ./sim_log
```

打开仿真波形文件 vsim.wlf，代码如下所示。

```
vsim -view vsim.wlf
```

1.3.2.2 run.bat

关闭显示信息，代码如下所示。

```
@echo off
```

将当前路径作为 cmd 窗口的标题显示，代码如下所示。

```
title %cd%
```

删除 sim_log 目录下的内容，代码如下所示。

```
if exist sim_log (
rd sim_log /s /q
md sim_log
)
```

删除 print_files 目录下的内容，代码如下所示。

```
del /F /S /Q print_files\*
```

进入 sim_log 目录，代码如下所示。

```
cd .\sim_log
```

后台模式启动 ModelSim 软件执行 run.do 进行仿真，代码如下所示。

```
vsim -c -do ..\run.do
```

终止 cmd 窗口并退出，代码如下所示。

```
pause
```

1.3.2.3　run.do

将 ModelSim 的配置文件 ModelSim.ini 拷贝到当前目录，代码如下所示。

```
file copy -force ../../../ModelSim.ini ModelSim.ini
```

建立库目录和映射库，代码如下所示。

```
vlib xil_defaultlib
vmap xil_defaultlib xil_defaultlib
```

编译 testbench.sv 和 design_ver.f，代码如下所示。

```
vlog -sv -incr -work xil_defaultlib \
"../testbench.sv" \

vlog -incr +cover -work xil_defaultlib \
-f "../design_ver.f" \
```

启动仿真并使用相关的器件库，代码如下所示。

```
# 不使用任何器件库
vsim -voptargs="+acc" -t ps -quiet -L xil_defaultlib -lib xil_defaultlib
xil_defaultlib.testbench

# 使用 altera 器件库，通过-L 添加对应的器件库，例如：
# vsim -voptargs="+acc" -t ps -quiet -L altera_ver -L lpm_ver -L sgate_ver
-L altera_mf_ver -L altera_lnsim_ver -L cycloneive_ver -L xil_defaultlib -
lib xil_defaultlib xil_defaultlib.testbench

# 使用 xilinx 器件库，编译 glbl.v 并通过-L 添加对应的器件库，例如：
```

```
# vlog -work xil_defaultlib "../../../glbl.v"
#   vsim   -voptargs="+acc" -t  ps  -coverage  -L  xil_defaultlib  -L
blk_mem_gen_v8_4_1  -L  axi_mmu_v2_1_15  -L  axi_clock_converter_v2_1_16  -L
axi_register_slice_v2_1_17 -L axi_crossbar_v2_1_18 -L generic_baseblocks_v2_1_0
-L axi_data_fifo_v2_1_16 -L fifo_generator_v13_2_2 -L axi_infrastructure_v1_1_0
-L  unisims_ver  -L  unimacro_ver  -L  secureip  -L  xpm  -lib  xil_defaultlib
xil_defaultlib.testbench xil_defaultlib.glbl
```

添加波形；记录波形；设置仿真时间，代码如下所示。

```
add wave *
log -r /*
run 10ms
```

关于仿真验证平台的具体使用流程，请参考第 2 章 2.4.2 节仿真流程的详解。

1.3.3　相关软件环境介绍

图 1.20 所示为本书相关软件环境的 Logo 汇总。其中 MATLAB 与 ModelSim 为本书中最为主要的两个开发环境，前者用于 MATLAB 算法模型的开发，后者用于仿真 FPGA 设计的 Verilog 源代码，并且在本书配套资料中均已经提供了下载链接。

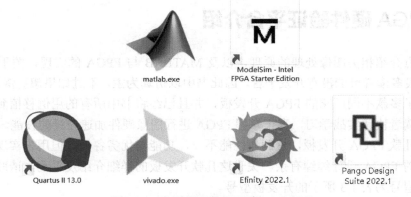

图 1.20　本书相关软件环境 Logo 汇总

另外 4 个 Logo，为不同厂家的 FPGA 开发软件，分别介绍如下。

（1）Quartus II 为 Altera FPGA 的开发软件，为表 1.3 所示的 VIP_A15F 开发板使用的环境。

（2）Vivado 为 Xilinx FPGA 的开发软件，为表 1.3 所示的 VIP_XC70T 开发板使用的环境。

（3）Efinity 为国产易灵思 FPGA 的开发软件，为表 1.3 所示的 T35F_VIP 开发板使用的环境。

（4）Pango Design 为国产紫光同创 FPGA 的开发软件，为表 1.3 所示的 VIP_PGL22GS 开发板使用的环境。

本节配套图像处理 FPGA 开发板的基本参数如表 1.3 所示。

表 1.3 本书配套图像处理 FPGA 开发板介绍

开发板型号	VF-A15K256-T	VF-X25K225-T	VF-P22K176-T	VF-P100K676-T
FPGA 厂家	Intel(Altera)	AMD(Xilinx)	紫光同创	紫光同创
软件	Quartus II	Vivado	Pango	Pango
FPGA 型号	EP4CE15F17C8N	XC7S25CSGA225	PGL22GS-XXLPG176	PG2L100H-6IFBG676
逻辑资源	15K LEs	25K LEs	22K LEs	100K LEs
外设	LED、KEY、UART 等	LED、KEY、UART 等	LED、KEY、UART 等	LED、KEY、UART 等
SDRAM/DDR	32bit SDRAM	16bit DDR3	32bit SDRAM	32bit DDR3
摄像头接口	DVP	DVP	DVP	DVP、MIPI
显示接口	HDMI、VGA	HDMI LVDS LCD	HDMI、VGA LVDS LCD	HDMI In/Out、 USB3.0、Ethernet、 LVDS LCD
其他接口	RGB-LCD（子卡） USB2.0（子卡）	RGB-LCD（子卡） USB2.0（子卡）	RGB-LCD（子卡） USB2.0（子卡）	6.6Gbps SFP、PCIE 2.0 RGB-LCD（子卡）
综合特点	入门简单，资料丰富	入门简单，资料丰富	国产入门	国产高性能

为了图像算法 FPGA 实现的通用性，本书中相关的实现仅限于 ModelSim 仿真，暂不绑定某一家的 FPGA 平台，本书只做代码设计介绍。

1.4 FPGA 硬件验证平台介绍

本书重点介绍相关图像处理的原理，以及 MATLAB 与 FPGA 的实现，关于 FPGA 的实现，考虑很多读者可能没有开发平台，因此书中以**仿真为主**。不过如果想更深入的研究，笔者也提供了多款不同厂家的 FPGA 开发板，并且已经将书中所有的用例移植到开发平台上，可以供读者快速实战学习，真正掌握 FPGA 进行图像硬件加速设计的技能。

关于这几款 FPGA 开发板，资源与性能不一，功能与优劣各异，但用来实现本书的相关图像算法的 FPGA 设计绰绰有余。关于这几款开发板的详细介绍及采购，请联系作者到店铺查看，型号为表 1.3 所示的开发板型号。

本节配套 FPGA 开发板的实物图，如图 1.21 所示。

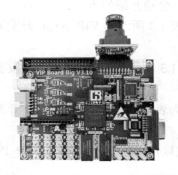

（a）Altera VF-A15K256-T FPGA 开发板　　　　（b）Xilinx VF-X25K225-T FPGA 开发板

图 1.21 本书配套 FPGA 开发板实物图

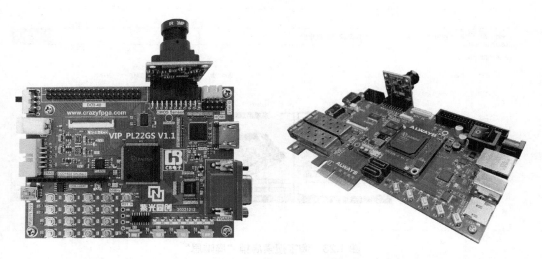

（c）紫光同创 VF-P22K176-T FPGA 开发板　　　　（d）紫光同创 VF-P100K676-T FPGA 开发板

图 1.21　本书配套 FPGA 开发板实物图（续）

另外，图像处理需解决的最大问题是图像源的问题，开发板配套的摄像头模组，从低端到高端，能满足各类学习或工业图像应用的需求。典型的包括 OmniVision 的 OV7725、OV5640；Galaxycore 的 GC0308；Micron 的 MT9V034、MT9M001；Aptina 的 ARO135，具体开发板配套的摄像头模组实物图，如图 1.22 所示。

Micron MT9V034
全局曝光黑白
DVP 8bit接口

Aptina AR0135
全局曝光黑白
DVP 8bit接口

思特微 SC130GS
全局曝光黑白
MIPI、DVP 10bit接口

思特微SC2210
卷帘星光级
MIPI接口

图 1.22　开发板配套的摄像头模组实物图

由于 FPGA 开发板并非本纸质书的重点介绍内容，本书不再介绍，需要硬件实战的读者，请联系作者到店铺查看，或在淘宝搜索店铺"奥唯思"，如图 1.23 所示。再详细对比几款不同厂家的 FPGA 开发板，谢谢。

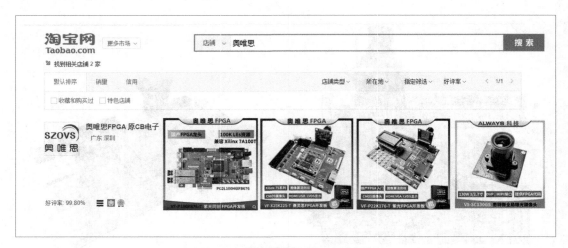

图 1.23　淘宝搜索店铺"奥唯思"

万事开头难，第 1 章已经介绍完毕。此刻，再也等不及了，我们赶紧转到第 2 章，尽快开始基于 MATLAB 与 FPGA 的图像算法，加速开发吧！

第 2 章

RGB 转 YCbCr 算法介绍及 MATLAB 与 FPGA 实现

虽然现在 RGB 是计算机视觉最基本的三原色组成结构，但是 YCbCr 也是非常重要的角色，缺一不可。相对于色度，人眼对亮度更敏感，因此通过压缩色度，使我们可以对传输带宽进行一定程度地压缩。YCbCr 的应用很多，举例如下。

（1）HDMI、DP 等接口，UVC、BT656/709/1120 等协议，都可以采用 YCbCr 格式进行传输，（YCbCr422/420 有效降低了传输带宽）。

（2）不管是 H.264 还是 AVS、JPEG、MJPEG 等格式，都采用 YUV 格式进行编码压缩。

（3）很多机器视觉、图像处理、检测识别算法，不关注色彩，只需要在灰度域处理即可。

图像传感器是按照 Bayer（RGB）阵列排布的，PC 保存的 BMP 是 RGB 格式的，很多算法预处理也是在 RGB 域的。但实际上很多算法的处理是在 YCbCr 域或灰度域的，因此需要通过算法，将 RGB 格式转换成 YCbCr 格式。RGB 转 YCbCr 算法虽然很基础，但却很重要，怎样才能计算得更快，也是一门学问。

在本书第 1 章"什么是硬件加速引擎"中，介绍了硬件加速引擎协助 CPU 进行加速计算的重要性，本章，我们将以较简单的案例（RGB 转 YCbCr），从理论到实现，从软件优化到硬件加速，详细地介绍如何进行 RGB 转 YCbCr 的计算加速。

2.1 RGB 与 YCbCr 色域介绍

正式开始前，有必要介绍一下色彩模型。色彩模型有很多种类，如 RGB 模型、CMYK 四原色模型、YUV/YCbCr 颜色模型等，由于本章要进行 RGB 转 YCbCr 算法的实现，因此本节重点介绍 RGB 和 YCbCr 的色彩模型。

2.1.1　RGB 模型

为了研究 RGB 模型，我们需要从光线的底层物理组成开始分析。光也属于电磁波，有着同样的特性，电磁波光谱图，如图 2.1 所示。

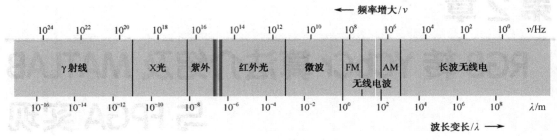

图 2.1　电磁波光谱图

在电磁波波段中，400~700nm 范围内为可见光波段，即人类肉眼可见的光。大自然的色彩均是由可见光组成的，雨后的彩虹或者三棱镜色散后呈现的"红橙黄绿青蓝紫"，便是自然光（白光）分解的结果。分解后不同颜色的光频率及波长，如表 2.1 所示。

表 2.1　分解后不同颜色的光频率及波长

序　号	颜　色	频率范围/THz	波长范围/nm
1	红	400~484	620~750
2	橙	484~508	590~620
3	黄	508~526	570~590
4	绿	526~606	495~570
5	青	606~630	475~495
6	蓝	630~668	450~475
7	紫	668~789	380~450

注：由于青色与蓝色、绿色有一定程度的交叉，笔者参考了很多资料，均没有给出明确的界限，因此暂不
列出具体参数。

通过不同样色、不同深浅的组合，能够再现大自然的五彩缤纷。而人眼能观察到色彩，是因为照射到物体上的电磁波（光线）反射，由人眼感应后所形成的结果。人眼能分辨出"红橙黄绿青蓝紫"，并不是因为人眼具有这 7 种感光细胞，而是通过另外一种组合——"RGB 模型"。

所谓 RGB 模型，是认为人眼里有三种感光细胞，分别对红色、绿色和蓝色最敏感。人眼之所以看到各种颜色的光，主要是这三种感光细胞感觉综合的结果，而红、绿、蓝三色被称为三原色。虽然在历史上，出于不同的原因，到底将哪三种颜色作为三原色有过争论，现在根据不同的目的也有不同的选择。但是，最广为人知的，依然是红、绿、蓝三色。人眼存在着三种颜色的感光细胞，称为锥状感光细胞。

人眼在光线充足的环境中，能看到五颜六色，而在光线比较暗的环境中，只能观察到物理的敏感程度，却不能感受到五颜六色的缤纷。因此，相关研究表明，人眼还存在着另外一种可见光细胞——柱状细胞，柱状细胞对不同光波长的敏感程度，如图 2.2 所示。

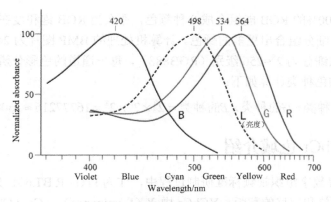

图 2.2　柱状细胞对不同光波长的敏感程度

RGB 三种颜色的感光细胞都可以覆盖可见光范围，但是每一种细胞较敏感的波长不同。分别能感应 RGB 的细胞，被称为红视锥细胞、绿视锥细胞、蓝视锥细胞。而每种细胞，并非刚刚好对准响应颜色的波长中心值，这一点主要取决于人眼，而非电磁波。人眼所看到的彩色图像，是 RGB 以不同强度混合进入眼睛，综合出来的结果。由这三种细胞受到不同强度的反应结果，组合出的颜色，称为"三颜刺激"。

计算机中，使用最广泛的就是 RGB 模型了。计算机使用离散的数字信号来描述数据，RGB 模型也不例外。对于 RGB 的不同组合，能实现自然界真彩的斑斓。而对同一强度的 RGB，可以组成 2^3=8 种颜色，RGB 的组成，如图 2.3 所示。

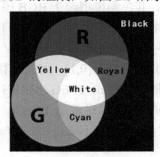

图 2.3　RGB 的组成

饱和度均为 100%的 RGB 的组合结果，如表 2.2 所示。

表 2.2　饱和度均为 100%的 RGB 的组合结果

序　号	R	G	B	Result	结　果
1	1	0	0	RED	红
2	0	1	0	GREEN	绿
3	0	0	1	BLUE	蓝
4	1	1	1	WHITE	白
5	0	0	0	BLACK	黑
6	1	1	0	YELLOW	黄
7	1	0	1	CYAN	青
8	0	1	1	ROYAL	品

饱和度均为 100%的 RGB 能组合成 8 种颜色，那么当 RGB 饱和度在 0~100%（色彩深度）变化时，就能细分组合出更多的颜色。计算机处理的 BMP 图片为 24Bit 的位图，即每一通道的颜色可以细分为 2^8=256 级别（RGB888），每一通道的色彩分辨率能达到 256 级，总共能综合出的颜色种类计算如下：

$$R\text{的种类} \times G\text{的种类} \times B\text{的种类} = 2^8 \times 2^8 \times 2^8 = 16777216 \approx 1600\text{万}$$

2.1.2　YCbCr 色域介绍

YCbCr 在世界数字组织视频标准研制过程中，作为 ITU - R BT.601 建议的一部分，其实是 YUV 经过缩放和偏移的翻版。YCbCr 由 Y（Luminance）、Cb（Chrominance-Blue）和 Cr（Chrominance-Red）组成，其中 Y 表示颜色的明亮度和浓度，Cb 和 Cr 则分别表示颜色的蓝色浓度偏移量和红色浓度偏移量。

医学研究证明，人的肉眼对视频的 Y 信号分量更敏感，因此在通过对色度分量进行子采样来减少色度分量后，肉眼将察觉不到图像质量的变化。如果只有 Y 信号分量，而没有 U、V 信号分量，那么表示图像就是黑白灰度图像。彩色电视采用 YUV 空间正是为了用明亮度信号 Y 解决彩色电视机与黑白电视机的兼容问题，使黑白电视机也能接收彩色电视信号。我们通常把 YUV 和 YCbCr 的概念混在一起，但其实这两者还是有挺大区别的，主要区别介绍如下。

（1）YUV 是一种模拟信号，其色彩模型源于 RGB 模型，即亮度与色度分离，适合图像算法的处理，常应用于模拟广播电视中，其中 $Y \in [0,1]$，$U,V \in [-0.5, 0.5]$。

（2）YCbCr 是一种数字信号，其色彩模型源于 YUV 颜色模型，是 YUV 压缩和偏移的版本（所谓偏移就是从 $[-0.5, 0.5]$ 偏移到[0,1]，因此计算的时候会加 128），在数字视频领域应用广泛，是计算机中应用最多的格式，JPEG、MPEG、H.264/5、AVS 等都采用 YCbCr 格式，我们通常广义地讲的 YUV，严格地讲就是 YCbCr。

YCbCr 格式可以继续细分成两种格式：tv range 格式与 full range 格式，主要区别如下。

1）tv range 格式

$Y \in [16,235]$，Cb $\in [16, 240]$，Cr $\in [16, 240]$，主要是广播电视采用的数字标准。

2）full range 格式

Y、Cb、Cr $\in [0, 255]$，主要是 PC 端采用的标准，所以也称为 pc range 格式。

关于为何 tv range 格式中的 Y 要量化到 16~235，主要是因为 YUV 最终在模拟域传输，所以为了防止数模转换时引起过冲现象，将数字域限定在 16~235。至于为什么选择 16/235，可自行了解吉布斯现象（Gibbs Phenomenon），本节不再继续展开介绍。

所以 RGB 转 YCbCr，得明确转 tv range 格式还是 pc range 格式；反之也可以通过像素值范围，去判断是 tv range 格式，还是 pc range 格式，但是得明确是什么格式范围，否则会导致偏色。图 2.4 所示为 ITU-RBT.601 标准中 YUV 的 UV 坐标模型（U 越大越蓝，V 越大越红）。

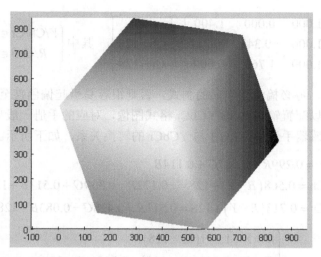

图 2.4　ITU-RBT.601 标准中 YUV 的 UV 坐标模型

（1）对标准 SDTV（标准清晰度电视），采用 ITU-RBT.601 数据格式，其中 YCbCr 为 tv range 格式，所以 YCbCr 也有一定的区间范围，RGB 与 YCbCr 的相互转换公式如下：

$$
\begin{bmatrix} Y \\ Cb \\ Cr \end{bmatrix} = \begin{bmatrix} 16 \\ 128 \\ 128 \end{bmatrix} + \begin{bmatrix} 0.257 & 0.504 & 0.098 \\ -0.148 & -0.291 & 0.439 \\ 0.439 & -0.368 & -0.071 \end{bmatrix} \times \begin{bmatrix} R \\ G \\ B \end{bmatrix}, \quad \text{其中} \begin{cases} R/G/B \in [0,255] \\ Y \in [16,235] \\ Cb/Cr \in [16,240] \end{cases}
$$

$$
\begin{bmatrix} R \\ G \\ B \end{bmatrix} = \begin{bmatrix} 1.164 & 0.000 & 1.596 \\ 1.164 & -0.392 & -0.813 \\ 1.164 & 2.017 & 0.000 \end{bmatrix} \times \begin{bmatrix} Y-16 \\ Cb-128 \\ Cr-128 \end{bmatrix}, \quad \text{其中} \begin{cases} Y \in [16,235] \\ Cb/Cr \in [16,240] \\ R/G/B \in [0,255] \end{cases}
$$

（2）对标准 HDTV（高清晰度电视），采用 ITU-R BT.709 数据格式，其参数略有不同，RGB 与 YCbCr 的相互转换公式如下：

$$
\begin{bmatrix} Y \\ Cb \\ Cr \end{bmatrix} = \begin{bmatrix} 16 \\ 128 \\ 128 \end{bmatrix} + \begin{bmatrix} 0.183 & 0.614 & 0.062 \\ -0.101 & -0.339 & 0.439 \\ 0.439 & -0.399 & -0.040 \end{bmatrix} \times \begin{bmatrix} R \\ G \\ B \end{bmatrix}, \quad \text{其中} \begin{cases} R/G/B \in [0,255] \\ Y \in [16,235] \\ Cb/Cr \in [16,240] \end{cases}
$$

$$
\begin{bmatrix} R \\ G \\ B \end{bmatrix} = \begin{bmatrix} 1.164 & 0.000 & 1.793 \\ 1.164 & -0.213 & -0.533 \\ 1.164 & 2.112 & 0.000 \end{bmatrix} \times \begin{bmatrix} Y-16 \\ Cb-128 \\ Cr-128 \end{bmatrix}, \quad \text{其中} \begin{cases} Y \in [16,235] \\ Cb/Cr \in [16,240] \\ R/G/B \in [0,255] \end{cases}
$$

（3）对 full range 或者 pc range 的 YCbCr 格式，本节 YCbCr 的取值均为 0~255，RGB 与 YCbCr 的相互转换公式如下：

$$
\begin{bmatrix} Y \\ Cb \\ Cr \end{bmatrix} = \begin{bmatrix} 0 \\ 128 \\ 128 \end{bmatrix} + \begin{bmatrix} 0.299 & 0.587 & 0.114 \\ -0.169 & -0.331 & 0.500 \\ 0.500 & -0.419 & -0.081 \end{bmatrix} \times \begin{bmatrix} R \\ G \\ B \end{bmatrix}, \quad \text{其中} \begin{cases} R/G/B \in [0,255] \\ Y/Cb/Cr \in [0,255] \end{cases}
$$

$$\begin{bmatrix} R \\ G \\ B \end{bmatrix} = \begin{bmatrix} 1.000 & 0.000 & 1.400 \\ 1.000 & -0.343 & -0.711 \\ 1.000 & 1.765 & 0.000 \end{bmatrix} \times \begin{bmatrix} Y \\ Cb-128 \\ Cr-128 \end{bmatrix}, \ \text{其中} \begin{cases} Y/Cb/Cr \in [0,255] \\ R/G/B \in [0,255] \end{cases}$$

在具体转换前，务必搞清楚当前的制式，否则很容易引起偏色甚至异常现象产生。另外，图像传感器可以配置输出 RGB/YCbCr 格式图像，对应的手册一般也会给出转换公式，在 OV7725 图像传感器手册中，RGB 与 YCbCr 的转换关系，如下所示。

$$\begin{cases} Y = 0.299R + 0.587G + 0.114B \\ Cb = 0.568(B-Y) + 128 = -0.172R - 0.339G + 0.511B + 128 \\ Cr = 0.713(R-Y) + 128 = 0.511R - 0.428G - 0.083B + 128 \end{cases}$$

$$\begin{cases} R = Y + 1.371(Cr - 128) \\ G = Y - 0.698(Cr - 128) - 0.336(Cb - 128) \\ B = Y + 1.732(Cb - 128) \end{cases}$$

与前面介绍的 full range 格式下，RGB 与 YCbCr 的相互转换公式相比较，还是有略微的区别。

2.2 RGB 转 YCbCr 加速运算

2.2.1 让你的软件飞起来

此刻，我们正式开始本章的主题——如何进行 RGB 转 YCbCr 的加速运算。以 RGB 转灰度 Y 的计算为例，从基本的软件优化，逐步深入到硬件加速实现的过程，步步为营，循序渐进，希望能让读者更深切地感受整个硬件加速引擎的实现过程。

同时从最初级的软件直接乘加到较快的 FPGA 硬件资源进行计算，希望能够颠覆软件开发同事的认知，也能让 FPGA 开发工程师，更大程度地认识到硬件并行加速的意义。

很久前网上有一篇文章——《让你的软件飞起来》，如图 2.5 所示。作者 conquer，文章写于 2005 年，笔者在十几年前第一次阅读时，醍醐灌顶，受益匪浅，随后多次在网络上分享过。作者介绍如何"让软件飞起来"，其实思维和硬件加速开发也有异曲同工之妙，不同的优化方法，确实效率相差甚远。

引用文中一段经典的话："同样的事情，方法不一样，效果也不一样。例如，汽车引擎，可以让你的速度超越马车，却无法超越音速；涡轮引擎，可以轻松超越音障，却无法飞出地球；如果有火箭发动机，就可以达到火星"。

原文可在本书参考资料中获取，在此笔者将参考该文的软件加速开篇，进行 RGB 转 Y 的乘加运算，并且基于 FPGA 设计思维，进行硬件加速，让我们的算法彻底腾飞。RGB 转 Y 的示意图，如图 2.6 所示。

图 2.5　《让你的软件飞起来》

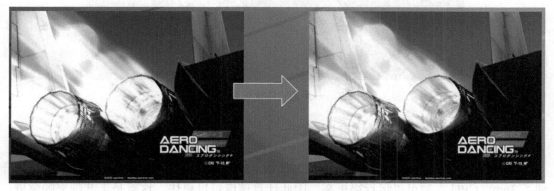

图 2.6　RGB 转 Y 的示意图

以 2005 年的**嵌入式系统**，采用 640×480 的图像进行计算，将图 2.6 所示的彩色火箭（左），通过 RGB 转 Y 得到灰度图像（右），计算公式如下：

$$Y = 0.299R + 0.587G + 0.114B$$

本节总结了《让你的软件飞起来》中的一系列软件优化，相关的加速时间计算过程如下（仅供参考，毕竟 2005 年的嵌入式系统和现在的 ARM 已不可同年而语）。

（1）首先，《让你的软件飞起来》最开始的计算，在嵌入式系统上耗时为 120s。

（2）由于 Windows 位图是 ARGB8888 的精度，因此计算结果仅需 8bit 整数，可忽略小数，将计算结果扩大 1000 倍转定点计算，则新的公式如下：$Y=(299R + 587G + 114B)/1000$，此时嵌入式系统的计算速度提升到了 45s。

（3）但是除法仍然太慢，乘/除 2^N 可用移位操位实现。如果假定将计算结果扩大了 4096 倍，则新的公式如下：$Y=(R \times 1224 + G \times 2404 + B \times 467) >> 12$，计算速度提升到了 30s（其实计算结果"×1024"也是一样的）。

（4）再换一个思维，由于 RGB 的取值在 [0,255] 范围内，因此公式中每一步运算其实都是可以索引的。那么我们可以采用查找表，这样就不用计算了，只需首先根据查找表查找，再测试计算速度时，计算速度惊人地提升到了 2s。

（5）接着马力全开，采用两个 ALU 并行计算，并且将查找表从 int 型改成 unsigned short 型，以及函数声明为 inline，减少 CPU 的调用开销，最后在嵌入式系统上将计算速度提升到了 0.5s。

最后，《让你的软件飞起来》中给出了如图 2.7 所示的一系列软件优化加速示意图，通过各种软件优化，在嵌入式系统上越跑越快，最终将计算速度从 120s 提升到了 0.5s，足足提升了 240 倍，足以见得一个优秀软件工程师的魅力。

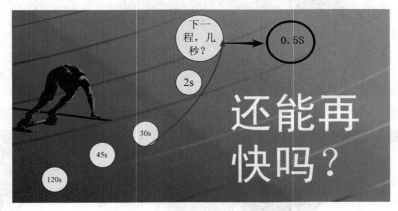

图 2.7　一系列软件优化加速示意图

2.2.2　FPGA 硬件加速思维

我们在第 1 章中介绍过 CPU 是怎么加速的，从 2005 年到 2022 年，芯片制程已经提升到了 3nm，CPU 主频可以运行得更高，因此计算速度可以更快，这就是工艺带来的突破，但是需要昂贵的研发费用及生产成本。

时代发展到今天，我们早已不青睐 VGA 的分辨率。目前多媒体视频的分辨率普遍达到了 2K/4K，甚至 8K，图 2.8 所示为不同分辨率显示示意图。以 4K 分辨率视频为例，其运算量是 640×480 图像的 30.7 倍，即(4096×2304)/(640×480)≈30.7，并且需要在 16.667ms（60FPS）内完成各种复杂的图像处理运算。PC 采用 GPU 硬件加速引擎完成图形处理运算，但如果是终端产品，并且没有昂贵的 GPU，那简直是天方夜谭。

以 4096×2304 的 4K60 视频流，进行 RGB 转 YUV 为例，采用硬件思维进行加速计算。以 FPGA 为例，在时序收敛的前提下，RTL 电路可以在每个 clk（时钟周期）完成 1 次翻转，即进行一次运算。

2.2.1 节（3）中采用乘法+移位的方式优化，比最初计算速度提升了 4 倍；2.2.1 节（4）中采用查找表再累加计算的方式优化，再次将计算速度提升了 15 倍。单从效率上考虑，两者计算 1 个像素均耗用 3 个 clk（前者：乘法、累加、再移位；后者：给 RAM 地址、读 RAM 数据，再累加），但从资源上对比，前者额外耗用了 3 个乘法器，后者则额外需要 3 个 20bit×256 深度的 RAM（8bit 扩大 4096 倍为 20bit）。如果没有专用乘法器 IP 的 FPGA，采用查找表的方式无法在 1 个 clk 内完成乘法运算，则可以使用查找表的方式。好在现在很低端的 FPGA 中都有硬件乘法单元，并且可以运行数百兆的主频，因此推荐采用乘法器的方式，至于移位，只需要简单取高 8bit 就可以了。

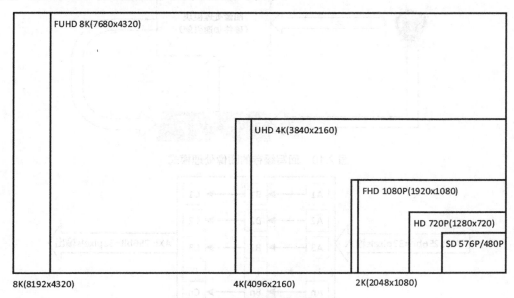

图 2.8　不同分辨率显示示意图

图 2.9 所示为 RGB 转 Y 计算流水线，采用流水线的方式进行乘法→累加→移位的计算，每步的任务具体描述如下。

图 2.9　RGB 转 Y 计算流水线

注：流水线计算，每个 clk 计算输出一个结果

（1）采用 3 个乘法器并行计算当前像素的 RGB 通道乘法，即 $R×1224$，$G×2404$，$B×467$。

（2）将这 3 个结果进行累加。

（3）将累加后的结果取高 8bit（等效于右移动了 12bit），得到最后的结果。

采用流水线的方式，整体像素计算延时了 3 个 clk，但是每个 clk 都能得到 1 个像素的计算结果。图 2.10 所示为回写缓存的图像处理模式。如果图像要回写缓存，并且存储带宽不受限，那么以主频 250MHz 为例（事实上 FPGA 45nm 运行 250MHz 主频也没有问题，28nm ASIC 运行 1GHz 主频都不是问题），则需要（4096×2304+3）×4ns=37.75ms>16.667ms。

采用流水线的方式实现，貌似还不够满足我们实时的需求，毕竟很多运算需要先从内存中来，再回到内存中去，还得给别的运算预留时间，彩色转灰度只是非常简单的算法。我们要继续想办法突破限制，充分利用硬件加速，挑战不可能。既然采用门级电路，那就不存在线程的约束，我们已经采用了流水线并行计算灰度值，那是否可以同时计算 n 个像素的灰度值呢？答案是肯定的，并行流水线加速计算示意图，如图 2.11 所示（以 8bit 像素，256bit AXI 总线为例）。

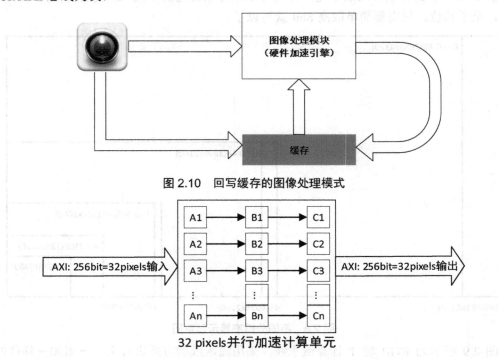

图 2.10   回写缓存的图像处理模式

图 2.11   并行流水线加速计算示意图

假设 DDR 控制器位宽是 256bit，则一个突发长度可读取 32 个像素（pixel）的数据，32 个像素同时计算需要 96 个乘法器，64 个加法器，资源需求很小。仍以主频 250MHz 为例，DDR 带宽足够的前提下，处理 1 幅 4096×2304 图像耗时为 37.75/32≈1.18ms<16.667ms。采用并行流水线加速运算提升 32 倍效率后，4K 分辨率图像的 RGB 转 Y 仅需要 1.18ms，完全能够满足实时性，甚至还给后续算法预留了 90% 以上的时间，可以满足系统的需求。另外，由于硬件并行运算的优秀，Cb/Cr 的转换也可以并行进行运算，这就是 FPGA 的魅力。

至此，从最初《让你的软件飞起来》中嵌入式系统的计算速度为 120s，已经提升到了 1.18ms（如果采用突发长度 16，且乘法资源不限，则还可以提升 16 倍），通过算法优化+硬件并行加速运算的方式，提升了 10 余万倍的计算性能，其中软件优化后，我们在 FPGA 上又提升了 424 倍的计算性能，这就是硬件加速引擎的意义。

重复第 1 章中的定义：硬件加速引擎也称为硬件加速器，其原理是采用专用的加速芯片/模块，替代 CPU 完成复杂耗时的大算力操作，其过程不需要或者仅少量需要 CPU 的参与。最后，根据多年硬件加速引擎的设计经验，总结了几点基本的 FPGA 并行加速实现思维。

（1）浮点转定点，硬件乘法+移位实现加速。

（2）充分利用流水线特性，最好能实现全流水线计算。

（3）合理采用乒乓操作，提高任务并行度。

（4）充分利用并行计算，通过面积换取速度来提升单位时间的计算力。

（5）能用本地缓存就不要用外部缓存，用专用内存提高读写效率。

（6）尽量减少 CPU 的参与，让硬件自动完成状态跳转。

2.2.3　FPGA 硬件实现推导

了解了如何进行硬件加速计算，那么本节采用 2.1.2 节中 full range 的 YCbCr 格式，进行 RGB 转 YCbCr 图像域的转换。由于 Y 或者 Cb、Cr 的计算类似，本节仅以 Y 为例进行推演，我们重新开始梳理流程，最原始的公式如下：

$$Y0 = R \times 0.299 + G \times 0.587 + B \times 0.114$$

首当其冲的是去掉浮点。我们暂不考虑精度（前辈 conquer 把数值扩大了 4096 倍），把数值进行 **256 倍扩大**，公式如下（为防止溢出，得舍去小数点，不能四舍五入）：

$$Y1 = R \times 76.544 + G \times 150.272 + B \times 29.184$$
$$\approx R \times 76 + G \times 150 + B \times 29$$

由于数值扩大了 256 倍，即 2 的 8 次方，因此对上述结果再右移 8bit（实际可以取高 8bit，不用移位），得到的结果如下（其中 76+150+29=255＜256，不会溢出）：

$$Y2 = (R \times 76 + G \times 150 + B \times 29) >> 8$$

同上，推导 Cb/Cr 的计算公式如下：

$$Cb = (-R \times 43 - G \times 84 + B \times 128 + 32768) >> 8$$
$$Cr = (R \times 128 - G \times 107 - B \times 20 + 32768) >> 8$$

2.3　RGB 转 YCbCr 的 MATLAB 实现

本书是基于 MATLAB 与 FPGA 的图像处理教程，因此在开始每个图像算法的 FPGA 之前，都会先进行 MATLAB 仿真，以确保算法实现理论是正确的。关于 RGB 转 YCbCr 的理论及算法，硬件加速实现流程，2.2 节已经描述得很清楚了，本节直接开始 MATLAB 代码的设计。

为了便于读者对算法的深度理解，本书所有的图像处理代码都不采用 MATLAB 的 Image 库（除了用来跟本身对比外）。另外，由于本节是本书第一次进行 MATLAB 代码的讲解，因此会讲解得稍微详细一些。在后续图像算法的 MATLAB 实现中，则更多侧重相关功能实现的讲解。

2.3.1　MATLAB 代码的设计

（1）本书的 MATLAB 测试图库都存放在本书配套资料包的 0_images 文件夹中，如图 2.12 所示。因此每个 MATLAB 代码，都会链接到 0_images 文件夹读取测试图片。

girl.jpg　　gsls_rice.tif　　gsls_test1.tif　　Lenna.jpg　　nezha1.jpg　　nezha2.jpg　　Scart.jpg　　shade_text.jpg

shade_text2.jpg　　shade_text2_bin.tif　　vein.jpg　　火箭.mov　　哪吒.mp4　　哪吒2.mp4　　哪吒3.mp4　　移动亮斑测试视频.mp4

图 2.12　MATLAB 测试图库

（2）MATLAB 代码都存放在本书配套资料的 1_MATLAB_Project 文件夹中，MATLAB 工程代码目录与书中图像算法的实现排版保持一致，如图 2.13 所示。

名称	修改日期	类型
2_VIP_RGB888_to_YCbCr444	2022/4/29 10:54	文件夹
3.1_VIP_Histgram_EQ	2022/4/29 10:54	文件夹
3.2_Image_Constrast	2022/4/29 10:54	文件夹
3.3_Gamma_Mapping	2022/4/29 10:54	文件夹
4.1_Avg_Filter	2022/4/29 10:54	文件夹
4.2_Med_Filter	2022/4/29 10:54	文件夹
4.3_Gaussian_Filter	2022/4/29 10:54	文件夹
4.4_Bilateral_Filter	2022/4/29 10:54	文件夹
5.2_Global_Binarization	2022/5/16 16:34	文件夹
5.3_Region_Binarization	2022/5/5 10:33	文件夹
5.4_Sobel_Edge_Detector	2022/5/16 16:29	文件夹
5.5_Bin_Erosion_Dilation	2022/5/5 10:31	文件夹
5.6_Frame_Difference	2022/5/5 10:31	文件夹
6.2_Robert_Sharpen	2022/5/16 16:29	文件夹
6.3_Sobel_Sharpen	2022/5/16 16:29	文件夹
6.4_Laplacian_Sharpen	2022/4/29 10:54	文件夹
7.1_Nearest_Interpolation	2022/4/29 10:54	文件夹
7.2_Bilinear_Interpolation	2022/4/29 10:54	文件夹
7.3_Bicubic_Interpolation	2022/4/29 10:54	文件夹
8.2_LeNet5	2022/5/5 10:31	文件夹
backup	2022/5/5 10:31	文件夹
test	2022/4/29 10:54	文件夹
Maltab打印函数说明.txt	2022/4/29 10:54	文本文档

图 2.13　MATLAB 工程代码目录

（3）正式开始 MATLAB 代码的设计，首先读取 0_image 文件夹下的图片，获取 RGB 数据源。MATLAB imread 函数支持 BMP、JPG、TIF 等格式图片的直接读取，给算法软件仿真带来了极大得便利，相关代码及显示如下所示。

```
clear all; close all; clc;

%--------------------------------------------------------------------------
```

```
% Read PC image to MATLAB
IMG1 = imread('../../0_images/Scart.jpg');      % 读取 JPG 图像
h = size(IMG1,1);              % 读取图像高度
w = size(IMG1,2);              % 读取图像宽度
subplot(221);imshow(IMG1);title('RGB Image');
```

至此，我们已经获取了图像的 RGB 数据，MATLAB 读取并显示 RGB 图片，如图 2.14 所示。根据 2.2.3 节中 RGB 转 Cb/Cr 的计算公式推导，进行 YCbCr 的计算，相关 MATLAB 代码如下所示。

图 2.14　MATLAB 读取并显示 RGB 图片

```
% --------------------------------------------------------------------------
% Relized by user logic
% Y  = ( R*76 + G*150 + B*29) >>8
% Cb = (-R*43 - G*84 + B*128 + 32768) >>8
% Cr = ( R*128 - G*107 - B*20 + 32768) >>8
IMG1 = double(IMG1);
IMG_YCbCr = zeros(h,w,3);
for i = 1 : h
    for j = 1 : w
        IMG_YCbCr(i,j, 1) = bitshift(( IMG1(i,j,1)*76 + IMG1(i,j,2)*150 +
IMG1(i,j,3)*29),-8);
        IMG_YCbCr(i,j,2) = bitshift((-IMG1(i,j,1)*43 - IMG1(i,j,2)*84 +
IMG1(i,j,3)*128 + 32768),-8);
        IMG_YCbCr(i,j,3) = bitshift(( IMG1(i,j,1)*128 - IMG1(i,j,2)*107 -
IMG1(i,j,3)*20 + 32768),-8);
    end
end
```

以上 for 循环中，对 Y、Cb、Cr 的计算，遍历整个分辨率，采用先乘再相加，然后移位的方式（MATLAB 不太好取高 8bit 的操作），实现 RGB 转 YCbCr 的操作。实际在 FPGA

实现时，直接采用硬件并行计算，并不涉及此操作。

```
% ------------------------------------------------------------------------
% Display Y Cb Cr Channel
IMG_YCbCr = uint8(IMG_YCbCr);
subplot(222); imshow(IMG_YCbCr(:,:,1)); title('Y Channel');
subplot(223); imshow(IMG_YCbCr(:,:,2)); title('Cb Channel');
subplot(224); imshow(IMG_YCbCr(:,:,3)); title('Cr Channel');
```

综上计算后显示的 4 幅图像，MATLAB 执行显示图（RGB 图、Y 通道图、Cb 通道图、Cr 通道图）如图 2.15 所示。为了方便理解，结合 MATLAB 代码处理，将 Y、Cb、Cr 通道图独立显示出来。

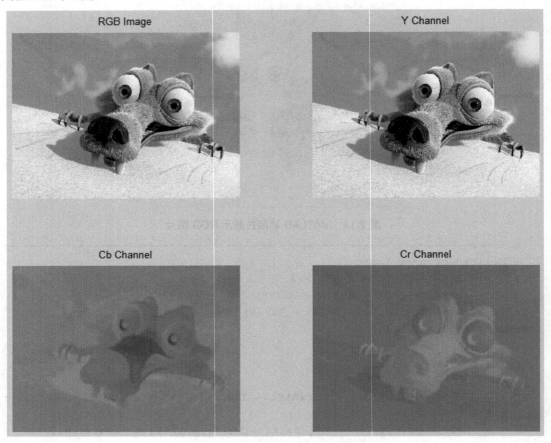

图 2.15　MATLAB 执行显示图

注：由于纸质书印刷为灰度样式，因此 Cb、Cr 通道图未必能显示清楚，请读者运行 MATLAB 代码后对
　　比查看结果，谢谢。

在实际图像处理功能的开发中，RGB 转 YCbCr 可能只是第一步，后续还涉及基于灰度、色度的图像处理。如果后续算法只采用 Y 通道的数据，那么只需要进行 Y 的转换；反之如果需要在 YCbCr 色域处理各通道的数据，那么则需要完整的转换。

2.3.2　仿真数据的准备

为了后续 FPGA 设计中，配合 ModelSim 进行 RTL 仿真，实现仿真模型与 Verilog 代码的对比分析，本节将提前生成 Y、Cb、Cr 通道的数据。

首先生成测试图像的数据，即 RTL 代码读取的图像源数据。在仿真中，我们将提前把 JPG、BMP、TIF 等格式的图像，用 MATLAB 转化为 img_RGB.dat，保存于当前目录下。

本节创建了 img_RGB.dat 作为后续 RTL 仿真读取的图像源数据，将 r、g、b 数据分别写入该文件中，相关代码如下所示。

```
% -------------------------------------------------------------------
% Simulation Source Data Generate
bar = waitbar(0,'Speed of source data generating...');  %Creat process bar
fid = fopen('.\img_RGB.dat','wt');
for row = 1 : h
    r = lower(dec2hex(img_RGB(row,:,1),2))';
    g = lower(dec2hex(img_RGB(row,:,2),2))';
    b = lower(dec2hex(img_RGB(row,:,3),2))';
    str_data_tmp = [];
    for col = 1 : w
        str_data_tmp = [str_data_tmp,r(col*2-1:col*2),' ',g(col*2-1:col*2),' ',b(col*2-1:col*2),' '];
    end
    str_data_tmp = [str_data_tmp,10];
    fprintf(fid,'%s',str_data_tmp);
    waitbar(row/h);
end
fclose(fid);
close(bar);   % Close waitbar
```

然后用 MATLAB 转化好的 Y、Cb、Cr 数据写入到 img_YCbCr.dat 文件中，用于后续与 RTL 仿真生成的结果进行对比，相关代码如下所示。

```
% -------------------------------------------------------------------
% Simulation Target Data Generate
bar = waitbar(0,'Speed of target data generating...');  %Creat process bar
fid = fopen('.\img_YCbCr.dat','wt');
for row = 1 : h
    Y = lower(dec2hex(img_YCbCr(row,:,1),2))';
    Cb = lower(dec2hex(img_YCbCr(row,:,2),2))';
    Cr = lower(dec2hex(img_YCbCr(row,:,3),2))';
    str_data_tmp = [];
    for col = 1 : w
        str_data_tmp = [str_data_tmp,Y(col*2-1:col*2),' ',Cb(col*2-1:col*2),' ',Cr(col*2-1:col*2),' '];
    end
    str_data_tmp = [str_data_tmp,10];
```

```
        fprintf(fid,'%s',str_data_tmp);
        waitbar(row/h);
    end
    fclose(fid);
    close(bar);    % Close waitbar
```

最后以 image_YCbCr.dat 文件为例，生成的文件用 notepad++打开，生成的 image_YCbCr.dat 文件，如图 2.16 所示。

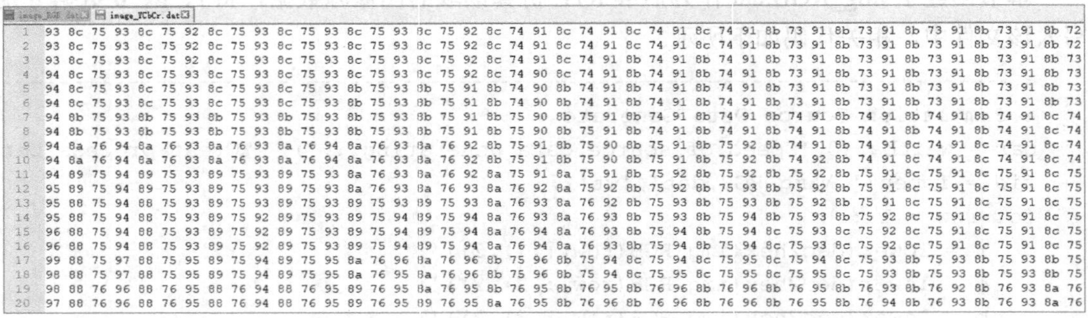

```
image_RGB.dat  image_YCbCr.dat
93 8c 75 93 8c 75 92 8c 75 93 8c 75 93 8c 75 93 8c 75 92 8c 74 91 8c 74 91 8c 74 91 8c 74 91 8b 73 91 8b 73 91 8b 73 91 8b 73 91 8b 72
93 8c 75 93 8c 75 92 8c 75 93 8c 75 93 8c 75 93 8c 75 92 8c 74 91 8c 74 91 8c 74 91 8c 74 91 8b 73 91 8b 73 91 8b 73 91 8b 73 91 8b 72
93 8c 75 93 8c 75 92 8c 75 93 8c 75 93 8c 75 93 8c 75 92 8c 74 91 8c 74 91 8b 74 91 8b 74 91 8b 73 91 8b 73 91 8b 73 91 8b 73 91 8b 73
94 8c 75 93 8c 75 93 8c 75 93 8c 75 93 8c 75 93 8c 75 92 8c 74 90 8c 74 91 8b 74 91 8b 74 91 8b 73 91 8b 73 91 8b 73 91 8b 73 91 8b 73
94 8c 75 93 8c 75 93 8c 75 93 8c 75 93 8b 75 93 8b 75 91 8b 74 90 8b 74 91 8b 74 91 8b 74 91 8b 73 91 8b 73 91 8b 73 91 8b 73 91 8b 73
94 8c 75 93 8c 75 93 8c 75 93 8c 75 93 8b 75 93 8b 75 91 8b 74 90 8b 74 91 8b 74 91 8b 74 91 8b 73 91 8b 73 91 8b 73 91 8b 73 91 8b 73
94 8b 75 93 8b 75 93 8b 75 93 8b 75 93 8b 75 93 8b 75 91 8b 75 90 8b 75 91 8b 74 91 8b 74 91 8b 74 91 8b 74 91 8b 74 91 8b 74 91 8c 74
94 8b 75 93 8b 75 93 8b 75 93 8b 75 93 8b 75 93 8b 75 91 8b 75 90 8b 75 91 8b 74 91 8b 74 91 8b 74 91 8b 74 91 8b 74 91 8b 74 91 8c 74
94 8a 76 94 8a 76 93 8a 76 93 8a 76 94 8a 76 93 8a 76 92 8b 75 91 8b 75 90 8b 75 91 8b 75 92 8b 74 91 8b 74 91 8c 74 91 8c 74 91 8c 74
94 8a 76 94 8a 76 93 8a 76 93 8a 76 94 8a 76 93 8a 76 92 8b 75 91 8b 75 90 8b 75 91 8b 75 92 8b 74 92 8b 74 91 8c 74 91 8c 74 91 8c 74
94 89 75 94 89 75 93 89 75 93 89 75 93 8a 76 93 8a 76 92 8a 75 91 8a 75 91 8b 75 92 8b 75 92 8b 75 92 8b 75 91 8c 75 91 8c 75 91 8c 75
95 89 75 94 89 75 93 89 75 93 89 75 93 8a 76 93 8a 76 93 8a 76 92 8a 75 92 8b 75 92 8b 75 93 8b 75 92 8b 75 91 8c 75 91 8c 75 91 8c 75
95 88 75 94 88 75 93 89 75 93 89 75 93 89 75 93 89 75 93 8a 76 93 8a 76 92 8b 75 93 8b 75 93 8b 75 92 8b 75 91 8c 75 91 8c 75 91 8c 75
95 88 75 94 88 75 93 89 75 92 89 75 93 89 75 94 89 75 94 8a 76 93 8a 76 93 8b 75 93 8b 75 94 8b 75 93 8b 75 92 8c 75 91 8c 75 91 8c 75
96 88 75 94 88 75 93 89 75 92 89 75 93 89 75 94 89 75 94 8a 76 94 8a 76 93 8b 75 94 8b 75 94 8c 75 93 8c 75 92 8c 75 91 8c 75 91 8c 75
96 88 75 94 88 75 93 89 75 92 89 75 93 89 75 94 89 75 94 8a 76 94 8a 76 93 8b 75 94 8b 75 94 8c 75 93 8c 75 92 8c 75 91 8c 75 91 8c 75
99 88 75 97 88 75 95 89 75 94 89 75 95 8a 76 96 8a 76 96 8b 75 96 8b 75 94 8c 75 94 8c 75 95 8c 75 94 8c 75 93 8b 75 93 8b 75 93 8b 75
98 88 75 97 88 75 95 89 75 94 89 75 95 8a 76 95 8a 76 96 8b 75 96 8b 75 94 8c 75 95 8c 75 95 8c 75 95 8c 75 93 8b 75 93 8b 75 93 8b 75
98 88 76 96 88 76 95 88 76 94 88 76 95 89 76 95 8a 76 95 8b 76 95 8b 76 95 8b 76 96 8b 76 96 8b 76 95 8b 76 93 8b 76 92 8b 76 93 8a 76
97 88 76 96 88 76 95 88 76 94 88 76 95 89 76 95 89 76 95 8a 76 95 8b 76 96 8b 76 96 8b 76 96 8b 76 95 8b 76 94 8b 76 93 8b 76 93 8a 76
```

图 2.16　生成的 image_YCbCr.dat 文件

为了代码主体的简洁，将以上生成的源文件、目标文件的代码封装成 MATLAB function：RGB2YCbCr_Data_Gen.m，保存于当前 MATLAB 代码目录中。function 函数将输入的 RGB 图像，以及输出的 YCbCr 图像分别转换为 img_RGB.dat 与 img_YCbCr.dat。因此，在主体代码中，仅需要调用该函数，便完成了当前算法的仿真数据生成，如下所示。

```
% ------------------------------------------------------------------------
% Generate image Source Data and Target Data
RGB2YCbCr_Data_Gen(IMG1, IMG_YCbCr);
```

在后续的算法实现中，相应的还有如下几个函数，用于仿真数据的生成。这几个函数只是输入、输出的格式不一样，其结果都是在当前目录保存仿真源数据与目标数据。

（1）Gray2Gray_Data_Gen.m：输入、输出都是灰度图像的仿真数据生成。

（2）Gray2Bin_Data_Gen.m：输入灰度图像，输出二值图像的仿真数据生成。

（3）Bin2Bin_Data_Gen.m：输入、输出都是二值图像的仿真数据生成。

2.4　RGB 转 YCbCr 的 FPGA 实现

首先，本书中的所有 FPGA 设计文件，都存放在配套资料的 2_FPGA_Sim 文件夹中，并与章节一一对应，FPGA 设计文件目录，如图 2.17 所示。

其次，图 2.18 所示为本书约定的视频流时序格式。本书中所有采用 Verilog 设计的图像处理模块，都遵循此时序格式。其也是常用的并口视频的时序格式，除了像素时钟与复位外，由场同步信号、行同步信号，以及视频数据组成。

名称	修改日期	类型
2_VIP_RGB888_to_YCbCr444	2022/4/29 10:54	文件夹
3.1_VIP_Histgram_EQ	2022/4/29 10:54	文件夹
3.2_Image_Constrast	2022/4/29 10:54	文件夹
3.3_Gamma_Mapping	2022/4/29 10:54	文件夹
4.1_Avg_Filter	2022/4/29 10:54	文件夹
4.2_Med_Filter	2022/4/29 10:54	文件夹
4.3_Gaussian_Filter	2022/4/29 10:54	文件夹
4.4_Bilateral_Filter	2022/4/29 10:54	文件夹
5.3_Region_Binarization	2022/4/29 10:54	文件夹
5.4_Sobel_Edge_Detector	2022/4/29 10:54	文件夹
5.5_Bin_Erosion_Dilation	2022/4/29 10:54	文件夹
5.6_Frame_Difference	2022/4/29 10:54	文件夹
6.2_Robert_Sharpen	2022/4/29 10:54	文件夹
6.3_Sobel_Sharpen	2022/4/29 10:54	文件夹
6.4_Laplacian_Sharpen	2022/4/29 10:54	文件夹
7.1_Nearest_Interpolation	2022/4/29 10:54	文件夹
7.2_Bilinear_Interpolation	2022/4/29 10:54	文件夹
8.2_LeNet5	2022/5/5 10:31	文件夹
modelsim.ini	2022/4/29 10:54	配置设置

图 2.17　FPGA 设计文件目录

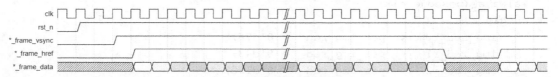

图 2.18　本书约定的视频流时序格式

2.4.1　FPGA 代码的实现

关于 RGB 转 YCbCr 的理论，以及算法的定点化计算，我们已经有了清晰的理论，也已经用 MATLAB 实现了 RGB 转 YCbCr 算法，并且已经准备好了源数据及 MATLAB 执行结果的对比数据。关于 FPGA 设计的代码实现，就简单多了。

本节在配套资料 2_FPGA_Sim\2_VIP_RGB888_to_YCbCr444 目录下，新建 VIP_RGB888_YCbCr444.v 文件，其输入、输出接口定义如下所示。其中 per_*表示准备处理的数据流；post_*表示处理完的数据流。

```
`timescale 1ns/1ns
module VIP_RGB888_YCbCr444
(
//global clock
input           clk,        //cmos video pixel clock
input           rst_n,      //global reset

//Image data prepred to be processd
input           per_img_vsync,  //Prepared Image data vsync valid signal
```

```
input                 per_img_href,   //Prepared Image data href vaild signal
input       [7:0]  per_img_red,   //Prepared Image red data to be processed
input       [7:0]  per_img_green,  //Prepared Image green data to be processed
input       [7:0]  per_img_blue,  //Prepared Image blue data to be processed

//Image data has been processed
output              post_img_vsync,  //Processed Image data vsync valid signal
output              post_img_href,   //Processed Image data href vaild signal
output      [7:0]  post_img_Y,    //Processed Image brightness output
output      [7:0]  post_img_Cb,   //Processed Image blue shading output
output      [7:0]  post_img_Cr   //Processed Image red shading output
);
```

由于 RGB 转 YCbCr 比较简单，因此我们直接用代码进行介绍，具体步骤如下。

（1）耗时 1 个 clk，并行进行 9 个乘法的计算，如下。

```
//----------------------------------------------
//Step 1
reg [15:0]  img_red_r0,   img_red_r1,   img_red_r2;
reg [15:0]  img_green_r0, img_green_r1, img_green_r2;
reg [15:0]  img_blue_r0,  img_blue_r1,  img_blue_r2;
always@(posedge clk)
begin
    img_red_r0   <= per_img_red   * 8'd76;
    img_red_r1   <= per_img_red   * 8'd43;
    img_red_r2   <= per_img_red   * 8'd128;
    img_green_r0 <= per_img_green * 8'd150;
    img_green_r1 <= per_img_green * 8'd84;
    img_green_r2 <= per_img_green * 8'd107;
    img_blue_r0  <= per_img_blue  * 8'd29;
    img_blue_r1  <= per_img_blue  * 8'd128;
    img_blue_r2  <= per_img_blue  * 8'd20;
end
```

在 Verilog 中直接写了乘法 "*"，以 Altera（Intel）/Xilinx（AMD）的 IDE 为例，会自动用数字信号处理器硬件单元替代。如果是国产 FPGA，还在完善 IDE，可能需要人为地进行乘法单元的替代。为了后续提升代码的可移植性，暂不指定某家 FPGA 的 IP，而采用 "*"实现。

（2）耗时 1 个 clk，将乘法后的结果，进行加减法运算，如下。

```
//----------------------------------------------------
//Step 2
reg [15:0]  img_Y_r0;
reg [15:0]  img_Cb_r0;
reg [15:0]  img_Cr_r0;
always@(posedge clk)
begin
```

第2章 RGB 转 YCbCr 算法介绍及 MATLAB 与 FPGA 实现

```
    img_Y_r0  <= img_red_r0 + img_green_r0 + img_blue_r0;
    img_Cb_r0 <= img_blue_r1 - img_red_r1  - img_green_r1 + 16'd32768;
    img_Cr_r0 <= img_red_r2 - img_green_r2 - img_blue_r2  + 16'd32768;
end
```

（3）耗时 1 个 clk，将数据缩小 1/256，截取有效数据。这一步可以采用移位，但直接取高 8bit 相对更直接，也更节省资源，具体实现如下。

```
//-------------------------------------------------
//Step 3
reg [7:0] img_Y_r1;
reg [7:0] img_Cb_r1;
reg [7:0] img_Cr_r1;
always@(posedge clk)
begin
    img_Y_r1  <= img_Y_r0[15:8];
    img_Cb_r1 <= img_Cb_r0[15:8];
    img_Cr_r1 <= img_Cr_r0[15:8];
end
```

（4）由于（1）～（3）的计算，累计耗费了 3 个 clk，因此我们要把 vsync、href 同步延时 3 拍，将时序重新对齐，具体实现如下。

```
    //-------------------------------------------------
    //lag 3 clocks signal sync
reg [2:0] per_img_vsync_r;
reg [2:0] per_img_href_r;
always@(posedge clk or negedge rst_n)
begin
if(!rst_n)
    begin
    per_img_vsync_r <= 0;
    per_img_href_r <= 0;
    end
else
    begin
    per_img_vsync_r <= {per_img_vsync_r[1:0], per_img_vsync};
    per_img_href_r  <= {per_img_href_r[1:0],  per_img_href};
    end
end
assign  post_img_vsync = per_img_vsync_r[2];
assign  post_img_href = per_img_href_r[2];
assign  post_img_Y  = post_img_href ? img_Y_r1 : 8'd0;
assign  post_img_Cb  = post_img_href ? img_Cb_r1: 8'd0;
assign  post_img_Cr  = post_img_href ? img_Cr_r1: 8'd0;

endmodule
```

整体流程和 MATLAB 处理流程类似，只不过 FPGA 每个 clk 可以并行地进行 Y、Cb、

· 35 ·

Cr 的计算，因此累计花 3 个 clk 计算就可以得到结果，从整体视频流上看约等于零延时，这就是 FPGA 进行并行流水线计算的优势。

2.4.2　仿真流程的详解

完成 RGB 转 YCbCr 的 FPGA 设计后，需要对其功能进行仿真验证，以确保设计功能与预期的一致。为了进行仿真验证，需要搭建一个 testbench 仿真平台，用于提供仿真激励和对仿真结果进行校验。RGB 转 YCbCr 算法的仿真框架，如图 2.19 所示。

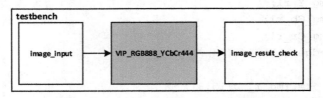

图 2.19　RGB 转 YCbCr 算法的仿真框架

testbench 中有两个任务，分别为 image_input 任务和 image_result_check 任务。其中，image_input 任务从 MATLAB 仿真目录下的 TXT 文本中读取分辨率为 640×480 的图像数据并按照一定的时序产生视频激励；image_result_check 任务从 MATLAB 仿真目录下的 TXT 文本中读取 YCbCr 图像数据，用于对 ModelSim 仿真结果进行对比校验，当发现 MATLAB 和 ModelSim 仿真结果不一致时，会将错误数据的图像行、列位置；ModelSim 仿真结果和 MATLAB 仿真结果打印出来，可协助分析定位问题。完整的 testbench 内容详见配套资料.\2_FPGA_Sim\2_VIP_RGB888_to_YCbCr444\sim\ testbench.sv 文件。

设计编码和仿真编码完成后，借助仿真平台，对 RGB 转 YCbCr 的 RTL 设计进行仿真。首先，将 ModelSim 安装目录下的 ModelSim.ini 拷贝到.\2_FPGA_Sim 目录下，并将 ModelSim.ini 的只读属性去掉，否则会报错，如图 2.20 和图 2.21 所示。

名称 ^	修改日期	类型	大小
2_VIP_RGB888_to_YCbCr444	2022/2/14 19:59	文件夹	
3.1_VIP_Histgram_EQ	2022/2/15 13:43	文件夹	
3.2_Image_Constrast	2022/2/15 13:43	文件夹	
3.3_Gamma_Mapping	2022/2/15 13:43	文件夹	
4.1_Avg_Filter	2022/2/14 19:59	文件夹	
4.2_Med_Filter	2022/2/14 19:59	文件夹	
4.3_Gaussian_Filter	2022/2/14 19:59	文件夹	
4.4_Bilateral_Filter	2022/2/14 19:59	文件夹	
5.3_Region_Binarization	2022/2/14 20:00	文件夹	
5.4_Sobel_Edge_Detector	2022/2/14 20:00	文件夹	
5.5_Bin_Erosion_Dilation	2022/2/14 20:00	文件夹	
5.6_Frame_Difference	2022/2/14 20:00	文件夹	
6.2_Robert_Sharpen	2022/3/4 14:06	文件夹	
6.3_Sobel_Sharpen	2022/2/21 0:25	文件夹	
6.4_Laplacian_Sharpen	2022/2/21 0:25	文件夹	
7.1_Nearest_Interpolation	2022/3/11 15:57	文件夹	
7.2_Bilinear_Interpolation	2022/3/11 15:58	文件夹	
modelsim.ini	2018/2/24 14:08	配置设置	93 KB

图 2.20　拷贝 ModelSim.ini 到 2_FPGA_Sim 目录

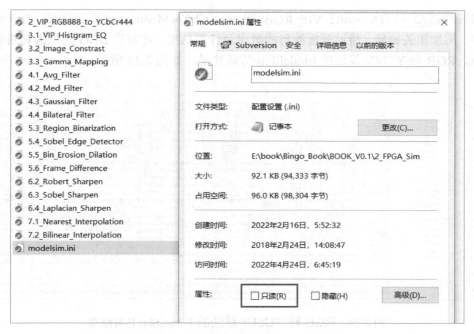

图 2.21　去掉 ModelSim.ini 的只读属性

　　再用编辑器（如 notepad++）打开.\2_FPGA_Sim\2_VIP_RGB888_to_YCbCr444\sim\ design_ver.f，添加需要进行仿真的 Verilog 设计文件，design_ver.f 添加 Verilog 设计文件，如图 2.22 所示。

```
1    ../../src/VIP_RGB888_YCbCr444.v
```

图 2.22　design_ver.f 添加 Verilog 设计文件

　　然后双击.\2_FPGA_Sim\2_VIP_RGB888_to_YCbCr444\sim\run.bat，开始执行仿真。如果仿真过程中出现错误，那么将出现类似于图 2.23 所示的 ModelSim 仿真打印信息。

```
                                    \2_FPGA_Sim\2_VIP_RGB888_to_YCbCr444\sim        —    □    ×
# Top level modules:
#      VIP_RGB888_YCbCr444
# End time: 20:23:30 on Apr 26, 2022, Elapsed time: 0:00:00
# Errors: 0, Warnings: 0
# vsim -voptargs=""+acc"" -t ps -quiet -L xil_defaultlib -lib xil_defaultlib xil_defaultlib.testbench
# Start time: 20:23:30 on Apr 26, 2022
# ** Note: (vsim-3812) Design is being optimized...
# //  ModelSim SE-64 10.6d Feb 24 2018
# //
# //  Copyright 1991-2018 Mentor Graphics Corporation
# //  All Rights Reserved.
# //
# //  ModelSim SE-64 and its associated documentation contain trade
# //  secrets and commercial or financial information that are the property of
# //  Mentor Graphics Corporation and are privileged, confidential,
# //  and exempt from disclosure under the Freedom of Information Act,
# //  5 U.S.C. Section 552. Furthermore, this information
# //  is prohibited from disclosure under the Trade Secrets Act,
# //  18 U.S.C. Section 1905.
# //
##############image result check begin##############
# result error ---> row_num : 21;col_num : 3;pixel data(y cb cr) : (95 88 77);reference data(y cb cr) : (95 88 79)
##############image result check end##############
VSIM 2>
```

图 2.23　ModelSim 仿真打印信息

最后双击.\2_FPGA_Sim\2_VIP_RGB888_to_YCbCr444\sim\read_wave.bat，打开仿真波形文件，添加相关信号，通过分析波形的时序及计算结果，可定位 BUG 的原因和对设计进行修改。RGB 转 YCbCr 算法的 ModelSim 仿真结果，如图 2.24 所示。

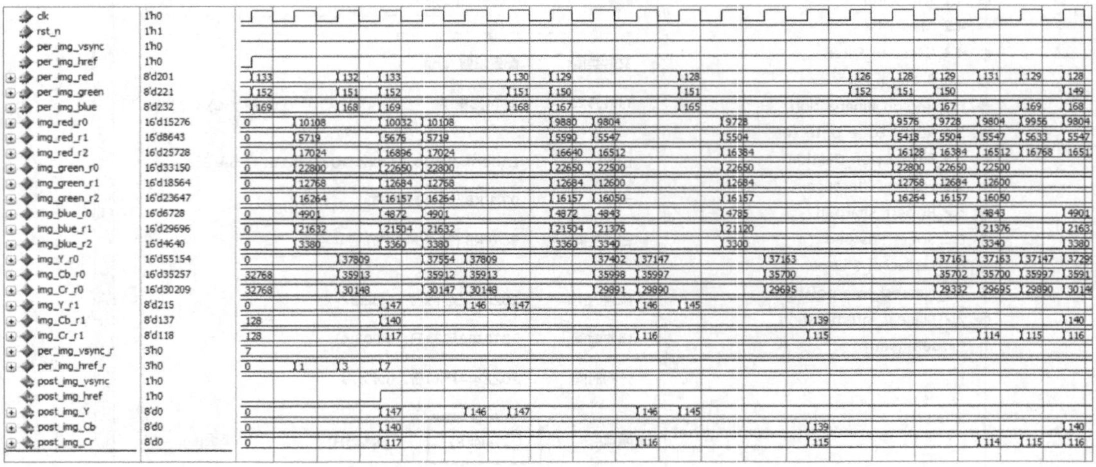

图 2.24　RGB 转 YCbCr 算法的 ModelSim 仿真结果

第 3 章
常用图像增强算法介绍及 MATLAB 与 FPGA 实现

对于原始对比度较低的图像，可以提高对比度来增强图像的辨识度，从而去除无用的信息，改善图像的视觉效果，转换为更适合人或者机器处理的形式。典型的图像增强算法有 CT 图像增强、去雾去雨、静脉增强等算法。从人眼视觉特性来考虑，一幅图像的灰度直方图如果是均匀分布的，那么看上去更适宜人眼。当然如果需要进一步进行图像分类或者机器学习，图像增强的预处理，也有助于目标的识别与检测等。

本章主要介绍几种基本的图像增强算法，以及相应的 MATLAB 与 FPGA 实现。常用的图像增强算法，广义上，不仅包括对比度增强、直方图均衡等算法，还包括降噪滤波、锐度、饱和度等算法。本章作为入门算法，主要介绍直方图均衡算法，以及各种基本的对比度增强算法，其他相关内容将在后续章节中，有针对性地进行介绍。

3.1 直方图均衡算法的实现

3.1.1 直方图均衡的原理

直方图均衡也称为直方图拉伸，是一种简单有效的图像增强技术，通过改变图像的直方图分布，来改变图像中各像素的灰度，可用于增强**动态范围偏小**的图像的对比度。原始图像由于其灰度分布可能集中在较窄的区间，结果呈现出曝光不足/过高，使图像灰度集中在低/高亮度范围内，对比度很低。

图 3.1（a）所示为《数字图像处理（MATLAB 版）》（作者：冈萨雷斯）一书中的冈萨雷斯原图，图像增强（直方图均衡）的例子，图像整体偏暗，通透性很差。图 3.1（b）所示为直方图均衡后的图，可以把原图的直方图变换为亮暗均匀分布的形式，即拉伸了直方图，提升了对比度，增加了图像的动态范围，从而达到增强图像整体对比度的效果。

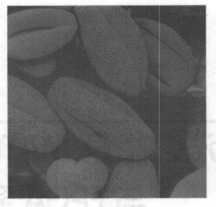 

（a）冈萨雷斯原图　　　　　　　　　　（b）直方图均衡后的图

图 3.1　冈萨雷斯原图与直方图均衡后的图

　　直方图均衡的基本原理，就是对在图像中像素个数多的灰度值（即对画面起主要作用的灰度值）进行拉伸，而对像素个数少的灰度值（即对画面不起主要作用的灰度值）进行合并，从而提高对比度，使图像清晰，达到增强的目的。以图 3.1 所示的图片为例，原始直方图与均衡后的直方图，如图 3.2 所示。

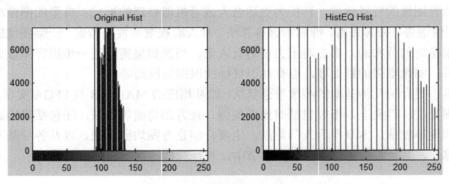

图 3.2　原始直方图与均衡后的直方图

　　可见，经过直方图均衡算法后，拉伸后图像的直方图，像素值几乎均匀地分布在 0~255，符合我们的预期。

　　为了快速看到预期的效果，直方图均衡算法先采用 MATLAB 自带的库函数实现，相关代码在配套资料 Image_HistEQ1.m 中，Image_HistEQ1.m 代码，如图 3.3 所示。

1_Matlab_Project › 3.1_VIP_Histgram_EQ			在 3.1_VIP_Histgram_EQ 中搜索
名称	修改日期	类型	大小
Gray2Gray_Data_Gen.m	2022/5/22 15:35	MATLAB Code	2 KB
Image_HistEQ1.m	2022/5/22 15:35	MATLAB Code	1 KB
Image_HistEQ2.m	2022/5/22 15:35	MATLAB Code	3 KB
Image_HistEQ3.m	2022/5/22 15:35	MATLAB Code	3 KB
img_Gray1.dat	2022/5/22 15:35	DAT 文件	137 KB
img_Gray2.dat	2022/5/22 15:35	DAT 文件	137 KB

图 3.3　Image_HistEQ1.m 代码

具体代码如下所示。

```
clear all;   %清除 MATLAB 缓存数据
close all;
clc;

% ------------------------------------------------------------
% Read PC image to MATLAB
IMG1 = imread('../images/test1.tif');       % 读取 JPG 图像
h = size(IMG1,1);            % 读取图像高度
w = size(IMG1,2);            % 读取图像宽度

% ------------------------------------------------------------
% IMG2 = rgb2gray(IMG1);      % 转灰度图像
subplot(221), imshow(IMG1); title('Original Image');
subplot(223), imhist(IMG1); title('Original Hist');

IMG2 = zeros(h,w);
IMG2 = histeq(IMG1);              % MATLAB 自带直方图均衡
subplot(222), imshow(IMG2); title('HistEQ Image');
subplot(224), imhist(IMG2); title('HistEQ Hist');
```

图像的灰度值是一个线性函数，但像素的分布（灰度直方图）是一个一维的离散函数，直方图均衡就是为了改变灰度值的分布属性。图像的视觉效果与直方图有直接的对应关系，改变直方图的分布，对图像的视觉效果也有很大的影响。如图 3.1 所示的直方图分布，图 3.1（a）的像素值大部分都聚集在 100~130，而在直方图均衡后，像素值则均匀地分布在 0~255。同时直方图均衡后的图，也有了更高的对比度，自然也有了更高的清晰度与辨识度。

图像 $f(x,y)$ 为灰度直方图的一维离散函数，首先，将图像中每个像素的数量，即 $f(x,y)$ 中灰度级为 k 的像素个数，表示为 $n(k)$，这也对应直方图中显示的纵坐标高度。进一步计算灰度级数出现的频率 $P(k)$，计算公式如下（其中，N 为图像的像素总数量）：

$$P(k) = \frac{n(k)}{N}$$

其次，计算原始图像灰度**累计分布**的概率 $s(k)$，即截至当前像素个数占总个数的比例，计算公式如下：

$$s(k) = \sum_{i=0}^{k} \frac{n(i)}{N}$$

整体的概率分布=1，那么将数值扩大 255 倍后，我们将概率拉伸到 0~255，最终得到均衡后的直方图图像的概率，计算公式如下：

$$s(k)' = s(k) \times 255 = \sum_{i=0}^{k} \frac{n(i)}{N} \times 255$$

3.1.2　直方图均衡的 MATLAB 实现

整理 3.1.1 节的计算流程，基本思路就是首先计算归一化后灰度级数概率的累计值，再将结果拉伸到 0~255，因此直方图均衡，也称为直方图拉伸。笔者并没有用复杂的公式去推导，简单地介绍直方图均衡的原理就是将直方图拉伸到 0~255，让图像灰度平均分布，即将累计的频率扩大 255 倍就可以得到理论的结果。

本节新建 Image_HistEQ2.m 代码，根据前面的理论分析及推导，进行 MATLAB 代码的设计，具体实现步骤如下。

（1）读取图像灰度（冈萨雷斯测试图），统计 0~255 灰度级数。

```
clear all; close all; clc;

% ----------------------------------------------------------------
% Read PC image to MATLAB
IMG1 = imread('../../0_images/gsls_test1.tif');      % 读取 JPG 图像
% IMG1 = rgb2gray(IMG1);
h = size(IMG1,1);            % 读取图像高度
w = size(IMG1,2);            % 读取图像宽度

% ----------------------------------------------------------------
% Step1：进行像素灰度级数统计
NumPixel = zeros(1,256);         %统计 0-255 灰度级数
for i = 1:h
    for j = 1: w
        NumPixel(IMG1(i,j) + 1) = NumPixel(IMG1(i,j) + 1) + 1;
    end
end
```
这里根据像素值的大小，对应累加相应的数组，作为当前灰度值的像素数量统计。

（2）遍历所有灰度级数，计算累积的像素灰度级数，如下所示。

```
% Step2：进行像素灰度级数累积统计
CumPixel = zeros(1,256);
for i = 1:256
    if i == 1
        CumPixel(i) = NumPixel(i);
    else
        CumPixel(i) = CumPixel(i-1) + NumPixel(i);
    end
end
```

（3）计算归一化后的累计像素数量，再将其扩大 255 倍。

由于输入图像的尺寸固定（500×500），因此可以提前定点化，即：500×500/255=980.3922 ≈980，以便后续 FPGA 实现。具体代码如下。

```
% Step3：对灰度值进行映射（均衡化）= 归一化 + 扩大到 255
IMG2 = zeros(h,w);
```

```
for i = 1:h
    for j = 1: w
        IMG2(i,j) = CumPixel(IMG1(i,j)+1)/980;
    end
end
IMG2 = uint8(IMG2);
```

原图与自研直方图均衡后的图，如图 3.4 所示，可见，直方图均衡后明显改善了显示效果。

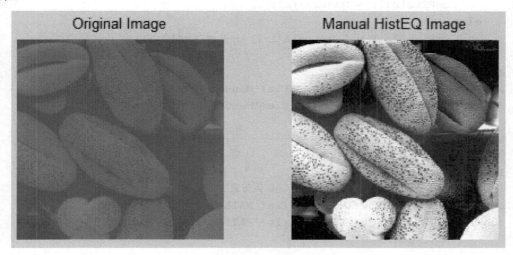

图 3.4　原图与自研直方图均衡后的图

上述代码的实现，采用了源代码进行设计，同时和 MATLAB 库进行对比查验结果。其中直方图均衡时，对后续 FPGA 定点加速的可行性，流程再次总结如下。

（1）计算当前灰度图像 0~255 级数的像素数量。

（2）计算 0~255 级数像素数量的累积值，即截止到当前灰度级数的累积像素个数。

（3）将累积值除以 hw 后归一化，将结果扩大 [0,255]，以当前测试 500×500 的图像为例，hw/255≈980，那么进一步进行硬件思维分析，有以下几种思路：

①对固定视频流，以当前图像为例，若对精度要求不高，则可用 hw 直接除以 1024，即向右移动 10bit，不过这样会损失更多的精度。

②为了提高精度，hw 除以 980 可以用 1 个除法器，根据余数结果是否大于 490，考虑是否进位。由于 FPGA 中一般都有专用的 DSP，合理地使用专用硬件资源，可以提高计算的精度，又不影响逻辑面积。

为了更好地对比原始图像，分别采用源代码及 MATLAB 图库实现的直方图均衡算法，进一步进行图像的统计及对比分析，相关代码如下（仍然在 Image_HistEQ2.m 中）。

```
% --------------------------------------------------
% Step1: 进行像素灰度级数统计
NumPixel2 = zeros(1,256);       %统计 0-255 灰度级数
for i = 1:h
    for j = 1: w
```

```
            NumPixel2(IMG2(i,j) + 1) = NumPixel2(IMG2(i,j) + 1) + 1;
    end
end

% Step2：进行像素灰度级数累积统计
CumPixel2 = zeros(1,256);
for i = 1:256
    if i == 1
        CumPixel2(i) = NumPixel2(i);
    else
        CumPixel2(i) = CumPixel2(i-1) + NumPixel2(i);
    end
end
subplot(232), imshow(IMG2); title('Manual HistEQ Image');
subplot(235), imhist(IMG2); title('Manual HistEQ Hist');


% ------------------------------------------------
% MATLAB 自带函数计算
IMG3 = zeros(h,w);
IMG3 = histeq(IMG1);        % MATLAB 自带直方图均衡
subplot(233), imshow(IMG3); title('MATLAB HistEQ Image');
subplot(236), imhist(IMG3); title('MATLAB HistEQ Hist');


% ------------------------------------------------
figure;
subplot(121),bar(CumPixel); title('原图灰度级数累积');
subplot(122),bar(CumPixel2);title('拉伸后灰度级数累积');
```

原图、自研直方图均衡后的图及 MATLAB 图库直方图均衡后的图对比，如图 3.5 所示。可见，我们采用源代码实现的直方图均衡效果，与采用 MATLAB 图库直方图均衡后的效果基本一致，同时直方图也有效地将像素的分布从 100~130 拉伸到了 0~255，看来 hw/255 除以 980 后，对均衡效果没有明显的影响。

原始灰度级数累积图及拉伸后的灰度级数累积图，如图 3.6 所示。原始灰度级数累积图中灰度集中分布，拉伸后，灰度级数在 0~255 递增，实际效果达到了灰度拉伸的效果，增强了图像的对比度，达到了我们的预期。

可见，直方图均衡算法，对于对比度增强有着直观的作用。如在静脉识别中，需要经 850nm 红外曝光。如果摄像头采集的图像对比度较低，那么经过直方图均衡后可以简单、快速地达到增强静脉识别的效果，给后续算法增加了辨识度，静脉图像直方图均衡、直方图及灰度累积图对比，如图 3.7 所示（相关代码见 Image_HistEQ3.m）。

但算法并不是万能的，例如，当原始图像整体偏亮的时候，直方图均衡就不能得到很好的效果。直方图均衡是一种全局处理方式，如果对处理的数据不进行选择，可能会增加背景干扰信息的对比度，并且降低有用信号的对比度，进而引起图像的异常，主要有如下缺点：①直方图均衡后，图像灰度级数减少，部分细节容易丢失；②对于直方图有高峰时，对比度拉伸后将出现对比度不自然的过分增强现象。

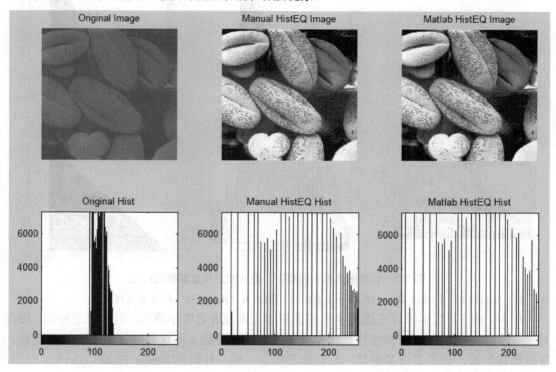

图 3.5　原图、自研直方图均衡后的图及 MATLAB 图库直方图均衡后的图对比

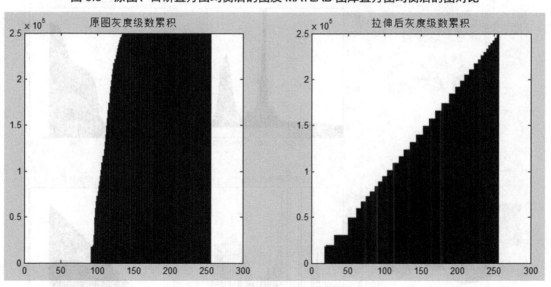

图 3.6　原始灰度级数累积图及拉伸后的灰度级数累积图

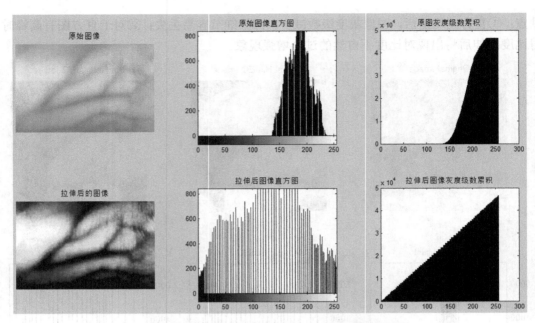

图 3.7　静脉图像直方图均衡、直方图及灰度累积图对比

注：由于原始图像分辨率改变，因此归一化再放大，仍然采"/hw×255"的方式实现

举例，图 3.8 所示的直方图拉伸后图像局部过暗或者过曝示意图，对比度拉伸后，图像对比度增强，虽然灰度级数拉伸后线性增加了，但却引起了图像局部过暗或者过曝现象，导致图像异常，丢失了很多细节，反而得不偿失（相关代码见 Image_HistEQ3.m）。

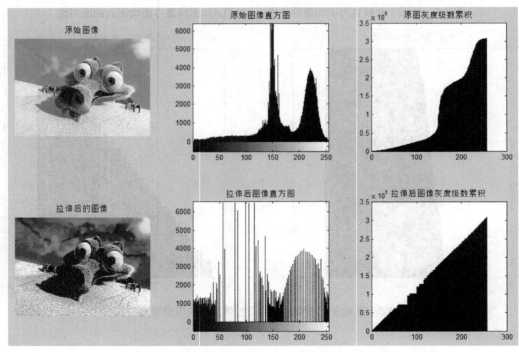

图 3.8　直方图拉伸后图像局部过暗或者过曝示意图

因此，是否对局部进行直方图均衡，才能解决图像全局处理引起异常的问题，这部分将留给读者去研究，本节不再介绍。

3.1.3　直方图均衡的 FPGA 实现

介绍了直方图均衡原理和 MATLAB 实现，接下来进行 FPGA 实现。根据直方图均衡的功能将其划分为两个子模块，分别为 hist_stat 模块和 histEQ_proc 模块，直方图均衡 FPGA 设计框架，如图 3.9 所示。hist_stat 模块的功能是进行像素的灰度级数统计和灰度级数累积统计；histEQ_proc 模块的功能是对原始图像进行直方图均衡。

直方图均衡的业务处理流程如下。

（1）将原始图像输入到 hist_stat 模块进行像素灰度级数统计和灰度级数累积统计，同时原始图像存储于外部存储器（如 SDRAM、DDR2 等）。

（2）在（1）完成后，histEQ_proc 模块从外部存储器读取原始图像进行直方图均衡，输出增强后的图像。

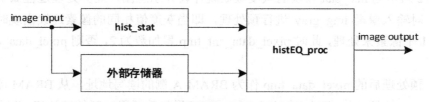

图 3.9　直方图均衡 FPGA 设计框架

hist_stat 模块利用双端口 BRAM 实现灰度级数的统计，其中像素灰度值作为 BRAM 的读写地址。由于读写 BRAM 需要消耗 1 个 clk 周期，所以每个像素的灰度级数统计需要消耗两个 clk 周期，即从 BRAM 读出原来的灰度级数，累加 1 后重新写入 BRAM。但为了避免灰度值相同的像素连续出现，导致 BRAM 的灰度级数统计异常，灰度级数错误统计示意图，如图 3.10 所示。需要对输入像素进行预处理，即当灰度值相同的像素连续出现时，可以将两个像素当作 1 个像素来处理，此时灰度级数需要累加 2，灰度级数正确统计示意图，如图 3.11 所示。

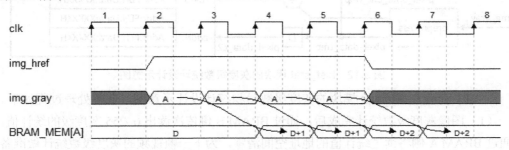

图 3.10　灰度级数错误统计示意图

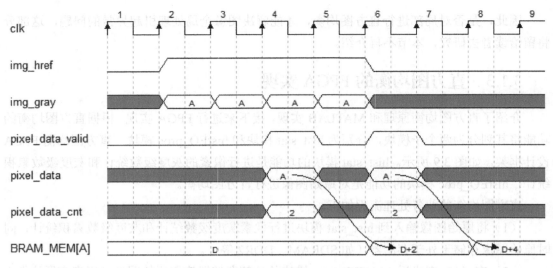

图 3.11 灰度级数正确统计示意图

图 3.12 所示为 hist_stat 模块的灰度级数统计设计示意图，业务处理过程如下。

（1）对输入像素 img_gray 进行预处理，即当灰度值相同的像素连续出现时，将两个像素当作 1 个像素来处理，此时 pixel_data_cnt_tmp 累加数为 2，否则 pixel_data_cnt_tmp 累加数为 1。

（2）预处理后的 pixel_data_tmp 作为 BRAM A 侧的读写地址，从 BRAM 读出灰度级 pixel_data_tmp 的统计值，加上 pixel_data_cnt_tmp 累加数后得到新的统计值，并通过 BRAM B 侧写入 BRAM 的 pixel_data_c2 地址空间中。

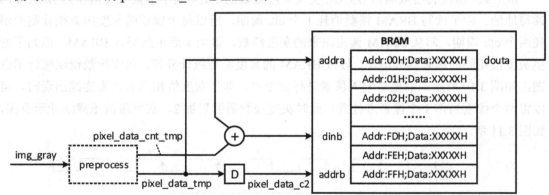

图 3.12 hist_stat 模块的灰度级数统计设计示意图

图 3.13 所示为 hist_stat 模块的灰度级数累积统计设计示意图，业务处理过程如下。

（1）图像灰度级数统计完成后，通过 BRAM B 侧依次读出 0~255 灰度级的统计值，同时通过 BRAM A 侧将读过统计值的地址空间清零，为下一帧视频的灰度级数统计做准备。

（2）将 0~255 灰度级的统计值依次进行累加并作为结果输出。

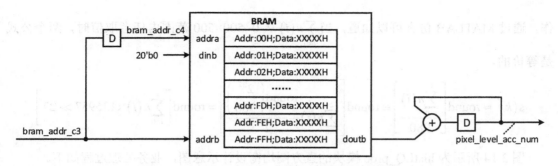

图 3.13　hist_stat 模块的灰度级数累积统计设计示意图

hist_stat 模块中 BRAM 的数据位宽取决于图像像素的总数量，如分辨率为 640×480 的图像的像素总数量为 307200（4B000H），需要用 19bit 的数据位宽表示，设计中用了 20bit 的数据位宽，可以进行更大分辨率图像的灰度级数统计。由于像素灰度值直接作为 BRAM 的地址，所以 BRAM 的深度取决于像素位宽，设计中像素位宽为 8bit，BRAM 的深度为 256。

hist_stat 模块的接口定义如表 3.1 所示。hist_stat 模块的 RTL 设计代码详见配套资料.\3.1_VIP_Histgram_EQ\src\hist_stat.v。

表 3.1　hist_stat 模块的接口定义

信 号	方 向	位 宽	描 述
clk	input	1	系统时钟
rst_n	input	1	系统复位，低电平有效
img_vsync	input	1	视频场信号，高电平有效
img_href	input	1	视频行信号，高电平有效
img_gray	input	8	视频数据
pixel_level	output	8	像素灰度级，取值为 0~255
pixel_level_acc_num	output	20	像素灰度级数累积值统计
pixel_level_valid	output	1	像素灰度级数累积值统计，有效信号，高电平有效

histEQ_proc 模块根据图像灰度级数累积结果对原始图像进行灰度值均衡，即计算归一化后的累积像素数量并扩大 255 倍。设计中输入图像的分辨率，分辨率固定为 500×500，直方图均衡的简化公式如下所示：

$$s(k)' = \text{round}\left[\sum_{i=0}^{k} \frac{n(i)}{500 \times 500} \times 255\right] \approx \text{round}\left[\frac{\sum_{i=0}^{k} n(i)}{980}\right]$$

式中，k 为灰度级，取值范围为 0~255；$\sum_{i=0}^{k} n(i)$ 为灰度级 k 的像素累积值；$s(k)'$ 为直方图均衡后的灰度值。

在 FPGA 设计中，上述公式需要消耗 1 个除法器，占用较多的逻辑资源，为了降低逻辑资源的消耗，可以将公式进一步转换，如下所示，除法运算变成了乘法运算和移位操作。通过 MATLAB 仿真可以知道，当 $\sum_{i=0}^{k}n(i)$ 从 0~500×500 范围内任意取值时，两个公式是等价的。

$$s(k)' \approx \text{round}\left[\frac{\sum_{i=0}^{k}n(i)}{980}\right] \equiv \text{round}\left[\sum_{i=0}^{k}n(i)\frac{\text{round}\left(\dfrac{2^{27}}{980}\right)}{2^{27}}\right] = \text{round}\left[\sum_{i=0}^{k}n(i)\times136957 \gg 27\right]$$

图 3.14 所示为 histEQ_proc 模块的直方图均衡设计示意图，业务处理过程如下。

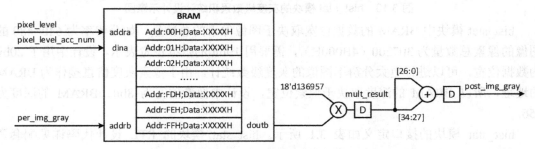

图 3.14　histEQ_proc 模块的直方图均衡设计示意图

（1）将上级 hist_stat 模块的所有灰度级数累积统计结果通过 BRAM A 侧写入 BRAM。

（2）在（1）完成后，启动直方图均衡处理，开始从外部存储器中读取原始图像。

（3）输入像素的灰度值作为 BRAM B 侧的地址，从 BRAM 中读取对应的灰度级数累积统计结果，并与 136957 相乘得到 mult_result，其中 mult_result[34:27] 为整数部分，mult_result[26:0] 为小数部分。

（4）对 mult_result 进行四舍五入运算，得到直方图均衡后的图像 post_img_gray，计算公式如下：

$$\text{post\_img\_gray} = \text{mult\_result}[34:27] + \text{mult\_result}[26]$$

histEQ_proc 模块中 BRAM 的数据位宽为 20bit，深度为 256。

histEQ_proc 模块的接口定义，如表 3.2 所示。histEQ_proc 模块的 RTL 设计代码详见配套资料 .\3.1_VIP_Histgram_EQ\src\histEQ_proc.v。

表 3.2　histEQ_proc 模块的接口定义

信　号	方　向	位　宽	描　述
clk	input	1	系统时钟
rst_n	input	1	系统复位，低电平有效
pixel_level	input	8	像素灰度级，取值为 0~255
pixel_level_acc_num	input	20	像素灰度级数累加统计值
pixel_level_valid	input	1	像素灰度级数累加统计值有效信号，高电平有效
histEQ_start_flag	output	1	直方图均衡开始标志，高电平有效，持续 1 个 clk 周期
per_img_vsync	input	1	输入视频场信号，高电平有效
per_img_href	input	1	输入视频行信号，高电平有效

续表

信　号	方　向	位　宽	描　述
per_img_gray	input	8	输入视频数据
post_img_vsync	output	1	输出视频场信号，高电平有效
post_img_href	output	1	输出视频行信号，高电平有效
post_img_gray	output	8	输出视频数据

3.1.4　直方图均衡的 ModelSim 仿真

完成直方图均衡算法的 FPGA 设计后，需要对其功能进行仿真验证，以确保设计功能与预期的一致。为了能够对设计进行仿真，需要搭建一个 testbench 仿真用例，为设计提供仿真激励和对设计的输出结果进行校验。直方图均衡算法的仿真框架，如图 3.15 所示。

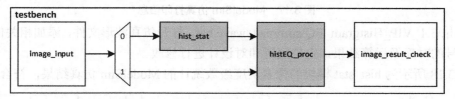

图 3.15　直方图均衡算法的仿真框架

testbench 中有两个任务，分别为 image_input 任务和 image_result_check 任务。其中，image_input 任务从 MATLAB 仿真目录下的 img_Gray1.dat 文件中读取分辨率为 500×500 的图像数据并按照视频的时序产生激励；image_result_check 任务从 MATLAB 仿真目录下的 img_Gray2.dat 文件中读取直方图均衡后的图像数据，用于对 ModelSim 仿真结果进行对比校验。

testbench 的仿真流程如下。

（1）image_input 任务提供视频激励给 hist_stat 模块进行灰度级数统计和灰度级数累积统计。

（2）在（1）完成后，image_input 任务提供视频激励给 histEQ_proc 模块进行直方图均衡处理。

（3）image_result_check 任务将 histEQ_proc 模块输出的 ModelSim 仿真结果与 MATLAB 仿真结果进行比较。

testbench 完整的代码详见配套资料.\3.1_VIP_Histgram_EQ\sim\ testbench.sv。

用编辑器（如 notepad++）打开.\3.1_VIP_Histgram_EQ\sim\design_ver.f，添加需要进行仿真的 Verilog 设计文件，design_ver.f 添加 Verilog 设计文件，如图 3.16 所示。

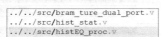

图 3.16　design_ver.f 添加 Verilog 设计文件

双击.\3.1_VIP_Histgram_EQ\sim\run.bat，开始执行仿真。如果仿真过程中发生错误，将出现类似于图 3.17 所示的 ModelSim 仿真打印信息，即打印错误结果的像素行位置、列位置、ModelSim 仿真结果和 MATLAB 仿真结果，有助于分析、定位和解决问题。

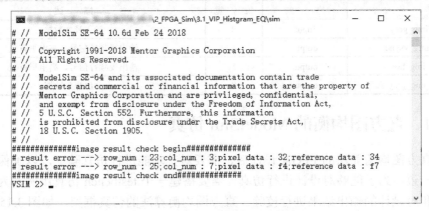

图 3.17　ModelSim 仿真打印信息

双击 .\3.1_VIP_Histgram_EQ\sim\read_wave.bat，打开仿真波形文件，添加相关信号，可分析信号的时序及运算结果，定位问题和对设计进行修改。

图 3.18 所示为 hist_stat 模块的像素灰度级数统计的 ModelSim 仿真结果，符合预期。

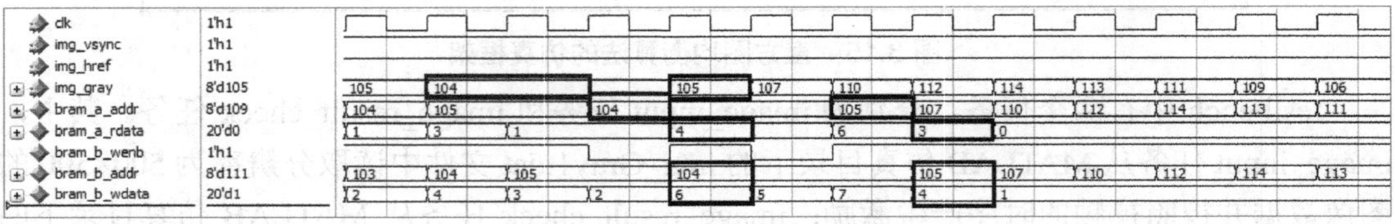

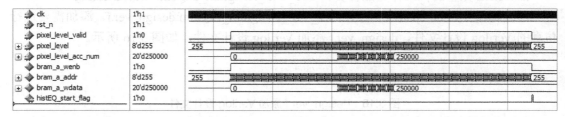

图 3.18　hist_stat 模块的像素灰度级数统计的 ModelSim 仿真结果

图 3.19 所示为 hist_stat 模块的像素灰度级数累积统计的 ModelSim 仿真结果，符合预期。

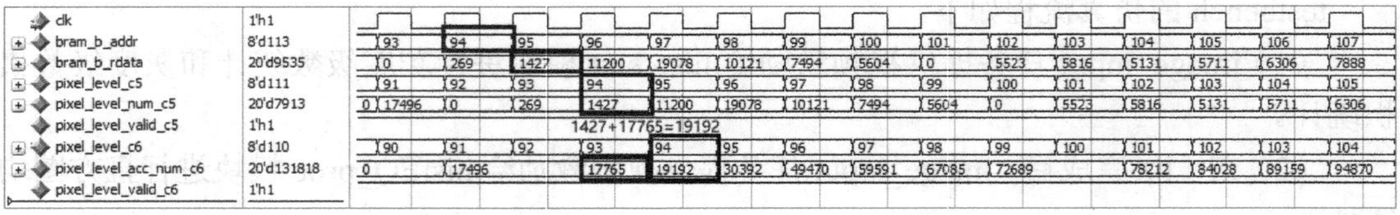

图 3.19　hist_stat 模块的像素灰度级数累积统计的 ModelSim 仿真结果

图 3.20 所示为 histEQ_proc 模块的像素灰度级数累积统计存入 BRAM 的 ModelSim 仿真结果，符合预期。

图 3.20　histEQ_proc 模块的像素灰度级数累积统计存入 BRAM 的 ModelSim 仿真结果

图 3.21 所示为 histEQ_proc 模块的直方图均衡的 ModelSim 仿真结果，符合预期。

clk	1'h1										
rst_n	1'h1										
histEQ_start_flag	1'h0										
per_img_vsync	1'h0										
per_img_href	1'h0										
per_img_gray	8'd117	95	96	91	94	95	96		94	91	
bram_b_addr	8'd117	95	96	91	94	95	96		94	91	
bram_b_rdata	20'd0	17496	30392	49470	17496		19192	30392	49470	19192	17496
mult_result	35'd0	2396199672	4162397144	6775262790	2396199672		2628478744	4162397144	6775262790	2628478744	2396199672
mult_result_34_to_27	8'd0	17	31	50	17		19	31	50	19	17
mult_result_26	0										
pixel_data	8'd0	18	31	50	18		20	31	50	20	18
post_img_vsync	1'h0										
post_img_href	1'h0										
post_img_gray	8'd0	18	31	50	18		20	31	50	20	18

图 3.21 histEQ_proc 模块的直方图均衡的 ModelSim 仿真结果

更多的仿真细节读者可自行添加相关信号进行分析。

3.2 对比度算法的实现

3.2.1 对比度增强的原理

对比度增强是个广义的话题，前文中介绍的直方图均衡算法，其实就是一种对比度增强。对比度增强，目的是为了提高明暗之间的差异，从而达到提高图像对比度、改善主观视觉的效果。采用直方图均衡算法，也是对图像灰度的拉伸。本节将介绍的是基于曲线的灰度映射变换，典型的灰度映射包括指数变换、对数变换、Gamma 变换等。

为了直观地说明对比度增强的效果，我们先生成一张对称灰阶原图，以指数对比度增强为例，对称灰阶原图与对比度增强后的效果图，如图 3.22 所示。对比度增强后的效果图，黑色部分更黑了，白色部分更白了，对比更明显了。

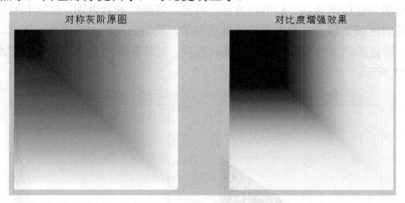

图 3.22 对称灰阶原图与对比度增强后的效果图

图 3.22 所示的模拟及对比，相关代码如下所示（详见配套资料.\3.2_Image_Constrast\Image_Constrast.m）。

```
clear all; close all; clc;

% -------------------------------------------------------------------
IMG1 = zeros(256,256);
for m = 1:256
    IMG1(m,m) = m;
```

```
    for n = (m+1):256
        IMG1(m,n) = n-1;
        IMG1(n,m) = IMG1(m,n)-1;
    end
end
subplot(121);imshow(uint8(IMG1));title('对称灰阶原图');

% --------------------------------------------------------------
THRESHOLD = 127;
E=5;
IMG2 = zeros(256,256);
for i = 1:256
    for j = 1:256
        IMG2(i,j) = (1./(1 + (THRESHOLD./IMG1(i,j)).^E)) * 255;
    end

end
IMG2 = uint8(IMG2);
subplot(122);imshow(IMG2);title('对比度增强效果');

% --------------------------------------------------------------
figure;
subplot(121);imhist(uint8(IMG1));title('原图直方图');
subplot(122);imhist(uint8(IMG2));title('增强后直方图');
```

进一步分析对比度增强前、后的直方图，可见，增强后的直方图，暗区和亮区的像素明显增多，原本暗的区域更暗了，原本亮的区域更亮了，明暗之间的对比更大，因此，对于对比度较低的图像，增强后的直方图确实可以提高可视度。对称灰阶图直方图与对比度增强后的直方图，如图 3.23 所示。

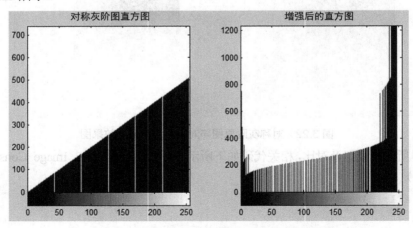

图 3.23　对称灰阶图直方图与对比度增强后的直方图

指数对比度增强有很多方法，但万变不离其宗，即以一定阈值为中心，提高阈值以上的亮度，并降低阈值以下的亮度。典型的以对数对比度增强函数为例，计算公式如下：

$$q = \frac{1}{1 + (\dfrac{\text{Threshold}}{p})^E} \times 255$$

对阈值为 127（中值），E 取 E=2、E=4、E=6 的曲线，使用 MATLAB 绘制，如下所示（详见配套资料.\3.2_Image_Constrast\Cruve_Plot.m）。

```
clear all; close all; clc;

% --------------------------------------------------------------------
% 绘制不同强度的指数对比度增强曲线
THRESHOLD = 127;
E1 = 2;
E2 = 4;
E3 = 6;
x = [0:1:255];
y1 = (1./(1 + (THRESHOLD./x).^E1)) * 255;
y2 = (1./(1 + (THRESHOLD./x).^E2)) * 255;
y3 = (1./(1 + (THRESHOLD./x).^E3)) * 255;
plot(x,y1,x,y2,x,y3,'Linewidth',2);grid on;
legend('E=2','E=4','E=6');
xlabel('原始像素');
ylabel('映射后像素');
title('指数对比度增强曲线');
```

指数对比度增强曲线，如图 3.24 所示，分别取 E=2、E=4、E=6 的指数对比度增强曲线，横坐标为原始像素，纵坐标为映射后像素。从曲线可知，E 的值越大，对暗区的压缩及亮区的提升程度就越大，明暗之间的对比就越明显，即 E 可以表示为图像对比度增强的程度。图中三条曲线交汇在阈值为 127 处，那么也可以采用不同程度增强曲线的融合模式，例如，阈值 127 以下采用 E=2 的指数对比度增强曲线，阈值 127 以上采用原值或 E=6 的指数对比增强曲线，区别对待图像明、暗区域的对比度。

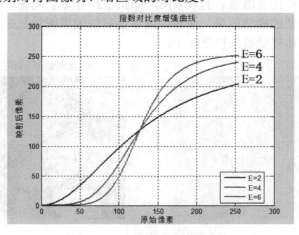

图 3.24　指数对比度增强曲线

3.2.2 指数对比度增强的 MATLAB 实现

本节以阈值=127，E=5 为例，我们看一下对比度增强后的图像效果，仍以《数字图像处理（MATLAB 版）》（冈萨雷斯）一书中的测试图为例，其中 MATLAB 代码如下（详见配套资料.\3.2_Image_Constrast\Image_Constrast2.m）。

```matlab
clear all; close all; clc;

% --------------------------------------------------------------
% Read PC image to MATLAB
% IMG1 = imread('../../0_images/scart.jpg');      % 读取 JPG 图像
IMG1 = imread('../../0_images/gsls_test1.tif');    % 读取 JPG 图像
% IMG1 = rgb2gray(IMG1);
h = size(IMG1,1);            % 读取图像高度
w = size(IMG1,2);            % 读取图像宽度
subplot(121);imshow(IMG1);title('原图');

% --------------------------------------------------------------
THRESHOLD = 127;
E=5;
% IMG1 = double(IMG1);
IMG2 = zeros(h,w);
for i = 1:h
    for j = 1:w
        IMG2(i,j) = (1./(1 + (THRESHOLD./double(IMG1(i,j))).^E)) * 255;
    end

end
IMG2 = uint8(IMG2);
subplot(122);imshow(IMG2);title('对比度增强效果');
```

冈萨雷斯原图与对比度增强后的效果图，如图 3.25 所示。可见，冈萨雷斯原图对比度较低，整体给人灰蒙蒙的视觉效果，而对比度增强后的效果图看起来更通透，明暗之间的对比度更加鲜明，整体视觉效果也更好了。

图 3.25　冈萨雷斯原图与对比度增强后的效果图

结合之前讲过的直方图均衡算法，指数对比度增强与直方图拉伸（均衡）效果对比，如图 3.26 所示（代码详见配套资料.\3.2_Image_Constrast\Image_Constrast2.m）。

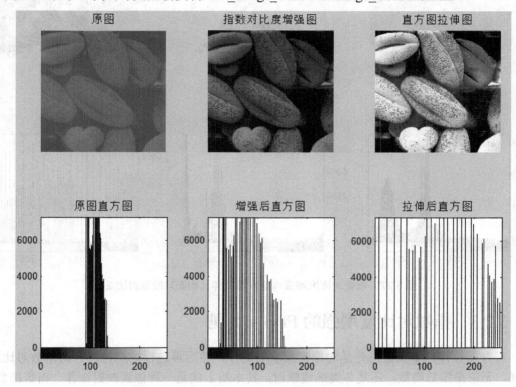

图 3.26　指数对比度增强与直方图拉伸（均衡）效果对比 1

根据图 3.26 所示，我们从以下两个方面做效果对比。

3.2.2.1　对比度分析

由于原始图像素主要集中在阈值 127 以下，因此指数对比度增强后主要是压缩了暗区，亮区并没有明显的提高。但通过直方图拉伸后，将图像灰度拉伸到 0~255，明暗之间的对比度相对更明显了，但一定程度上也造成了图像局部过曝的现象。

3.2.2.2　直方图分析

原始图像素集中在 100 左右，指数对比度增强后，像素拉伸到了 25~150，而直方图拉伸后，像素拉伸到了 0~255，因此从当前测试图来看，直方图拉伸后的动态范围更宽。不过这也因图而异，比如原图就是比较亮的图，指数对比度增强后效果差强人意，而直方图拉伸后图像过暗，损失了部分细节。指数对比度增强与直方图拉伸（均衡）效果对比 2，如图 3.27 所示。

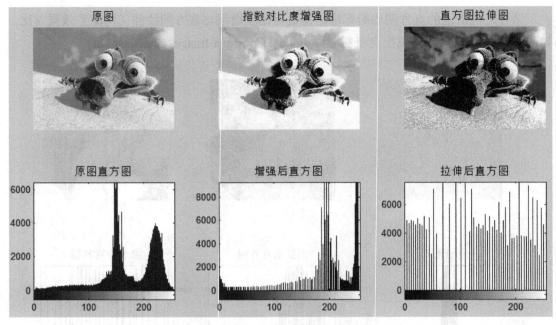

图 3.27　指数对比度增强与直方图拉伸（均衡）效果对比 2

3.2.3　指数对比度增强的 FPGA 实现

直方图拉伸，本质上首先是对像素概率的统计，然后再进行扩展拉伸。而指数对比度增强，无论是指数函数，还是各类曲线映射，其本质上就是一种像素映射操作。指数函数、对数函数等，实时的计算非常耗时，并且在 FPGA 上也很难实现（浮点）。但当选定参数后，其结果是固定的，因此可以根据参数先计算好函数的映射结果，再以数组的方式进行索引，得到计算后的结果。这种方法，通俗地讲就是查找表，通过查找表进行 Mapping 操作，可在 X、Y 坐标上找到各自的映射点。

以 E=7，THRESHOLD=127 为例，采用 MATLAB 生成指数对比度的查找表，并生成 Verilog 文件，相关代码如下所示（详见配套资料.\3.2_Image_Constrast\Data_Generate.m）。

```
clear all; close all; clc;

THRESHOLD = 127;
E = 7;

fp_gray = fopen('.\Curve_Contrast_Array.v','w');
fprintf(fp_gray,'//Curve THRESHOLD = %d, E = %d\n', THRESHOLD, E);
fprintf(fp_gray,'module Curve_Contrast_Array\n');
fprintf(fp_gray,'(\n');
fprintf(fp_gray,'    input\t\t[7:0]\tPre_Data,\n');
fprintf(fp_gray,'    output\treg\t[7:0]\tPost_Data\n');
fprintf(fp_gray,');\n\n');
fprintf(fp_gray,'always@(*)\n');
```

```
fprintf(fp_gray,'begin\n');
fprintf(fp_gray,'\tcase(Pre_Data)\n');
Gray_ARRAY = zeros(1,256);
for i = 1 : 256
    Gray_ARRAY(1,i) = (1./(1 + (THRESHOLD./(i-1)).^E)) * 255;
    Gray_ARRAY(1,i) = uint8(Gray_ARRAY(1,i));
    fprintf(fp_gray,'\t8''h%s : Post_Data = 8''h%s; \n',dec2hex(i-1,2),
dec2hex(Gray_ARRAY(1,i),2));
end
fprintf(fp_gray,'\tendcase\n');
fprintf(fp_gray,'end\n');
fprintf(fp_gray,'\nendmodule\n');
fclose(fp_gray);

% -------------------------------------------------------------------
% 打印变形后的映射数组 Gray_ARRAY
reshape(Gray_ARRAY,16,16)
```

以上代码首先会在当前目录生成 Verilog 代码 Curve_Contrast_Array.v，然后打印变形后的数组（查找表）。其中 reshape 是为了方便在 Command Windows 中显示，实际上 reshape 是一个一维数组，在 MATLAB 中可以直接根据图 3.28 所示的 Curve_Contrast_Arrays 数组打印结果进行索引映射。

```
ans =

    0    0    0    0    2   10   32   75  131  180  213  231  242  247  250  252
    0    0    0    0    2   10   34   78  134  183  214  232  242  247  250  252
    0    0    0    0    3   11   36   81  138  185  216  233  243  248  251  252
    0    0    0    0    3   12   38   85  141  188  217  234  243  248  251  252
    0    0    0    0    3   13   40   88  145  190  219  235  243  248  251  252
    0    0    0    1    4   14   43   92  148  192  220  235  244  248  251  252
    0    0    0    1    4   16   45   95  151  194  221  236  244  249  251  253
    0    0    0    1    4   17   48   99  154  197  222  237  244  249  251  253
    0    0    0    1    5   18   51  103  157  199  223  237  245  249  251  253
    0    0    0    1    5   20   53  106  161  201  225  238  245  249  251  253
    0    0    0    1    6   21   56  110  164  202  226  238  245  249  252  253
    0    0    0    1    6   23   59  113  167  204  227  239  246  249  252  253
    0    0    0    1    7   24   62  117  169  206  228  240  246  250  252  253
    0    0    0    1    7   26   65  120  172  208  229  240  246  250  252  253
    0    0    0    2    8   28   68  124  175  210  230  241  247  250  252  253
    0    0    0    2    9   30   71  128  178  211  231  241  247  250  252  253
```

图 3.28　Curve_Constrast_Arrays 数组打印结果

在 FPGA 中进行 Mapping 操作时，可以将数组存放在 RAM 或者以查找表的方式进行映射。由于 256Byte 的存储不大，同时为了提高移植的灵活度，笔者推荐使用查找表存储的方式，因此直接使用 MATLAB 生成 Verilog 文件，该文件打开后为 Curve_Contrast_Array.v 文件，如图 3.29 所示。

```
1    //Curve THRESHOLD = 127, E = 7        240    8'hE5 : Post_Data = 8'hFB;
2    module Curve_Contrast_Array           241    8'hE6 : Post_Data = 8'hFB;
3    (                                     242    8'hE7 : Post_Data = 8'hFB;
4        input        [7:0]   Pre_Data,    243    8'hE8 : Post_Data = 8'hFB;
5        output   reg [7:0]   Post_Data    244    8'hE9 : Post_Data = 8'hFB;
6    );                                    245    8'hEA : Post_Data = 8'hFC;
7                                          246    8'hEB : Post_Data = 8'hFC;
8    always@(*)                            247    8'hEC : Post_Data = 8'hFC;
9    begin                                 248    8'hED : Post_Data = 8'hFC;
10       case(Pre_Data)                    249    8'hEE : Post_Data = 8'hFC;
11       8'h00 : Post_Data = 8'h00;        250    8'hEF : Post_Data = 8'hFC;
12       8'h01 : Post_Data = 8'h00;        251    8'hF0 : Post_Data = 8'hFC;
13       8'h02 : Post_Data = 8'h00;        252    8'hF1 : Post_Data = 8'hFC;
14       8'h03 : Post_Data = 8'h00;        253    8'hF2 : Post_Data = 8'hFC;
15       8'h04 : Post_Data = 8'h00;        254    8'hF3 : Post_Data = 8'hFC;
16       8'h05 : Post_Data = 8'h00;        255    8'hF4 : Post_Data = 8'hFC;
17       8'h06 : Post_Data = 8'h00;        256    8'hF5 : Post_Data = 8'hFC;
18       8'h07 : Post_Data = 8'h00;        257    8'hF6 : Post_Data = 8'hFD;
19       8'h08 : Post_Data = 8'h00;        258    8'hF7 : Post_Data = 8'hFD;
20       8'h09 : Post_Data = 8'h00;        259    8'hF8 : Post_Data = 8'hFD;
21       8'h0A : Post_Data = 8'h00;        260    8'hF9 : Post_Data = 8'hFD;
22       8'h0B : Post_Data = 8'h00;        261    8'hFA : Post_Data = 8'hFD;
23       8'h0C : Post_Data = 8'h00;        262    8'hFB : Post_Data = 8'hFD;
24       8'h0D : Post_Data = 8'h00;        263    8'hFC : Post_Data = 8'hFD;
25       8'h0E : Post_Data = 8'h00;        264    8'hFD : Post_Data = 8'hFD;
26       8'h0F : Post_Data = 8'h00;        265    8'hFE : Post_Data = 8'hFD;
27       8'h10 : Post_Data = 8'h00;        266    8'hFF : Post_Data = 8'hFD;
28       8'h11 : Post_Data = 8'h00;        267    endcase
29       8'h12 : Post_Data = 8'h00;        268    end
30       8'h13 : Post_Data = 8'h00;        269
31       8'h14 : Post_Data = 8'h00;        270    endmodule
```

图 3.29　Curve_Contrast_Array.v 文件

至此，我们已经生成了 Mapping 的数组，那么在 FPGA 中只需要简单的映射就可以完成指定强度的指数对比度增强算法，即只需要例化该模块，进行原始数据的映射，输出指数对比度增强后的数据即可，相关代码如下。

```
//------------------------------------------
//Curve of Contrast Array
wire    [7:0]  post_img_gray;  //Image data after mapping
Curve_Contrast_Array u_Curve_Contrast_Array
(
   .Pre_Data    (per_img_gray),
   .Post_Data   (post_img_gray)
);
wire    post_img_vsync = per_img_vsync;
wire    post_img_href = per_img_href;
```

3.2.4　指数对比度增强的 ModelSim 仿真

完成指数对比度增强算法的 FPGA 设计后，需要对其功能进行仿真验证，以确保设计功能与预期的一致。为了能够对设计进行仿真，需要搭建一个 testbench 仿真用例，为设计提供仿真激励和对设计的输出结果进行校验。指数对比度增强算法仿真框架，如图 3.30 所示。

testbench 中有两个任务，分别为 image_input 任务和 image_result_check 任务。其中，image_input 任务从 MATLAB 仿真目录下的 img_Gray1.dat 文件中读取分辨率为 500×500 的图像数据并按照视频的时序产生激励；image_result_check 任务从 MATLAB 仿真目录下的

img_Gray2.dat 文件中读取指数对比度增强后的图像数据，用于对 ModelSim 仿真结果进行对比校验。

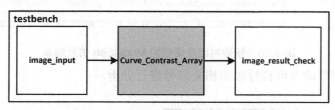

图 3.30　指数对比度增强算法仿真框架

testbench 的仿真流程如下。

（1）image_input 任务提供视频激励给 Curve_Contrast_Array 模块进行指数对比度增强处理。

（2）image_result_check 任务将 Curve_Contrast_Array 模块输出的 ModelSim 仿真结果与 MATLAB 仿真结果进行比较。

testbench 完整的代码详见配套资料.\3.2_Image_Constrast\sim\ testbench.sv。

用编辑器（如 notepad++）打开.\3.2_Image_Constrast\sim\design_ver.f，添加需要进行仿真的 Verilog 设计文件，design_ver.f 添加 Verilog 设计文件，如图 3.31 所示。

```
1   ../../src/Curve_Contrast_Array.v
```

图 3.31　design_ver.f 添加 Verilog 设计文件

双击.\3.2_Image_Constrast\sim\run.bat，开始执行仿真。如果仿真过程中发生错误，将出现类似于图 3.32 所示的 ModelSim 仿真打印信息，即打印错误结果的像素行位置、列位置、ModelSim 仿真结果和 MATLAB 仿真结果，有助于分析、定位和解决问题。

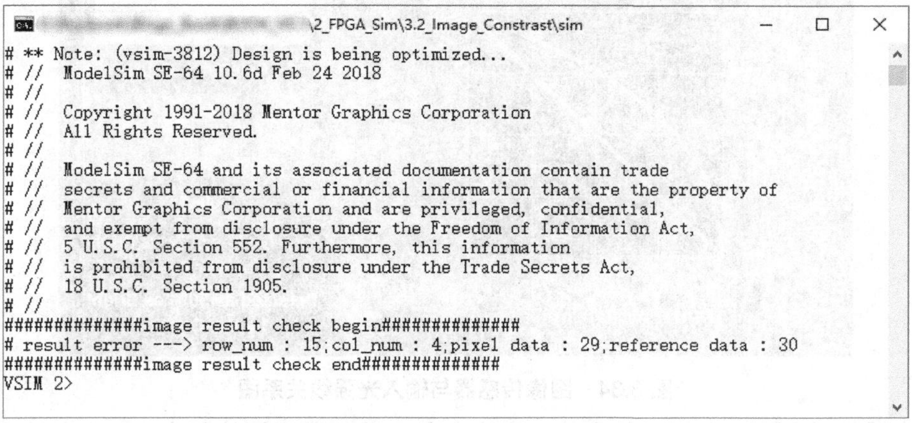

```
                              \2_FPGA_Sim\3.2_Image_Constrast\sim          —    □    ×
# ** Note: (vsim-3812) Design is being optimized...
# //   ModelSim SE-64 10.6d Feb 24 2018
# //
# //   Copyright 1991-2018 Mentor Graphics Corporation
# //   All Rights Reserved.
# //
# //   ModelSim SE-64 and its associated documentation contain trade
# //   secrets and commercial or financial information that are the property of
# //   Mentor Graphics Corporation and are privileged, confidential,
# //   and exempt from disclosure under the Freedom of Information Act,
# //   5 U.S.C. Section 552. Furthermore, this information
# //   is prohibited from disclosure under the Trade Secrets Act,
# //   18 U.S.C. Section 1905.
# //
#############image result check begin#############
# result error ---> row_num : 15;col_num : 4;pixel data : 29;reference data : 30
#############image result check end#############
VSIM 2>
```

图 3.32　ModelSim 仿真打印信息

双击.\3.2_Image_Constrast\sim\read_wave.bat，打开仿真波形文件，添加相关信号，可分析信号的时序及运算结果，定位问题和对设计进行修改。

图 3.33 所示为指数对比度增强的 ModelSim 仿真结果，经过分析是符合预期的。

clk	1h1																				
rst_n	1h1																				
per_img_vsync	1h1																				
per_img_href	1h1																				
per_img_gray	8'd114	95	97	101	102	101	102	104	103	101	102	105	106	104	102	101	102	103	104	105	104
post_img_vsync	1h1																				
post_img_href	1h1																				
post_img_gray	8'd94	48	53	62	64	62	64	69	66	62	64	71	74	69	64	62	64	66	69	71	69

图 3.33　指数对比度增强的 ModelSim 仿真结果

更多的仿真细节读者可自行添加相关信号进行分析。

3.3　Gamma 映射算法的实现

3.3.1　Gamma 映射的原理

3.3.1.1　什么是 Gamma 曲线

研究表明，人眼的感光与光强并不是呈线性关系的，而是呈非线性关系的（图 3.34 所示的图像传感器与输入光强线关系图的左图-曲线）。在低照度下，人眼更容易分辨出亮度的变化，但随着照度的增加，人眼不易分辨出亮度的变化。而图像传感器与输入光强呈线性关系（图 3.34 所示的左图-直线），从图 3.34 可知，当图像传感器感光在 20%左右时，人眼感光响应达到了 50%，人眼对低照度的变化更为敏感。从图 3.34 右图可知，Reference Tone 为人眼感光 50%的亮度，而图像传感器在感光 50%时则相对暗得多（见 Select，近似中性灰）。这种将原始图像通过映射操作来满足人眼亮度响应的曲线，即为 Gamma 曲线，响应的变换即为 Gamma 变换。

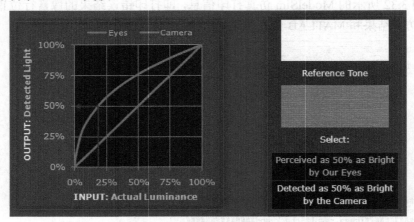

图 3.34　图像传感器与输入光强线关系图

举个感性的例子，在黑暗的夜晚，草丛中有一只微弱闪烁的萤火虫，你会敏锐地发现它；但倘若在白天的早上 8 点到正午 12 点，虽然日光光强变化很大，但你却不能敏感地感受到变化。所以人眼在低照度的时候，对亮度的变化更为敏感，而在高照度时却不那么灵敏。

换个维度，假设在 Gamma 曲线上（以 Gamma=2.2 为例，图 3.35（a）所示为 Gamma

映射曲线），我们计算亮度变化的幅度，即 8bit 图像亮度为 0~255 灰阶，映射到 Gamma 曲线后，则灰阶幅度从 1 到 2，亮度变化幅度为 37.04%，但灰阶幅度从 254 到 255，亮度变化幅度仅为 0.18%。图 3.35（b）所示为 Gamma 变化幅度图。图中曲线为 0~255 像素在 Gamma=2.2 下的变化幅度，可见，亮度敏感区域集中在低照度区。

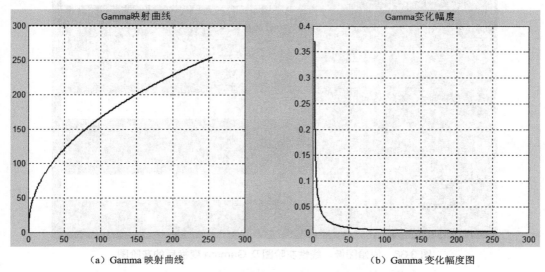

（a）Gamma 映射曲线   （b）Gamma 变化幅度图

图 3.35   Gamma 映射曲线与 Gamma 变化幅度图

相关代码如下所示（详见配套资料 .\3.3_Gamma_Mapping\Cruve_Plot0.m）。

```
% ------------------------------------------------------------------
% Gamma 映射函数
x = [0:1:255];
y1 = (255/255.^(1/2.2))*x.^(1/2.2);
y2 = zeros(1,256);
for i = 1:255
    if(x==0)
        y2(1)=0;
    else
        y2(i)=(y1(i+1)-y1(i))/y1(i);
    end
end
subplot(121),plot(x,y1,'Linewidth',2);grid on;  title('Gamma 映射曲线');
subplot(122),plot(x,y2,'Linewidth',2);grid on;title('Gamma 变化强度');
```

综上，足以见得 Gamma 映射的重要性。在 ISP 流程中，Gamma 是很重要的一部分，为了适应人眼的亮度变化曲线，对图像传感器产生的图像进行 Gamma 变换，来提升图像的辨识度。图 3.36 所示为原始图像经图像传感器采集后未经 Gamma 变换的线性灰阶图（Linear Encoding），以及经 Gamma 变换后的灰阶图（Gamma Encoding）。

从图 3.36 可知，图像未经 Gamma 变换时，低灰度值区域在较大范围内表现为同一个值，造成了信息的丢失；同时高灰度值区域又被细分，造成了存储的浪费。但图像经 Gamma

变换后，低灰度值区域有了更多的灰阶信息，而高灰度值区域进行了一定程度地压缩，更符合人眼的特性。

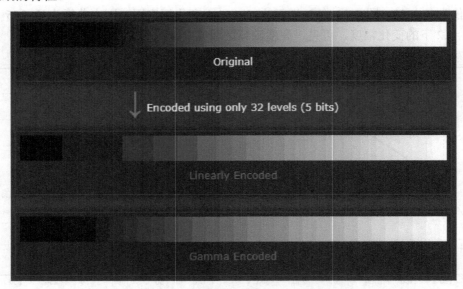

图 3.36　原始图像、线性灰阶图及 Gamma 变换后的灰阶图

3.3.1.2　Gamma 值为啥是 2.2

遥想当年，显示器还是 CRT 的（2000 年以后出生的读者，可能都没见过），图 3.37（a）所示为 CRT 显示器亮度响应曲线，其显像管与电压并不成线性关系，从图中曲线可知，暗区被压缩了（斜率小于 45°），而亮区被扩展了（斜率大于 45°）。例如，输入 40% 亮度的红色+80%亮度的绿色，实际输出近似为 10%的红色+60%的绿色，显示严重偏色。

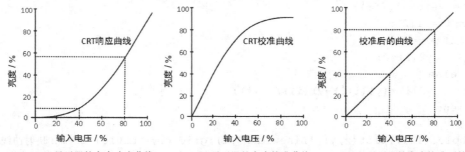

（a）CRT 显示器的亮度响应曲线　　（b）CRT 显示器的亮度校准曲线　　（c）CRT 显示器的亮度校准后的曲线

图 3.37　CRT 显示器的亮度响应、校准、校准后的曲线

为了弥补 CRT 显示器亮度响应的缺陷，我们需要一个反转的曲线，图 3.37（b）所示为 CRT 显示器的亮度校准曲线。经过中间反转曲线的抵消，最终达到预期的亮度，将会出现图 3.37（c）所示的 CRT 显示器的亮度校准后的曲线：近似为 45°斜率的直线，即输入像素值和亮度成正比关系，而这一亮度补偿的映射，即为 Gamma 映射，CRT 显示器的 Gamma 值据统计分析为 2.2 左右。

不过 Gamma 值没有标准，也没有对错，例如，有些文档介绍 Gamma 值为 2.5，Windows

系统默认 Gamma=2.2，而 Mac 系统的 Gamma 值为 1.8，不同的 LCD 屏幕响应曲线各不相同，最正确的方法是通过灰阶找到最佳的 Gamma 值。

目前经典的 Gamma 值就是 2.2，或许这是一种巧合，从大量的人眼视觉特性中统计分析出一个经验值，人眼的亮度响应曲线 Gamma 值也刚好是 2.2。

综上，CRT 显示器的亮度响应曲线是一条 Gamma 曲线［图 3.37（a）］，CRT 显示器的亮度校准曲线是一条反 Gamma 曲线［图 3.37（b）］，而人眼的亮度响应曲线也是一条反 Gamma 曲线，因此为了达到更好的亮度与对比度，符合人眼的视觉效果，需要额外的反 Gamma 曲线对画面进行细微的明、暗层次调整，控制整个画面的对比度，再现真实影像。

> 备注：第一次校准，我们称为 Gamma 矫正，第二次校准，个人认为只能称为 Gamma 映射。那么既然是映射，跟对比度增强映射也就是一个道理了。

3.3.1.3　如何进行 Gamma 变换

Gamma 的来龙去脉很复杂，但实现却很简单，只通过简单的 Mapping 操作，是对输入图像灰度值进行的非线性操作，使输出图像灰度值与输入图像灰度值呈指数关系，计算公式如下：

$$V_{\text{out}} = A V_{\text{in}}{}^{\gamma} \qquad (A \text{ 为归一化参数})$$

指数系数就是 Gamma 变换的系数。Gamma 变换后，提升了暗部细节，压缩了亮部细节（Gamma<1）；或者提升了亮部细节，压缩了暗部细节（Gamma>1）。图 3.38 所示为 Gamma=2.2 的曲线与 Gamma=1/2.2 的校正曲线。实曲线为 CRT 显示器的 Gamma 曲线，虚曲线为校正 CRT 显示器的亮度响应曲线，校正后得到近似斜率为 45°的线性响应直线（Gamma=1）。但事实上 CRT 显示器自带 Gamma 校正曲线，其输入与输出在校正后已近似呈线性关系，但为了能够让图像变成更加接近人眼感受的非线性响应图像，提升图像显示的质量，仍然需要进一步进行 Gamma=2.2 的映射。

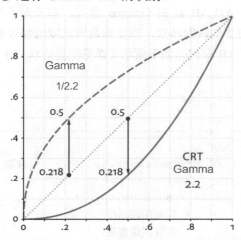

图 3.38　Gamma=2.2 的曲线与 Gamma=1/2.2 的校正曲线

图 3.38 为官方的图，下方为 CRT Gamma=2.2 的曲线，上方为 Gamma=1/2.2 的校正曲

线。由于 PC 的像素都是 0~255，因此对公式进一步变形，将像素扩展到 0~255，计算公式如下：

$$\begin{cases} V_{\text{out}} = \dfrac{255}{255^{2.2}} V_{\text{in}}^{2.2} & \text{Gamma} = 2.2\text{曲线} \\[4mm] V_{\text{out}'} = \dfrac{255}{255^{1/2.2}} V_{\text{in}}^{1/2.2} & \text{Gamma} = 1/2.2\text{曲线} \end{cases}$$

使用 MATLAB 绘制 Gamma 曲线，如图 3.39 所示。像素始终在 0~255，进行线性响应的非线性拉伸，来符合人眼/设备的响应曲线（详见配套资料.\3.3_Gamma_Mapping\Cruve_Plot1.m）。

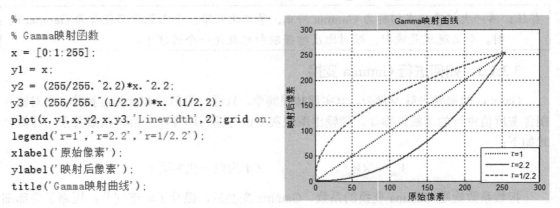

图 3.39　使用 MATLAB 绘制 Gamma 曲线

3.3.2　Gamma 映射的 MATLAB 实现

> 首先申明：本节只是演示 Gamma 映射的算法流程，结果并没有对错，毕竟原图可能已经优化过，所以因图而异。

3.3.1 节已经介绍了 MATLAB 绘制 Gamma 曲线，本节为了对比、观察效果，同时输出 Gamma=2.2 及 Gamma=1/2.2 的映射结果，以及指数对比度增强效果图，来提高我们对曲线映射图像处理的认知。MATLAB 源代码如下所示（详见配套资料.\3.3_Gamma_Mapping\Gamma_Mapping.m）。

```
clear all; close all; clc;

% --------------------------------------------------------------
% Read PC image to MATLAB
IMG1 = imread('../../0_images/scart.jpg');     % 读取 JPG 图像
IMG1 = rgb2gray(IMG1);
% IMG1 = imread('../../0_images/gsls_test1.tif');    % 读取 JPG 图像
h = size(IMG1,1);           % 读取图像高度
w = size(IMG1,2);           % 读取图像宽度
subplot(221);imshow(IMG1);title('【1】原图');
```

```
% -------------------------------------------------------------------
IMG2 = zeros(h,w);
for i = 1:h
    for j = 1:w
        IMG2(i,j) = (255/255.^2.2)*double(IMG1(i,j)).^2.2;
    end

end
IMG2 = uint8(IMG2);
subplot(222);imshow(IMG2);title('【2】Gamma=2.2 映射');

% -------------------------------------------------------------------
IMG3 = zeros(h,w);
for i = 1:h
    for j = 1:w
        IMG3(i,j) = (255/255.^(1/2.2))*double(IMG1(i,j)).^(1/2.2);
    end

end
IMG3 = uint8(IMG3);
subplot(223);imshow(IMG3);title('【3】Gamma=1/2.2 映射效果');

% -------------------------------------------------------------------
THRESHOLD = 127;
E=4;
IMG4 = zeros(h,w);
for i = 1:h
    for j = 1:w
        IMG4(i,j) = (1./(1 + (THRESHOLD./double(IMG1(i,j))).^E)) * 255;
    end

end
IMG4 = uint8(IMG4);
subplot(224);imshow(IMG4);title('【4】对比度增强效果');

% -------------------------------------------------------------------
% Generate image Source Data and Target Data
Gray2Gray_Data_Gen(IMG1,IMG2);
```

原图、Gamma=2.2 映射图、Gamma=1/2.2 映射图及对比度增强效果图对比，如图 3.40 所示。仅从个人视觉效果评判，图 3.40【2】的效果更好，虽整体相对于图 3.40【1】偏暗，比如松鼠的鼻子看不清了，但边缘细节更清晰；图 3.40【3】严重过曝，效果不佳；图 3.40【4】稍微过曝，明暗对比度提升。

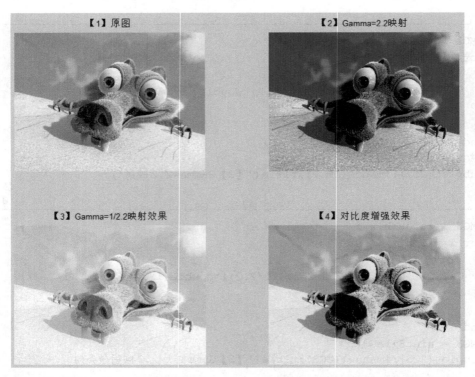

图 3.40　原图、Gamma=2.2 映射图、Gamma=1/2.2 映射图及对比度增强效果图对比

　　为了更好地对比图像映射的过程，绘制了图 3.41 所示的 Gamma=2.2、Gamma=1/2.2 及指数对比度增强曲线。对比度增强曲线结合了 Gamma=2.2 及 Gamma=1/2.2 曲线，同时拉伸了亮部和暗部，而 Gamma=2.2 或 Gamma=1/2.2 曲线仅拉伸了暗部或亮度。

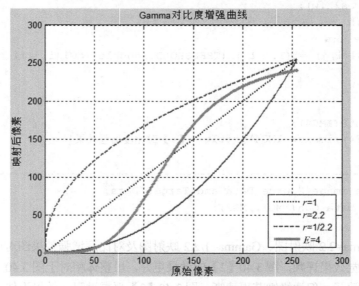

图 3.41　Gamma=2.2、Gamma=1/2.2 及对比度增强曲线

　　相关代码（详见配套资料.\3.3_Gamma_Mapping\Cruve_Plot2.m）如下所示。

```
clear all; close all; clc;

% ------------------------------------------------------------------
% Gamma 映射函数
x = [0:1:255];
y1 = x;
y2 = (255/255.^2.2)*x.^2.2;
y3 = (255/255.^(1/2.2))*x.^(1/2.2);
%对比度增强曲线
THRESHOLD = 127;E1 = 4;
y4 = (1./(1 + (THRESHOLD./x).^E1)) * 255;
plot(x,y1,':',x,y2,'-',x,y3,'--',x,y4,'.','Linewidth',2);grid on;
legend('r=1','r=2.2','r=1/2.2','E=4');
xlabel('原始像素');
ylabel('映射后像素');
title('Gamma/对比度增强曲线');
```

3.3.3　Gamma 映射的 FPGA 实现

沿用前文对比度增强生成的查找表，采用 MATLAB 生成 Verilog 映射的代码如下所示（详见配套资料.\3.3_Gamma_Mapping\Data_Generate.m）。

```
clear all; close all; clc;

% ------------------------------------------------------------------
fp_gray = fopen('.\Curve_Gamma_2P2.v','w');
fprintf(fp_gray,'//Curve of Gamma = 2.2\n');
fprintf(fp_gray,'module Curve_Gamma_2P2\n');
fprintf(fp_gray,'(\n');
fprintf(fp_gray,'  input\t\t[7:0]\tPre_Data,\n');
fprintf(fp_gray,'  output\treg\t[7:0]\tPost_Data\n');
fprintf(fp_gray,');\n\n');
fprintf(fp_gray,'always@(*)\n');
fprintf(fp_gray,'begin\n');
fprintf(fp_gray,'\tcase(Pre_Data)\n');
Gray_ARRAY = zeros(1,256);
for i = 1 : 256
    Gray_ARRAY(1,i) = (255/255.^2.2)*(i-1).^2.2;
    Gray_ARRAY(1,i) = uint8(Gray_ARRAY(1,i));
    fprintf(fp_gray,'\t8''h%s : Post_Data = 8''h%s; \n',dec2hex(i-1,2),
dec2hex(Gray_ARRAY(1,i),2));
end
fprintf(fp_gray,'\tendcase\n');
fprintf(fp_gray,'end\n');
fprintf(fp_gray,'\nendmodule\n');
fclose(fp_gray);
```

由此生成的 Curve_Gamma_2P2 数组打印结果，如图 3.42 所示，共 16×16=256 个数据，分别与 0~255 一一对应。

```
ans =
```

0	1	3	7	13	20	30	43	57	74	93	114	138	165	194	225
0	1	3	7	13	21	31	43	58	75	94	116	140	166	196	227
0	1	3	7	13	22	32	44	59	76	95	117	141	168	197	229
0	1	3	8	14	22	33	45	60	77	97	119	143	170	199	231
0	1	4	8	14	23	33	46	61	78	98	120	145	172	201	234
0	1	4	8	15	23	34	47	62	79	99	121	146	173	203	236
0	1	4	9	15	24	35	48	63	81	100	123	148	175	205	238
0	1	4	9	16	25	35	49	64	82	102	124	149	177	207	240
0	2	5	9	16	25	36	49	65	83	103	126	151	179	209	242
0	2	5	10	17	26	37	50	66	84	105	127	153	181	211	244
0	2	5	10	17	26	38	51	67	85	106	129	154	182	213	246
0	2	5	11	18	27	39	52	68	87	107	130	156	184	215	248
0	2	6	11	18	28	39	53	69	88	109	132	158	186	217	251
0	2	6	11	19	28	40	54	70	89	110	133	159	188	219	253
1	2	6	12	19	29	41	55	71	90	111	135	161	190	221	255
1	3	6	12	20	30	42	56	73	91	113	137	163	192	223	255

图 3.42　Curve_Gamma_2P2 数组打印结果

由 MATLAB 生成的 Verilog 代码，保存于当前目录下，可在 FPGA 中直接映射，图 3.43 所示为 Curve_Gamma_2P2.v 文件。

Curve_Gamma_2P2.v

```
//Curve of Gamma = 2.2
module Curve_Gamma_2P2
(
    input           [7:0]   Pre_Data,
    output  reg     [7:0]   Post_Data
);

always@(*)
begin
    case(Pre_Data)
    8'h00 : Post_Data = 8'h00;
    8'h01 : Post_Data = 8'h00;
    8'h02 : Post_Data = 8'h00;
    8'h03 : Post_Data = 8'h00;
    8'h04 : Post_Data = 8'h00;
    8'h05 : Post_Data = 8'h00;
    8'h06 : Post_Data = 8'h00;
    8'h07 : Post_Data = 8'h00;
    8'h08 : Post_Data = 8'h00;
    8'h09 : Post_Data = 8'h00;
    8'h0A : Post_Data = 8'h00;
    8'h0B : Post_Data = 8'h00;
    8'h0C : Post_Data = 8'h00;
    8'h0D : Post_Data = 8'h00;
    8'h0E : Post_Data = 8'h00;
    8'h0F : Post_Data = 8'h01;
    8'h10 : Post_Data = 8'h01;
    8'h11 : Post_Data = 8'h01;
    8'h12 : Post_Data = 8'h01;
    8'h13 : Post_Data = 8'h01;
    8'h14 : Post_Data = 8'h01;
    8'h15 : Post_Data = 8'h01;
    8'h16 : Post_Data = 8'h01;
    8'h17 : Post_Data = 8'h01;
```

Curve_Gamma_2P2.v

```
    8'hE2 : Post_Data = 8'hC4;
    8'hE3 : Post_Data = 8'hC5;
    8'hE4 : Post_Data = 8'hC7;
    8'hE5 : Post_Data = 8'hC9;
    8'hE6 : Post_Data = 8'hCB;
    8'hE7 : Post_Data = 8'hCD;
    8'hE8 : Post_Data = 8'hCF;
    8'hE9 : Post_Data = 8'hD1;
    8'hEA : Post_Data = 8'hD3;
    8'hEB : Post_Data = 8'hD5;
    8'hEC : Post_Data = 8'hD7;
    8'hED : Post_Data = 8'hD9;
    8'hEE : Post_Data = 8'hDB;
    8'hEF : Post_Data = 8'hDD;
    8'hF0 : Post_Data = 8'hDF;
    8'hF1 : Post_Data = 8'hE1;
    8'hF2 : Post_Data = 8'hE3;
    8'hF3 : Post_Data = 8'hE5;
    8'hF4 : Post_Data = 8'hE7;
    8'hF5 : Post_Data = 8'hEA;
    8'hF6 : Post_Data = 8'hEC;
    8'hF7 : Post_Data = 8'hEE;
    8'hF8 : Post_Data = 8'hF0;
    8'hF9 : Post_Data = 8'hF2;
    8'hFA : Post_Data = 8'hF4;
    8'hFB : Post_Data = 8'hF6;
    8'hFC : Post_Data = 8'hF8;
    8'hFD : Post_Data = 8'hFB;
    8'hFE : Post_Data = 8'hFD;
    8'hFF : Post_Data = 8'hFF;
    endcase
end

endmodule
```

图 3.43　Curve_Gamma_2P2.v 文件

3.3.4　Gamma 映射的 ModelSim 仿真

完成 Gamma 映射算法的 FPGA 设计后，需要对其功能进行仿真验证，以确保设计功能与预期的一致。为了能够对设计进行仿真，需要搭建一个 testbench 仿真用例，为设计提供仿真激励和对设计的输出结果进行校验。Gamma 映射算法的仿真框架，如图 3.44 所示。

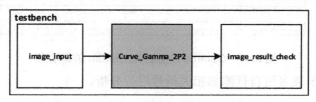

图 3.44　Gamma 映射算法的仿真框架

testbench 中有两个任务，分别为 image_input 任务和 image_result_check 任务。其中，image_input 任务从 MATLAB 仿真目录下的 img_Gray1.dat 文件中读取分辨率为 640×480 的图像数据并按照视频的时序产生激励；image_result_check 任务从 MATLAB 仿真目录下的 img_Gray2.dat 文件中读取 Gamma 映射后的图像数据，用于对 ModelSim 仿真结果进行对比校验。

testbench 的仿真流程如下：

（1）image_input 任务提供视频激励给 Curve_Gamma_2P2 模块进行 Gamma 映射。

（2）image_result_check 任务将 Curve_Gamma_2P2 模块输出的 ModelSim 仿真结果与 MATLAB 仿真结果进行比较。

testbench 完整的代码详见配套资料.\3.3_Gamma_Mapping\sim\ testbench.sv。

用编辑器（如 notepad++）打开.\3.3_Gamma_Mapping\sim\design_ver.f，添加需要进行仿真的 Verilog 设计文件，design_ver.f 添加 Verilog 设计文件，如图 3.45 所示。

```
1    ../../src/Curve_Gamma_2P2.v
```

图 3.45　design_ver.f 添加 Verilog 设计文件

双击.\3.3_Gamma_Mapping\sim\run.bat，开始执行仿真。如果仿真过程中发生错误，将出现类似于图 3.46 所示的 ModelSim 仿真打印信息，即打印错误结果的像素行位置、列位置、ModelSim 仿真结果和 MATLAB 仿真结果，有助于分析、定位和解决问题。

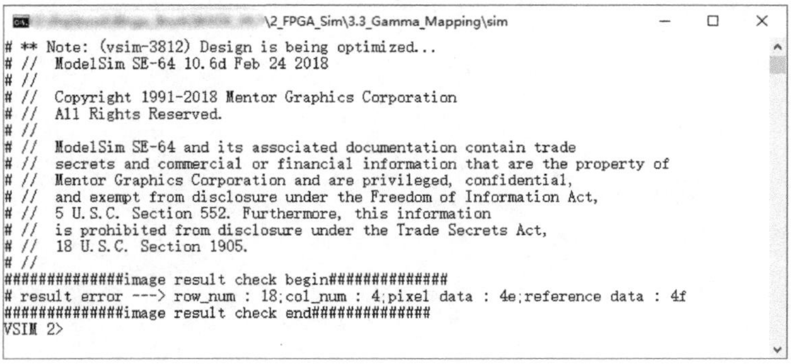

```
                                    \2_FPGA_Sim\3.3_Gamma_Mapping\sim        —    □    ×
# ** Note: (vsim-3812) Design is being optimized...
# // ModelSim SE-64 10.6d Feb 24 2018
# //
# // Copyright 1991-2018 Mentor Graphics Corporation
# // All Rights Reserved.
# //
# // ModelSim SE-64 and its associated documentation contain trade
# // secrets and commercial or financial information that are the property of
# // Mentor Graphics Corporation and are privileged, confidential,
# // and exempt from disclosure under the Freedom of Information Act,
# // 5 U.S.C. Section 552. Furthermore, this information
# // is prohibited from disclosure under the Trade Secrets Act,
# // 18 U.S.C. Section 1905.
# //
##############image result check begin#############
# result error ---> row_num : 18;col_num : 4;pixel data : 4e;reference data : 4f
##############image result check end#############
VSIM 2>
```

图 3.46　ModelSim 仿真打印信息

双击.\3.3_Gamma_Mapping\sim\read_wave.bat，打开仿真波形文件，添加相关信号，可分析信号的时序及运算结果，定位问题和对设计进行修改。

图 3.47 所示为 Gamma 映射的 ModelSim 仿真结果，经过分析是符合预期的。

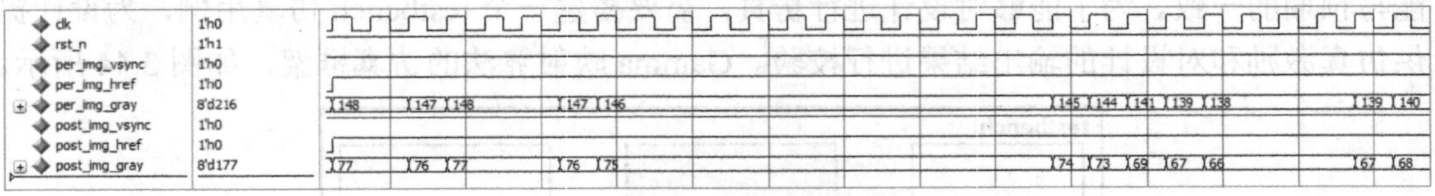

图 3.47　Gamma 映射的 ModelSim 仿真结果

更多的仿真细节读者可自行添加相关信号进行分析。

第4章

常用图像降噪算法介绍及 MATLAB
与 FPGA 实现

4.1 降噪原理介绍

4.1.1 为什么要降噪

在对图像数据进行采集、处理、传输、显示等的过程中，视频、图像不可避免地会遭到随机噪声的损坏。噪声的来源无处不在，包括图像传感器的硬件噪声，数字/模拟增益带来的噪声，传输过程编、解码形成的噪声，以及图像处理过程中引入的人为噪声等。各种噪声不但影响了视觉质量，让用户产生不良的视觉感受，还会阻碍用户获取真实、正确的信息，甚至使用户对视频图像信息产生曲解。

因此，无论是视频、图像的预处理，还是后处理，降噪都是非常重要的环节。对降噪算法的研究，也从传统空域/时域滤波，发展到基于深度学习的降噪滤波。如何降低视频图像的噪声，同时尽可能地保留原始图像的边缘/细节，是降噪算法研究的核心。

降噪算法没有标准，可以很简单，也可以很复杂，但想要实现，计算量也是很重要的指标，我们还是希望能够在 FPGA 硬件上加速实现。

本章，笔者将介绍传统 2D/3D 降噪算法的理论知识，并着重介绍 2D 滤波的实现，包括均值/中值滤波算法、高斯滤波算法、双边滤波算法的 MATLAB 与 FPGA 实现。

4.1.2 什么是噪声

在图像传感器成像过程中，光电转换及数模放大时，不可避免地会产生噪声；在图像传输过程中，也将二次引入噪声。假设原始图像的噪声为 $I(x, y)$，噪声 noise 为随机干扰噪声，则真实图像的噪声可以用如下公式表示：

$$f(x, y) = I(x, y) + \text{noise}$$

所以，降噪过程中，如何有效地去除叠加在原始图像中的噪声，又尽可能地减少对原始图像数据的影响，尤其是对原始图像的细节及纹理的保留，非常重要。

噪声有很多种，常见的噪声有椒盐噪声、高斯噪声、伽马噪声、指数噪声等。其中椒盐噪声是图像信号传输、解码等过程产生的或黑或白的噪声点，通常随机分布。而高斯噪声则是指与当前像素服从正态分布的噪声，通常是由于亮度不足或高温引起的图像传感器噪声。

为了简化理论分析及算法实现的复杂度，本节图像降噪算法都将在灰度域 Y 下进行讲解与处理。以松鼠测试图为例，图 4.1 所示为原图及添加椒盐噪声、添加高斯噪声的图（相关代码详见配套资料.\4.1_Avg_Filter\Image_AddNoise.m）。

图 4.1　原图及添加椒盐噪声、添加高斯噪声的图

从图中可见，松鼠测试图添加椒盐噪声后叠加了随机的黑白点，符合椒盐噪声异常突出的属性，类似于图像传感器的坏点；而添加高斯噪声后则是满屏的噪点，模拟图像传感器因为照度/散热引起的全幅画面的噪声。后续章节中，我们将着重对这两种噪声进行处理，并且对比相应的结果。

4.1.3　图像降噪简介

图像降噪处理主要分为 2D（空域）与 3D（时域/多帧）降噪，2D 降噪相关的实现算法丰富，效果各异，对于初学者有着丰富的研究价值。理解 2D 降噪算法的流程，也对其他的图像处理算法有很大的帮助，大部分算法都是基于窗口的卷积运算，流程是相似的。2D 降噪思维导图，如图 4.2 所示。

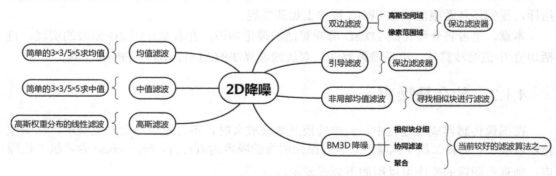

图 4.2　2D 降噪思维导图

细数主要的 2D 降噪算法，从基本的均值滤波算法到中值滤波算法，再到相对较好的 BM3D 降噪算法（当然学术领域还有更好的），算法复杂度不断提高，实现的难度也逐步增大。本章考虑初学者的接受能力，以及篇幅的限制，挑选了较基本的均值/中值滤波算法，以及常用的高斯滤波/双边滤波算法进行讲解，并用 MATLAB 进行验证，用 FPGA 进行硬件加速实现。

4.2　均值滤波算法的实现

所有滤波算法都是通过当前像素周边的像素，以一定的权重加权计算滤波后的结果。因此主要涉及两个变量：窗口内像素的权重值，以及窗口的大小。滤波的窗口有 3×3、5×5、7×7、11×11 等，窗口尺度越大，相应的计算量也越大，效果也越明显。不同的滤波算法，主要是权重取舍的不同，或者排序，或者根据位置、相似度等考量，较简单的莫过于均值滤波算法。

4.2.1　均值滤波算法的理论

本节以较简单的均值滤波，以 3×3 窗口为例，计算流程，如图 4.3 所示。

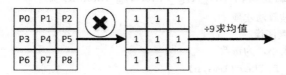

图 4.3　均值滤波计算流程

均值滤波可以简单地表示为在邻域窗 3×3 内，所有像素权重相同，简单加权后求平均值。那么可想而知，噪声并没有被去除，只是被平均了而已。此外，均值滤波除了抑制噪声，也有平滑纹理的效果。如果窗口很大，也会产生模糊的效果。

4.2.2　均值滤波的 MATLAB 实现

MATLAB 图库自带均值滤波算法，但本书编写的初衷是实现 FPGA 硬件加速，所以 MATLAB 模型必须验证，因此，仍然采用手动编码（Coding）的方式来实现相关算法。

首先介绍基于固定尺度的滑窗操作，以计算 3×3 窗口为例，3×3 滑窗操作示意图，如图 4.4 所示。

对目标像素，我们选择以当前像素为中心，取 3×3 的矩形窗口，与权重相乘后再累加（Sum），计算加权平均后的结果。所谓滑窗运算，就是从图像左上角开始，每次计算完当前像素后，再往右滑动一个像素，以新的窗口进行新的像素计算；当窗口滑到行内最后一个像素并完成计算后，另起一行进行滑窗运算操作。那么，以 640×480 分辨率的图像为例，从左上角开始，遍历滑窗 640×480-1 次，即完成整幅图像像素的滤波计算。

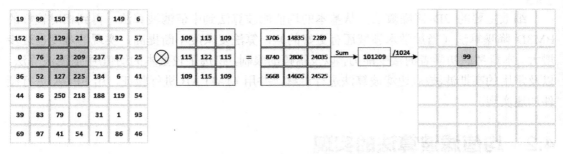

图 4.4　3×3 滑窗操作示意图

另外，图像边缘像素不够 3×3 窗口的，通常通过补 0/1、边缘镜像，以及用原值替代的方式进行处理。本章涉及的均值/中值滤波、高斯滤波、双边滤波，均是基于固定尺度窗口的滑窗操作，为了简化算法实现的复杂度，边缘均采用原值替代的方式处理。

所以，对基于滑窗运算的不同算法，只是在窗口内具体执行的算法不同，但整体的流程都是一致的。无论是传统窗口的滤波算法，还是深度学习的卷积网络，流程上都是一样的。

言归正传，在 MATLAB 中，内存的访问非常灵活，因此可以直接读取以当前像素为中心的 3×3 矩阵。如果是边缘像素，则直接用原值替代；反之，则进行加权平均运算。相关代码如下所示（详见配套资料.\4.1_Avg_Filter\avg_filter.m）。

```matlab
% 灰度图像均值滤波算法实现
% IMG 为输入的灰度图像
% n 为滤波的窗口大小，为奇数
function Q=avg_filter(IMG,n)
% IMG = rgb2gray(imread('../../0_images/Scart.jpg'));      % 读取 jpg 图像
% n=3;

[h,w] = size(IMG);
win = zeros(n,n);
Q = zeros(h,w);
for i=1 : h
    for j=1:w
        if(i<(n-1)/2+1 || i>h-(n-1)/2 || j<(n-1)/2+1 || j>w-(n-1)/2)
            Q(i,j) = IMG(i,j);      %边缘像素取原值
        else
            win =  IMG(i-(n-1)/2:i+(n-1)/2,  j-(n-1)/2:j+(n-1)/2);
            Q(i,j)=sum(sum(win)) / (n*n);      %n*n 窗口的矩阵，求和再取均值
        end
    end
end
Q=uint8(Q);
```

为了方便程序的调用，以及后期的移植复用，本节采用了函数（function）的方式进行封装，使用时直接调用 avg_filter()即可。以原图添加椒盐噪声为例，MATLAB 自带均值滤波算法，与手动编写均值滤波算法效果对比，相关代码如下所示（详见配套资料.\4.1_Avg_Filter\Mean_Filter_Test.m）。

```
clear all; close all; clc;

% ------------------------------------------------------------------------
% Read PC image to MATLAB
IMG1 = imread('../../0_images/Scart.jpg');      % 读取 JPG 图像
IMG1 = rgb2gray(IMG1);
h = size(IMG1,1);            % 读取图像高度
w = size(IMG1,2);            % 读取图像宽度
subplot(221);imshow(IMG1);title('【1】原图');

% ------------------------------------------------------------------------
IMG2 = imnoise(IMG1,'salt & pepper',0.01);
subplot(222);imshow(IMG2);title('【2】添加椒盐噪声');

% ------------------------------------------------------------------------
IMG3 = imfilter(IMG2,fspecial('average',3),'replicate');
subplot(223);imshow(IMG3);title('【3】MATLAB 自带均值滤波');

% ------------------------------------------------------------------------
IMG4 = avg_filter(IMG2,3);
subplot(224);imshow(IMG4);title('【4】手动编写均值滤波');

% ------------------------------------------------------------------------
% Generate image Source Data and Target Data
Gray2Gray_Data_Gen(IMG2,IMG4);
```

读取 JPG 图像后，首先将输入图像转成灰度图像，再添加强度为 0.01 的椒盐噪声，然后采用 MATLAB 自带均值滤波算法，与手动编写均值滤波算法对比，执行的效果如图 4.5 所示。手动编写均值滤波算法的效果和 MATLAB 自带均值滤波算法的效果几乎没有差异（边缘处可能有差异，MATLAB 自带均值滤波算法应该是镜像处理了，本节不再深究）。

至于椒盐噪声，确实一定程度地被抑制了，但并没有去除，而是把噪声给平均化了，同时也平滑了图像的边缘细节。

所以，均值滤波对椒盐噪声的处理并不是那么理想的。均值滤波算法是较简单的滤波算法，计算量较小，其成效显而易见，对噪声能起到一个平滑的作用。本节只是作为 2D 降噪算法的入门介绍，因此不再进一步描述均值滤波算法的优缺点。

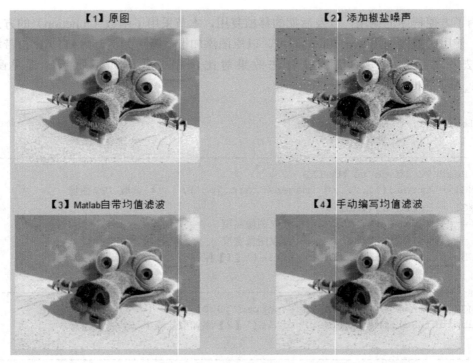

图 4.5　MATLAB 自带均值滤波算法与手动编写均值滤波算法效果对比

4.2.3　均值滤波的 FPGA 实现

前面已经介绍了均值滤波算法的原理和 MATLAB 实现，接下来对均值滤波算法进行 FPGA 实现。

通过在图像上进行滑窗处理，可以获得以目标像素为中心的 3×3 窗口，如图 4.6 所示，从图像左上角开始，每次计算完当前像素后，再往右滑动一个像素，以新的窗口计算新的像素；当窗口滑到行内最后一个像素并完成计算后，另起一行重新开始滑窗运算操作。

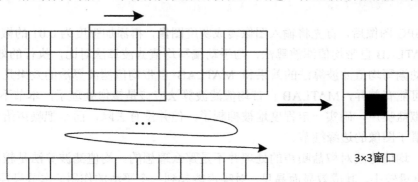

图 4.6　在图像上进行滑窗生成 3×3 窗口

图 4.7 所示为 3×3 窗口生成的模块，为了生成以目标像素为中心的 3×3 窗口，需要缓存 3 行像素，但在设计时只需要缓存两行像素，第 3 行像素实时输入即可。本节使用先进

先出（FIFO）方式对行像素进行缓存，并以菊花链的形式连接行缓存，即将当前行缓存的输出接到下一个行缓存的输入。

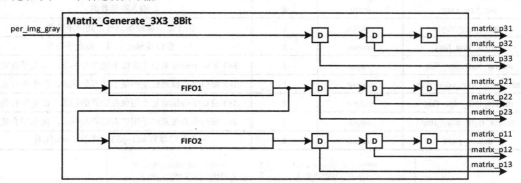

图 4.7　3×3 窗口生成的模块

在滑窗过程中需要确保图像行、列对齐，这样就可以生成以目标像素为中心的 3×3 窗口。通过行缓存可以实现行对齐；通过对各行缓存的读取控制，使各行的第一个像素对齐，可以实现列对齐。对各个行缓存的 FIFO 读写时序有一定的要求，其示意图，如图 4.8 所示。其中 fifo1_wenb 与 per_img_href 的时序保持一致；fifo1_renb 在 per_img_href 的第二行开始时有效，并在一帧结束后多读取一行；fifo2_wenb 在 per_img_href 的第二行开始时有效；fifo2_renb 在 per_img_href 的第三行开始时有效，并在一帧结束后多读取一行。

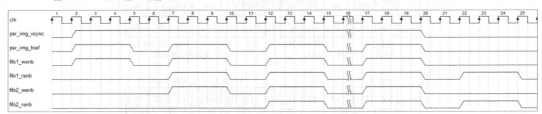

图 4.8　行缓存 FIFO 读写时序示意图

3×3 窗口生成模块的接口定义如表 4.1 所示，其中 matrix_top_edge_flag、matrix_bottom_edge_flag、matrix_left_edge_flag、matrix_right_edge_flag 信号用于指示 3×3 窗口的中心像素位于图像边界。当中心像素位于图像边界时，需要对 3×3 窗口中的像素进行边界扩展处理，常用的边界扩展机制包括边界上的像素复制到图像外、边界内的行和列镜像到图像外，边界扩展机制，如图 4.9 所示。此外，还可以边界外补 0/1，或者将中心像素直接作为结果输出。

表 4.1　3×3 窗口生成模块的接口定义

信　号	方　向	位　宽	描　述
clk	input	1	系统时钟
rst_n	input	1	系统复位，低电平有效
per_img_vsync	input	1	输入视频场信号，高电平有效
per_img_href	input	1	输入视频行信号，高电平有效

续表

信 号	方 向	位 宽	描 述
per_img_gray	input	8	输入视频数据
matrix_img_vsync	output	1	3×3 窗口视频场信号,高电平有效
matrix_img_href	output	1	3×3 窗口视频行信号,高电平有效
matrix_top_edge_flag	output	1	3×3 窗口中心像素位于图像上边界的标志,高电平有效
matrix_bottom_edge_flag	output	1	3×3 窗口中心像素位于图像下边界的标志,高电平有效
matrix_left_edge_flag	output	1	3×3 窗口中心像素位于图像左边界的标志,高电平有效
matrix_right_edge_flag	output	1	3×3 窗口中心像素位于图像右边界的标志,高电平有效
matrix_pnm	output	8	3×3 窗口像素 p11~p33,其中 $n,m \in [1,3]$

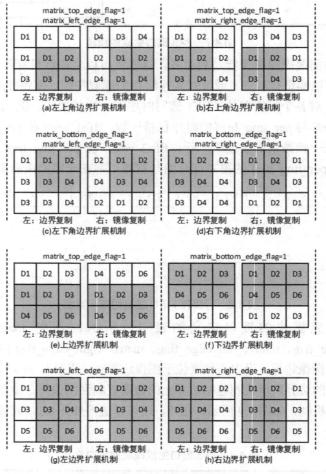

图 4.9 边界扩展机制

3×3 窗口生成模块的相关代码详见配套资料.\4.1_Avg_Filter\src\Matrix_Generate_3X3_8Bit.v。

获得 3×3 窗口后,就可以开始进行均值滤波计算了。已知均值滤波的计算公式为

$$P = \text{uint8}\left(\frac{\text{sum}}{9}\right)$$

式中，sum 为 3×3 窗口内像素的灰度值之和，取值范围为 [0,255×9]。该计算公式涉及除法运算，在 FPGA 实现中除法器会占用较多的逻辑资源。由于计算公式中的分母是一个常数，因此可以将除法运算转为乘法运算和移位操作，从而减少逻辑资源的消耗，计算公式如下：

$$P = \text{uint8}\left(\frac{\text{sum}}{9}\right) \equiv \text{round}\left[\frac{\text{sum} \times \text{round}\left(\frac{2^{15}}{9}\right)}{2^{15}}\right] = \text{round}\left(\text{sum} \times 3641 \gg 15\right)$$

根据上述计算公式，可将均值滤波运算分解为以下几个步骤。

（1）计算 3×3 窗口中每行 3 个像素的累加和。

$$\text{data\_sum1} = \text{matrix\_p11} + \text{matrix\_p12} + \text{matrix\_p13}$$

$$\text{data\_sum2} = \text{matrix\_p21} + \text{matrix\_p22} + \text{matrix\_p23}$$

$$\text{data\_sum3} = \text{matrix\_p31} + \text{matrix\_p32} + \text{matrix\_p33}$$

（2）计算 3×3 窗口中所有 9 个像素的累加和。

$$\text{data\_sum} = \text{data\_sum1} + \text{data\_sum2} + \text{data\_sum3}$$

（3）计算 data_mult = data_sum×3641，其中 data_mult[22:15]为整数部分，data_mult[14]为小数部分。

（4）对 data_mult 进行四舍五入计算，即 avg_data = data_mult[22:15] + data_mult[14]，即得到均值滤波的结果。

（5）判断 3×3 窗口的中心像素是否位于图像边界。如果位于图像边界，则直接将中心像素作为均值滤波的结果输出；否则，将 avg_data 作为均值滤波的结果输出。

根据均值滤波的计算过程，采用流水方式对其进行设计，可以得到均值滤波在 FPGA 中的设计框图，如图 4.10 所示。均值滤波实现的相关代码详见配套资料.\4.1_Avg_Filter\src\mean_filter_proc.v。

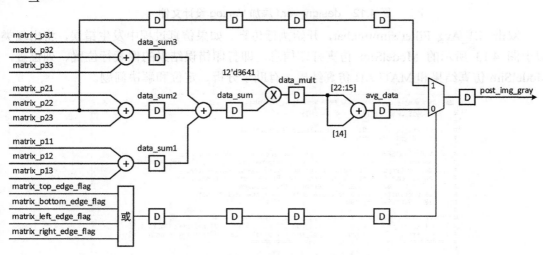

图 4.10　均值滤波在 FPGA 中的设计框图

4.2.4 均值滤波的 ModelSim 仿真

完成均值滤波算法的 FPGA 设计后，需要对其功能进行仿真验证，以确保设计功能与预期的一致。为了能够对设计进行仿真，需要搭建一个 testbench 仿真用例，为设计提供仿真激励和对设计的输出结果进行校验。均值滤波算法的仿真框架，如图 4.11 所示。

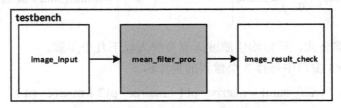

图 4.11 均值滤波算法的仿真框架

testbench 中有两个任务，分别为 image_input 任务和 image_result_check 任务。其中，image_input 任务从 MATLAB 仿真目录下的 img_Gray1.dat 文件中读取分辨率为 640×480 的图像数据并按照视频的时序产生激励；image_result_check 任务从 MATLAB 仿真目录下的 img_Gray2.dat 文件中读取均值滤波后的图像数据，用于对 ModelSim 仿真结果进行对比校验。

testbench 的仿真流程如下。

（1）image_input 任务提供视频激励给 mean_filter_proc 模块进行均值滤波处理。

（2）image_result_check 任务将 mean_filter_proc 模块输出的 ModelSim 仿真结果与 MATLAB 仿真结果进行比较。

testbench 完整的代码详见配套资料.\4.1_Avg_Filter\sim\ testbench.sv。

用编辑器（如 notepad++）打开.\4.1_Avg_Filter\sim\design_ver.f，添加需要进行仿真的 Verilog 设计文件，design_ver.f 添加 Verilog 设计文件，如图 4.12 所示。

```
1  ../../src/Matrix_Generate_3X3_8Bit.v
2  ../../src/mean_filter_proc.v
3  ../../src/sync_fifo.v
```

图 4.12 design_ver.f 添加 Verilog 设计文件

双击.\4.1_Avg_Filter\sim\run.bat，开始执行仿真。如果仿真过程中发生错误，将出现类似于图 4.13 所示的 ModelSim 仿真打印信息，即打印错误结果的像素行位置、列位置；ModelSim 仿真结果和 MATLAB 仿真结果，有助于分析、定位和解决问题。

```
                               \2_FPGA_Sim\4.1_Avg_Filter\sim    —   □   ×
# //  ModelSim SE-64 10.6d Feb 24 2018
# //
# //  Copyright 1991-2018 Mentor Graphics Corporation
# //  All Rights Reserved.
# //
# //  ModelSim SE-64 and its associated documentation contain trade
# //  secrets and commercial or financial information that are the property of
# //  Mentor Graphics Corporation and are privileged, confidential,
# //  and exempt from disclosure under the Freedom of Information Act,
# //  5 U.S.C. Section 552. Furthermore, this information
# //  is prohibited from disclosure under the Trade Secrets Act,
# //  18 U.S.C. Section 1905.
# //
###############image result check begin###############
# result error ---> row_num : 12;col_num : 3;pixel data : 94;reference data : 96
# result error ---> row_num : 18;col_num : 7;pixel data : a2;reference data : c1
###############image result check end###############
VSIM 2>
```

图 4.13 ModelSim 仿真打印信息

双击 .\4.1_Avg_Filter\sim\read_wave.bat，打开仿真波形文件，添加相关信号，可分析信号的时序及运算结果，定位问题和对设计进行修改。

图 4.14 所示为原始图像数据，即仿真输入激励源，用十六进制数表示。

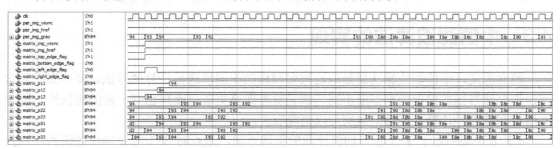

1	94	94	93	94	94	94	93	92	92	92	92	92	92	92	92	92	92	92	91
2	94	94	93	94	94	94	93	92	92	92	92	92	92	92	92	92	92	92	91
3	94	94	93	94	94	94	93	92	92	92	92	92	92	92	92	92	92	92	91
4	95	94	93	94	94	93	91	92	ff	92	92	92	92	92	92	92	92	92	91
5	95	94	93	94	94	92	91	92	92	92	92	92	92	92	92	92	92	91	91
6	95	94	94	94	94	92	91	92	92	92	92	92	92	92	92	92	92	91	90
7	95	94	94	94	94	92	91	92	92	92	92	92	92	92	92	93	92	91	90

图 4.14　原始图像数据

图 4.15 所示为图像第 1 行 3×3 窗口生成的 ModelSim 仿真结果，图 4.16 所示为图像第 1 行前 4 个 3×3 窗口的仿真结果，其中阴影部分为有效数据，与图 4.14 所示的数据进行对比，符合预期。更多关于 3×3 窗口的仿真细节，读者可自行分析。

图 4.15　图像第 1 行 3×3 窗口生成的 ModelSim 仿真结果

X	X	94
94	94	94
d2	94	94

(1)

X	94	94
94	94	93
94	94	93

(2)

94	94	94
94	93	94
94	93	94

(3)

94	94	94
93	94	94
93	94	94

(4)

图 4.16　图像第 1 行前 4 个 3×3 窗口的仿真结果

图 4.17 所示为图像第 1 行均值滤波的 ModelSim 仿真结果，直接用原始图像的第 1 行像素替代，符合预期。

图 4.17　图像第 1 行均值滤波的 ModelSim 仿真结果

图 4.18 所示为图像第 2 行均值滤波的 ModelSim 仿真结果，以第 2 个 3×3 窗口进行均值滤波计算为例，将图中画框的数据依次代入均值滤波的计算过程，可以验证仿真结果是符合预期的。更多关于均值滤波的仿真细节，读者可自行分析。

信号名	值	
clk	1'h1	
matrix_img_vsync	1'h1	
matrix_img_href	1'h1	
matrix_top_edge_flag	1'h0	
matrix_bottom_edge_flag	1'h0	
matrix_left_edge_flag	1'h0	
matrix_right_edge_flag	1'h0	
matrix_p11	8'd146	148 147 148 148 147 146
matrix_p12	8'd146	148 147 148 147 146
matrix_p13	8'd146	148 147 148 147 146
matrix_p21	8'd146	148 147 148 147 146
matrix_p22	8'd146	148 147 148 147 146
matrix_p23	8'd146	148 147 148 147 146
matrix_p31	8'd146	213 147 147 148 147 146
matrix_p32	8'd146	148 147 148 147 146
matrix_p33	8'd146	148 147 148 147 146
data_sum1	10'd438	444 443 444 443 441 439
data_sum2	10'd438	444 443 444 443 441 439
data_sum3	10'd438	574 509 443 444 443 441 439
data_sum	12'd1314	1527 1462 1397 1329 1332 1329 1323
data_mult	23'd4784274	5559807 5323142 5086477 4838889 4849812 4838889
data_mult_22_to_15	8'd146	169 162 155 147 148 147
data_mult_14	0	
avg_data	8'd146	170 162 155 148
post_img_vsync	1'h1	
post_img_href	1'h1	
post_img_gray	8'd146	170 162 148

图 4.18　图像第 2 行均值滤波的 ModelSim 仿真结果

4.3　中值滤波算法的实现

顾名思义，中值滤波算法就是取滤波窗口内的中间值进行计算的算法。噪声属于异常点，那自然与当前像素的相似度不高，或是更亮或是更暗；噪声也有一定的随机性，因此选用中间值进行计算，理论上确实可以消除噪声。

4.2 节详细描述了 3×3 窗口均值滤波的实现方案，重点对 3×3 滑窗操作的流程，以及MATLAB 与 FPGA 的实现进行了具体的讲解。由于滑窗操作都如出一辙，因此本节重点介绍如何在 3×3 窗口进行中值滤波操作。

4.3.1　中值滤波算法的理论

邻域像素有一定的相似性与连续性，那么添加噪声后的像素一定会偏离原值。异常偏离像素白点与黑点示意图，如图 4.19 所示，图中的点表示 3×3 窗口的邻域像素的值，其中图4.19（a）有一个异常偏离像素白点，图 4.19（b）有一个异常偏离像素黑点，那么排序后，这2 个异常偏离像素一定在较前面或者较后面，所以以取中间值可以有效地将异常偏离像素滤掉。

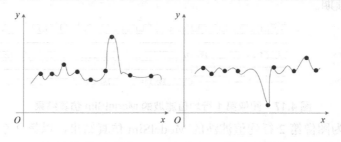

（a）异常偏离像素白点　　　　　　（b）黑点

图 4.19　异常偏离像素白点与黑点示意图

为了更直观地对比均值滤波与中值滤波，本节对测试图叠加椒盐噪声后，同时用 3*3 均值滤波与 3*3 中值滤波进行处理，对比效果如图 4.20 所示。

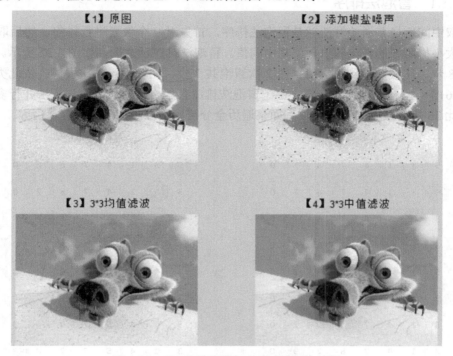

图 4.20　3*3 均值滤波与中值滤波对比效果

从图 4.20 可知，对椒盐噪声，均值滤波并不能很好地去除它，噪声只是被平均化了；但中值滤波很好地去除了异常的椒盐噪声。不过仔细观察原图与中值滤波后的图，处理后的图在边缘纹理上，也有一定程度的丢失。

对椒盐噪声，确实中值滤波的效果更明显，以经典的 Lenna 测试图为例，原图、均值滤波效果图及中值滤波效果图如图 4.21 所示，再次完美地去除了椒盐噪声（尽管边缘确实有所平滑）。

（a）原图　　　　　　　　（b）均值滤波效果图　　　　　　　（c）中值滤波效果图

图 4.21　原图、均值滤波效果图及中值滤波效果图

那么接下来的重点是，如何快速实现窗口内像素的中间值获取。为了高效地进行中值的计算，不得不深究传统的冒泡法排序，以及适用于 FPGA 硬件加速的并行 3 步中值法获

取中间值。

4.3.1.1　冒泡法排序

获取中间值最普通的算法就是冒泡法排序，首先对 9 个像素进行排序，然后取这 9 个像素中大小排第 5 的像素的值，就是中间值。冒泡法排序示意图，如图 4.22 所示。第 1 次冒泡共 8 步，比较后得到最大值；第 2 次冒泡共 7 步，比较后得到次大值；依此类推，共需 8+7+6+5+4+3+2+1=36 步计算。由于冒泡法排序有严格的先后顺序，无法并行多线程执行，因此 36 步是最少的计算次数。如果遍历全分辨率图像，则累计计算量巨大。

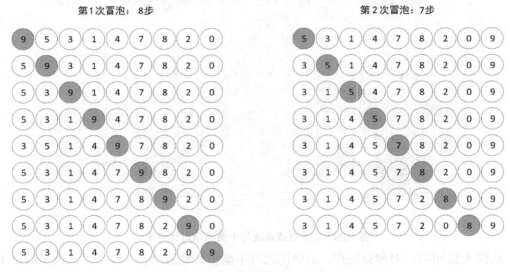

图 4.22　冒泡法排序示意图

4.3.1.2　并行 3 步中值法

其实，我们只需要取出中间值，并不需要对这 9 个像素进行排序，所以即便采用冒泡法排序，也需要 8+7+6+5+4=30 步计算，仍然太慢了。本节介绍一种可以充分利用硬件并行加速的优势实现取中间值的方法，以 3×3 窗口为例，计算这 9 个像素的中间值，共需并行计算 3 步，并行 3 步中值法流程图，如图 4.23 所示。

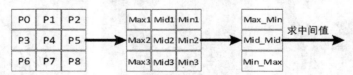

图 4.23　并行 3 步中值法流程图

详细分解每步流程，分别如下：

（1）分别对每行 3 个像素进行两两比较，得到最大值 Max、中间值 Mid、最小值 Min。

（2）求 3 个最大值的最小值 Max_Min、3 个中间值的中间值 Mid_Mid，以及 3 个最小值的最大值 Min_Max。

（3）求 Max_Min、Mid_Mid、Min_Max 的中间值，即为最终结果。

尽管每一个步骤仍然可以分解为更多的计算，但由于 FPGA 硬件加速的并行性，可以同时进行比较判断，通过面积换取速度，在 1 个 clk 内得到 3 个数的排序，最后整体只耗时 3 个 clk。利用流水线计算的特性，便实现了实时的中间值提取算法。

4.3.2　中值滤波的 MATLAB 实现

对中值滤波，我们仅仅是更新了窗口内的计算过程，因此可以直接在 4.2.2 节 avg_filter.m 中修改，并封装中值滤波 med_filter 函数，代码如下（详见配套资料.\4.2_Med_Filter\med_filter.m）。

```matlab
% 灰度图像中值滤波算法实现
% IMG 为输入的灰度图像
% n 为滤波的窗口大小，为奇数
function Q=med_filter(IMG,n)      %目前 n 只能等于 3


[h,w] = size(IMG);
win = zeros(n,n);
Q = zeros(h,w);
for i=1 : h
    for j=1:w
        if(i<(n-1)/2+1 || i>h-(n-1)/2 || j<(n-1)/2+1 || j>w-(n-1)/2)
            Q(i,j) = IMG(i,j);    %边缘像素取原值
        else
            win =  IMG(i-(n-1)/2:i+(n-1)/2,  j-(n-1)/2:j+(n-1)/2);     %n*n 窗口的矩阵
%             Q(i,j)=median(median(win));                             %求中值
            max1 = max(win(1,1:3)); mid1 = median(win(1,1:3)); min1 = min(win(1,1:3));
            max2 = max(win(2,1:3)); mid2 = median(win(2,1:3)); min2 = min(win(2,1:3));
            max3 = max(win(3,1:3)); mid3 = median(win(3,1:3)); min3 = min(win(3,1:3));
            max_min = min([max1, max2, max3]);
            mid_mid = median([mid1, mid2, mid3]);
            min_max = max([min1, min2, min3]);
            Q(i,j) = median([max_min, mid_mid, min_max]);
        end
    end
end
Q=uint8(Q);
```

备注：以上代码其实只支持 3×3 窗口，若要支持更多窗口的中值滤波，请读者自行升级。

本节的核心还是对 9 个像素取中间值的计算，其实可以采用 MATLAB 函数，一步到位求中间值：Q(i,j)=median[median(win)]。但为了尽可能详细到底层，展开了每步的计算过程。在以上代码中，先计算 max[1:3], mid[1:3], min[1:3]，再求 max_min, mid_mid, min_max，

最后求这 3 个值的中间值,即为 9 个像素的中间值。

假设采用条件判断,每次取 max、mid、min 都需要至少进行 6 次运算(分别与另外 2 个值比大小,2×3=6),那么取每个 3×3 窗口的中间值,在 MATLAB 实现中至少进行了 6×13=78 次运算,所以遍历整幅图像还是需要一定时间的。

以上实现方法比 MATLAB 自带中值滤波算法要慢很多,原因是 MATLAB 自带函数使用了 boxfilter 之类的优化算法进行加速。但在 FPGA 上有很强的可执行性,由于其并行计算的优势,最快只需要 3 个 clk 就可以计算出中间值,流水线操作更能够实时计算。

仍以原图添加椒盐噪声为例,MATLAB 自带中值滤波算法,与手动编写中值滤波算法效果对比,相关代码如下所示(详见配套资料.\4.2_Med_Filter\Med_Filter_Test2.m)。

```
clear all; close all; clc;

% --------------------------------------------------------------
% Read PC image to MATLAB
IMG1 = imread('../../0_images/Scart.jpg');      % 读取 JPG 图像
IMG1 = rgb2gray(IMG1);
h = size(IMG1,1);           % 读取图像高度
w = size(IMG1,2);           % 读取图像宽度
subplot(221);imshow(IMG1);title('【1】原图');

% --------------------------------------------------------------
IMG2 = imnoise(IMG1,'salt & pepper',0.01);
subplot(222);imshow(IMG2);title('【2】添加椒盐噪声');

% --------------------------------------------------------------
IMG3 = medfilt2(IMG2,[3,3]);
subplot(223);imshow(IMG3);title('【3】MATLAB 自带中值滤波');

% --------------------------------------------------------------
IMG4 = med_filter(IMG2,3);
subplot(224);imshow(IMG4);title('【4】手动编写中值滤波');

% --------------------------------------------------------------
% Generate image Source Data and Target Data
Gray2Gray_Data_Gen(IMG2,IMG4);
```

读取 JPG 图像后,先对图像进行彩色转灰度操作,再叠加强度为 0.01 的椒盐噪声,然后采用 MATLAB 自带中值滤波算法与手动编写中值滤波算法处理,效果对比如图 4.24 所示。手动编写中值滤波算法效果和 MATLAB 自带中值滤波算法效果几乎没有差异(边缘处可能有差异,MATLAB 自带中值滤波算法应该是镜像处理了,本节不再深究)。

对比中值滤波后的效果,椒盐噪声被完美地去除了,但边缘细节上确实有一定的损失。由于中值滤波只是考虑了异常的像素,并没有考虑原图的边缘细节,因此在清晰度保持上,还是有优化的空间的。

另外，中值滤波也有一定的适应性，即对椒盐噪声的响应很好；如果换成高斯噪声，均值滤波和中值滤波都无能为力，其对高斯噪声的处理效果对比，如图 4.25 所示（我们将在后续章节中介绍高斯滤波）。

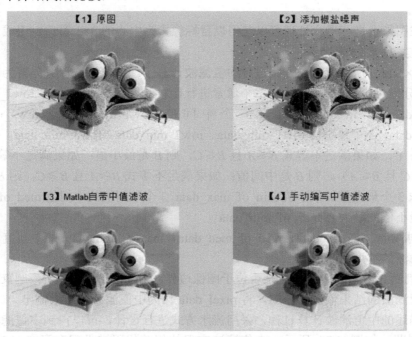

图 4.24　MATLAB 自带中值滤波算法与手动编写中值滤波算法对椒盐噪声的处理效果对比

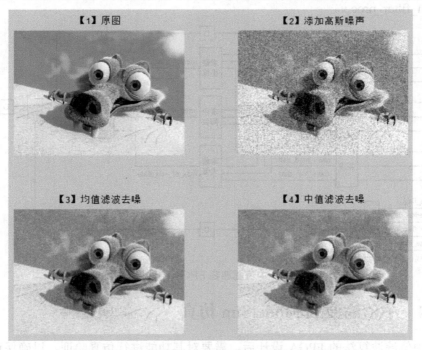

图 4.25　均值滤波与中值滤波对高斯噪声的处理效果对比

4.3.3　中值滤波的 FPGA 实现

介绍了中值滤波算法的理论、并行 3 步中值法和 MATLAB 实现，接下来对该算法进行 FPGA 实现。

通过在图像上进行滑窗处理可以获得以目标像素为中心的 3×3 窗口。生成 3×3 窗口的详细设计方案见 4.2.3 章节。

获得 3×3 窗口后，就可以开始进行中值滤波计算了。中值滤波计算分解为以下 3 步：

（1）分别对 3×3 窗口中每行 3 个像素进行比较，得到 3 个最大值 row1_max_data、row2_max_data、row3_max_data，3 个中间值 row1_med_data、row2_med_data、row3_med_data，3 个最小值 row1_min_data、row2_min_data、row3_min_data。假设有 3 个数据 A、B、C，如果满足不等式 $B \leqslant A$ 且 $B \leqslant C$，则 B 是最小值；如果满足不等式 $B \geqslant A$ 且 $B \leqslant C$（$B \geqslant C$ 且 $B \leqslant A$），则 B 是中间值；如果满足不等式 $B \geqslant A$ 且 $B \geqslant C$，则 B 是最大值。

（2）求 3 个最大值的最小值 min_of_max_data、3 个中间值的中间值 med_of_med_data，以及 3 个最小值的最大值 max_of_min_data。

（3）求 min_of_max_data、med_of_med_data、max_of_min_data 的中间值 pixel_data，得到中值滤波的结果。

（4）判断 3×3 窗口中心像素是否位于图像边界。如果位于图像边界，则直接将中心像素作为中值滤波的结果输出；否则，将 pixel_data 作为中值滤波的结果输出。

根据描述的中值滤波计算过程，采用流水方式进行设计，可以得到中值滤波在 FPGA 中的设计框图，如图 4.26 所示。中值滤波实现的相关代码详见配套资料.\4.2_Med_Filter \src\median_filter_proc.v。

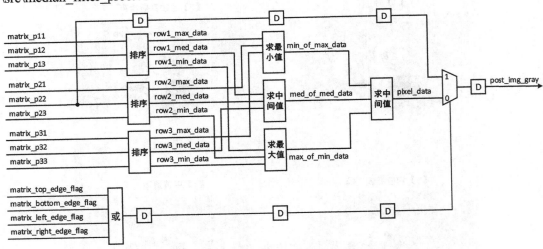

图 4.26　中值滤波在 FPGA 中的设计框图

4.3.4　中值滤波的 ModelSim 仿真

完成中值滤波算法的 FPGA 设计后，需要对其功能进行仿真验证，以确保设计功能与预期的一致。为了能够对设计进行仿真，需要搭建一个 testbench 仿真用例，为设计提供仿真激励和对设计的输出结果进行校验。中值滤波算法的仿真框架如图 4.27 所示。

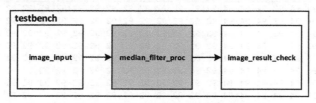

图 4.27　中值滤波算法的仿真框架

testbench 中有两个任务，分别为 image_input 任务和 image_result_check 任务。其中，image_input 任务从 MATLAB 仿真目录下的 img_Gray1.dat 文件中读取分辨率为 640×480 的图像数据并按照视频的时序产生激励；image_result_check 任务从 MATLAB 仿真目录下的 img_Gray2.dat 文件中读取中值滤波后的图像数据，用于对 ModelSim 仿真结果进行对比校验。

testbench 的仿真流程如下。

（1）image_input 任务提供视频激励给 median_filter_proc 模块进行中值滤波处理。

（2）image_result_check 任务将 median_filter_proc 模块输出的 ModelSim 仿真结果与 MATLAB 仿真结果进行比较。

testbench 完整的代码详见配套资料.\4.2_Med_Filter\sim\ testbench.sv。

用编辑器（如 notepad++）打开.\4.2_Med_Filter\sim\design_ver.f，添加需要进行仿真的 Verilog 设计文件，design_ver.f 添加 Verilog 设计文件，如图 4.28 所示。

```
1  ../../src/Matrix_Generate_3X3_8Bit.v
2  ../../src/median_filter_proc.v
3  ../../src/sync_fifo.v
```

图 4.28　design_ver.f 添加 Verilog 设计文件

双击.\4.2_Med_Filter\sim\run.bat，开始执行仿真。如果仿真过程中发生错误，将出现类似于图 4.29 所示的 ModelSim 仿真打印信息，即打印错误结果的像素行位置、列位置；ModelSim 仿真结果和 MATLAB 仿真结果，有助于分析、定位和解决问题。

```
E:\book\Bingo_Book\BOOK_V0.4\2_FPGA_Sim\4.2_Med_Filter\sim                    —    □    ×
# //
# //  ModelSim SE-64 10.6d Feb 24 2018
# //
# //  Copyright 1991-2018 Mentor Graphics Corporation
# //  All Rights Reserved.
# //
# //  ModelSim SE-64 and its associated documentation contain trade
# //  secrets and commercial or financial information that are the property of
# //  Mentor Graphics Corporation and are privileged, confidential,
# //  and exempt from disclosure under the Freedom of Information Act,
# //  5 U.S.C. Section 552. Furthermore, this information
# //  is prohibited from disclosure under the Trade Secrets Act,
# //  18 U.S.C. Section 1905.
##############image result check begin##############
# result error ---> row_num : 40;col_num : 13;pixel data : 98;reference data : 99
# result error ---> row_num : 44;col_num : 7;pixel data : 98;reference data : aa
##############image result check end##############
VSIM 2>
```

图 4.29　ModelSim 仿真打印信息

双击.\4.2_Med_Filter\sim\read_wave.bat，打开仿真波形文件，添加相关信号，可分析信号的时序及运算结果，定位问题和对设计进行修改。

图 4.30 所示为原始图像数据，即仿真输入激励源，用十六进制数表示。

img_Gray1.dat

1	94	94	93	94	94	94	93	92	92	92	92	92	92	92	92	92	92	92	92	91	90
2	94	94	93	94	94	94	93	92	92	92	92	92	92	92	92	92	92	92	92	91	90
3	94	94	93	94	94	94	93	92	92	92	92	92	92	92	92	92	92	92	92	91	90
4	95	94	94	94	94	94	93	91	92	92	92	92	92	92	92	92	92	92	92	91	8f
5	95	94	94	94	94	94	92	91	92	00	92	92	92	92	92	92	92	92	91	91	8f
6	95	94	94	94	94	94	92	91	92	92	92	92	92	92	92	92	92	00	91	90	8f
7	95	94	94	94	94	94	92	91	92	92	92	92	92	92	92	92	93	92	91	90	8f
8	95	94	94	94	94	94	92	91	92	92	92	92	92	92	92	92	93	92	91	90	8f
9	95	95	94	94	95	94	93	92	91	92	93	92	92	92	92	93	92	92	91	91	90

图 4.30 原始图像数据

图 4.31 所示为图像第 1 行 3×3 窗口生成的 ModelSim 仿真结果，图 4.32 所示为图像第 1 行前 4 个 3×3 窗口的仿真结果，其中阴影部分表示有效数据，与图 4.30 所示的原始图像数据进行对比，符合预期。更多关于 3×3 窗口的仿真细节，读者可自行分析。

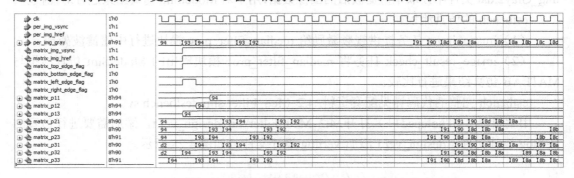

图 4.31 图像第 1 行 3×3 窗口生成的 ModelSim 仿真结果

X	X	94
94	94	94
d2	94	94

(1)

X	94	94
94	94	93
94	94	93

(2)

94	94	94
94	93	94
94	93	94

(3)

94	94	94
93	94	94
93	94	94

(4)

图 4.32 图像第 1 行前 4 个 3×3 窗口的仿真结果

图 4.33 所示为图像第 1 行中值滤波的 ModelSim 仿真结果，直接用原始图像的第 1 行像素替代，符合预期。

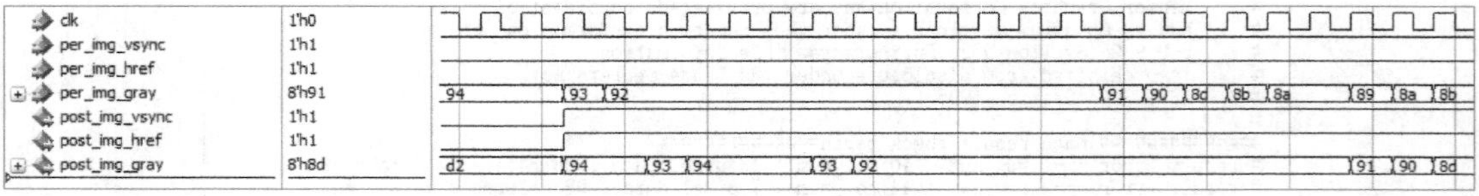

图 4.33 图像第 1 行中值滤波的 ModelSim 仿真结果

图 4.34 所示为图像第 2 行中值滤波的 ModelSim 仿真结果，以第 2 个 3×3 窗口进行中值滤波为例，因为 3×3 窗口的数据由大到小排序为 148、148、148、148、148、148、147、147、147，所以处于中间位置的是 148。将图中画框的数据依次代入中值滤波的计算过程，

可以验证仿真结果是符合预期的。更多关于中值滤波的仿真细节，读者可自行分析。

clk	1'h0
matrix_img_vsync	1'h1
matrix_img_href	1'h1
matrix_top_edge_flag	1'h0
matrix_bottom_edge_flag	1'h0
matrix_left_edge_flag	1'h0
matrix_right_edge_flag	1'h0
matrix_p11	8'd146
matrix_p12	8'd146
matrix_p13	8'd146
matrix_p21	8'd146
matrix_p22	8'd146
matrix_p23	8'd146
matrix_p31	8'd146
matrix_p32	8'd146
matrix_p33	8'd146
row1_min_data	8'd146
row1_med_data	8'd146
row1_max_data	8'd146
row2_min_data	8'd146
row2_med_data	8'd146
row2_max_data	8'd146
row3_min_data	8'd146
row3_med_data	8'd146
row3_max_data	8'd146
max_of_min_data	8'd146
med_of_med_data	8'd146
min_of_max_data	8'd146
pixel_data	8'd146
post_img_vsync	1'h1
post_img_href	1'h1
post_img_gray	8'd146

图 4.34　图像第 2 行中值滤波的 ModelSim 仿真结果

4.4　高斯滤波算法的实现

均值/中值滤波，对于滤波窗口内每个像素的权重都是一样的。但是噪声在图像当中往往比较突兀，即和原图有较大的差异，那么它必然不是平均分布的。本节先引入一个概念：正态分布，其概率分布图，如图 4.35 所示，数据主要集中在中间，并向两边逐渐减少。

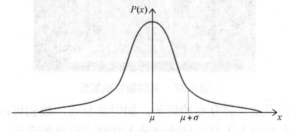

图 4.35　正态分布概率分布图

正态分布是较重要的一种概率分布，相关概念是由德国的数学家和天文学家 Moivre 在 1733 年提出的，但由于德国数学家 Gauss 率先将其用于天文学研究，因此也称为**高斯分布**。在正态分布里，认为中间状态是常态，过高和过低都属于少数，因此正态分布具有很高的普遍性，例如，我们的身高、寿命、血压、成绩、测量误差等都遵循正态分布。

以中国家庭动态跟踪、抽样调查身高数据为例，图 **4.36** 所示为中国 **2010** 年男/女生身高分布直方图，近似呈正态分布。

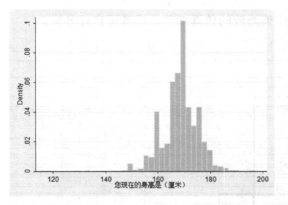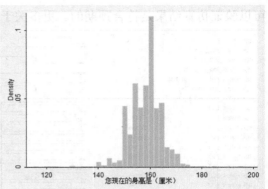

图 4.36　中国 2010 年男/女生身高分布直方图

　　弗朗西斯·高尔顿爵士（1822—1911 年），是查尔斯·达尔文的表弟，曾发明了一个称为高尔顿钉板的装置，展示了正态分布的产生过程，如图 4.37 所示。在钉板上方倒入弹珠，弹珠撞到钉子后随机选择往左还是往右滑落，它们在底板的堆积结果呈正态分布。

图 4.37　高尔顿钉板装置

　　当然，自然界也有不呈正态分布的例子，如财富分布，最初可能是正态分布的，但是优质的资源总是掌握在少数人手里，使大部分人共享了少量的资源，结果导致富者越富，贫者越贫，这就是所谓的"马太效应（两极分化现象）"，如图 4.38 所示。

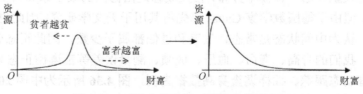

图 4.38　"马太效应"（两极分化现象）

回归正题，本节的主题是要处理高斯噪声，与随机的椒盐噪声不同，高斯噪声是画面上每个点都存在着不同程度的，与当前像素成高斯分布的噪声。我们继续在已经成熟的 3×3 滑窗方案上，进行高斯滤波算法的讲解，以及 MATLAB 与 FPGA 的实现。

4.4.1　高斯滤波算法的理论

中心极限定理告诉我们，如果样本量足够大，样本均值的分布慢慢变成正态分布（中心极限定理是指给定一个任意分布的总体，首先，每次从这些总体中随机抽取 n 个样本，一共抽取 m 次，然后对这 m 组样本分别求出平均值，这些平均值的分布接近正态分布）。那么噪声的分布也应符合正态分布（**高斯白噪声**），所以就有了高斯滤波算法，使我们可以根据正态分布进行权重计算的滤波方法。

我们已经介绍了高斯分布（正态分布），本节直接引入高斯分布函数，即如下所示的一维、二维高斯分布函数：

$$\begin{cases} G(x) = \dfrac{1}{\sqrt{2\pi}\sigma}\,e^{-\frac{x^2}{2\sigma^2}} & \text{（一维高斯分布函数）} \\[3mm] G(x,y) = \dfrac{1}{2\pi\sigma^2}\,e^{-\frac{x^2+y^2}{2\sigma^2}} & \text{（二维高斯分布函数）} \end{cases}$$

其中 σ 为高斯分布的强度，σ 值越大，数据越分散；反之，数据越向中心集中分布。

以 σ（代码中用 sigma）取 1、2、3 为例，采用 MATLAB 绘制一维高斯分布函数，一维高斯分布的代码与曲线图，如图 4.39 所示。可见，σ 越大，高斯分布曲线越矮，相邻元素的权重越大；反之，σ 则主要集中在中心区域，相邻元素的权重较小（代码详见配套资料.\4.3_Gaussian_Filter\Curve_Plot1.m）。

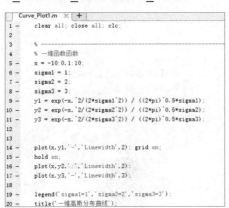
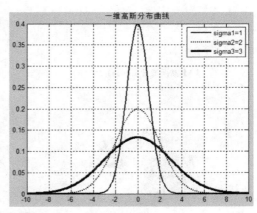

图 4.39　σ 取 1、2、3 时的一维高斯分布的代码与曲线图

图像像素是平面分布的，如果灰度值在 0~255 范围可取，那么灰度图像就是二维分布的。我们再看一下二维高斯分布曲线，以 σ=3（代码中用 sigma=3）为例，其二维高斯分布的代码与曲线图，如图 4.40 所示，结果与一维高斯分布类似，权重与距离相关，即离当前像素距离越近，其权重值就越大（代码详见配套资料.\4.3_Gaussian_Filter\Curve_Plot2.m）。

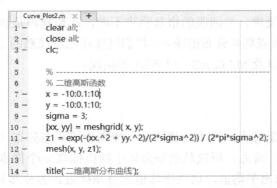
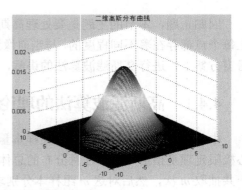

图 4.40 σ=3 的二维高斯分布的代码与曲线图

　　首先采用 MATLAB 自带的高斯函数来验证一下结果，不同 σ 与窗口下的高斯滤波效果对比，如图 4.41 所示。其中图 4.41【1】为经典的松鼠灰度原图；图 4.41【2】为 5*5 窗口、σ=1 的高斯滤波效果，可见有一定的模糊效果；图 4.41【3】为 5*5 窗口、σ=3（图中用 sigma=3）的高斯滤波效果，模糊的强度稍微大了一点；图 4.41【4】为 11*11 窗口、σ=3（图中用 sigma=3）的高斯滤波效果，相对于 5*5 窗口、σ=3 的高斯滤波，窗口扩大后，模糊程度非常大。可见，滤波窗口对滤波强度的影响比 σ 的大小对滤波强度的影响更大。

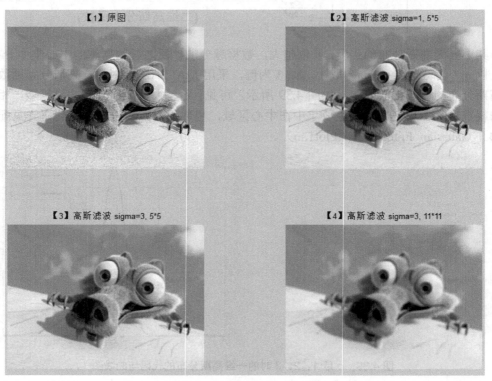

图 4.41 不同 σ 与窗口下的高斯滤波效果对比

　　本节列出了相关代码，其中采用了 MATLAB 自带的高斯模板，通过 imfilter 滤波函数进行不同 σ（代码中用 sigma）与窗口的高斯滤波（代码详见配套资料.\4.3_Gaussian_Filter\

Gaussian_Filter_Test1.m）。

```
clear all; close all; clc;


% -----------------------------------------------------------------
% Read PC image to MATLAB
IMG1 = imread('../../0_images/Scart.jpg');     % 读取 JPG 图像
IMG1 = rgb2gray(IMG1);
h = size(IMG1,1);           % 读取图像高度
w = size(IMG1,2);           % 读取图像宽度
subplot(221);imshow(IMG1);title('【1】原图');


% -----------------------------------------------------------------
g = fspecial('gaussian',[5,5],1);
IMG2 = imfilter(IMG1, g, 'replicate');
subplot(222);imshow(IMG2);title('【2】高斯滤波 sigma=1, 5*5');


% -----------------------------------------------------------------
g = fspecial('gaussian',[5,5],3);
IMG3 = imfilter(IMG1, g, 'replicate');
subplot(223);imshow(IMG3);title('【3】高斯滤波 sigma=3, 5*5');


% -----------------------------------------------------------------
g = fspecial('gaussian',[11,11],3);
IMG4 = imfilter(IMG1, g, 'replicate');
subplot(224);imshow(IMG4);title('【4】高斯滤波 sigma=3, 11*11');
```

4.4.2　高斯滤波的 MATLAB 实现

仍然以 FPGA 实现为目标，在正式开始 MATLAB 之前，我们先定点化生成高斯滤波的模板。为了覆盖常用卷积窗口，在 3×3 窗口的基础上，当前算法采用 5×5 窗口来进行高斯滤波。

图 4.42（a）所示为 5*5 窗口的高斯滤波模板生成的 MATLAB 代码，首先根据高斯分布函数的公式生成 5*5 窗口的模板。其中第 11 行为原始二维高斯分布的函数，由于最后需要归一化，因此在第 12 行提前去掉了常数来简化计算，得到的高斯权重分布数据如图 4.42（b）所示。在图 4.42（b）G1 中，为一堆浮点数据（代码详见配套资料.\4.3_Gaussian_Filter\Data_Generate_5x5.m）。

但是，二维高斯分布并不仅仅在 5×5 窗口的区间内，高斯权重在 5×5 窗口之外仍然有分布，只不过我们当前采用 5×5 窗口的高斯分布，那么高斯权重则主要分布在 5×5 窗口内。为了对高斯权重归一化，我们还需要进一步操作，如第 15、16 行所示，得到高斯权重分布数据的模板 G2。

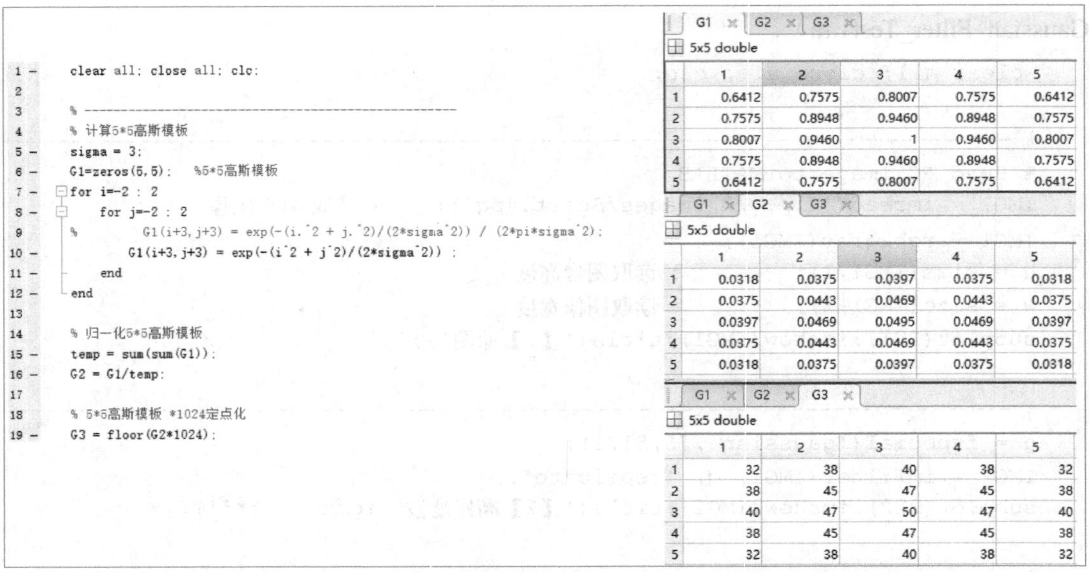

```
1 -    clear all; close all; clc;
2
3      % ------------------------------------------
4      % 计算5*5高斯模板
5 -    sigma = 3;
6 -    G1=zeros(5,5);        %5*5高斯模板
7 - ┌ for i=-2 : 2
8 - │ ┌   for j=-2 : 2
9      │ │     %    G1(i+3,j+3) = exp(-(i.^2 + j.^2)/(2*sigma^2)) / (2*pi*sigma^2);
10 - │ │       G1(i+3,j+3) = exp(-(i^2 + j^2)/(2*sigma^2));
11 - │ └   end
12 - └ end
13
14     % 归一化5*5高斯模板
15 -   temp = sum(sum(G1));
16 -   G2 = G1/temp;
17
18     % 5*5高斯模板 *1024定点化
19 -   G3 = floor(G2*1024);
```

		G1 ×	G2 ×	G3 ×	
⊞ 5x5 double					
	1	2	3	4	5
1	0.6412	0.7575	0.8007	0.7575	0.6412
2	0.7575	0.8948	0.9460	0.8948	0.7575
3	0.8007	0.9460	1	0.9460	0.8007
4	0.7575	0.8948	0.9460	0.8948	0.7575
5	0.6412	0.7575	0.8007	0.7575	0.6412

		G1 ×	G2	G3 ×	
⊞ 5x5 double					
	1	2	3	4	5
1	0.0318	0.0375	0.0397	0.0375	0.0318
2	0.0375	0.0443	0.0469	0.0443	0.0375
3	0.0397	0.0469	0.0495	0.0469	0.0397
4	0.0375	0.0443	0.0469	0.0443	0.0375
5	0.0318	0.0375	0.0397	0.0375	0.0318

		G1 ×	G2 ×	G3	
⊞ 5x5 double					
	1	2	3	4	5
1	32	38	40	38	32
2	38	45	47	45	38
3	40	47	50	47	40
4	38	45	47	45	38
5	32	38	40	38	32

（a）5*5 窗口的高斯滤波模板生成的 MATLAB 代码　　　　　　（b）高斯权重分布数据

图 4.42　5*5 窗口的高斯滤波模板生成的 MATLAB 代码与高斯权重分布数据

如果在 MATLAB 中实现，此时得到的模板已经可以用于高斯滤波卷积计算了。但我们的目标是 FPGA 实现，因此还需要进一步定点化，本节采用将模板 G2 的数据"*1024"为例，生成最终的 5×5 窗口的模板如高斯权重分布数据的模板 G3 所示。当然，最后需要"/1024"缩放回去，使结果最终还原到 0~255。

采用得到的 5×5 窗口的高斯权重分布数据，进行 5×5 窗口高斯滤波的验证。以下为 MATLAB 进行 5×5 窗口高斯滤波模板的源代码，其中 IMG1 为原图；IMG2 为采用 MATLAB 自带高斯滤波函数在 σ=3、5×5 窗口下的滤波结果；IMG3 为手动编写高斯滤波，根据生成的 5×5 窗口的定点化模板卷积滤波后的结果（代码详见配套资料.\4.3_Gaussian_Filter\Gaussian_Filter_Test2.m）。

```
clear all; close all; clc;

% ------------------------------------------------------------------
% Read PC image to MATLAB
IMG1 = imread('../../0_images/Scart.jpg');
IMG1 = rgb2gray(IMG1);
h = size(IMG1,1);        % 读取图像高度
w = size(IMG1,2);        % 读取图像宽度
subplot(131);imshow(IMG1);title('【1】原图');

% ------------------------------------------------------------------
g = fspecial('gaussian',[5,5],3);
IMG2 = imfilter(IMG1, g, 'replicate');
subplot(132);imshow(IMG2);title('【2】MATLAB 自带高斯滤波');

% ------------------------------------------------------------------
```

```
G =[32      38      40      38      32; ...
      38      45      47      45      38; ...
      40      47      50      47      40; ...
      38      45      47      45      38; ...
      32      38      40      38      32];
IMG3 = zeros(h,w);
n=5;
for i=1 : h
    for j=1:w
        if(i<(n-1)/2+1 || i>h-(n-1)/2 || j<(n-1)/2+1 || j>w-(n-1)/2)
            IMG3(i,j) = IMG1(i,j);       %边缘像素取原值
        else
            IMG3(i,j) = conv2(double(IMG1(i-(n-1)/2:i+(n-1)/2, j-(n-1)/2:
j+(n-1)/2)), double(G), 'valid')/1024;
        end
    end
end
IMG3 = uint8(IMG3);
subplot(133);imshow(IMG3);title('【3】手动编写高斯滤波');
```

　　其中在处理 5×5 窗口卷积时，为了设计的简便，边缘像素仍然采用了复制原值的操作。另外，由于 MATLAB 是浮点运算，在卷积后将数据类型再次转成 uint8 定点。原图、MATLAB 自带高斯滤波及手动编写高斯滤波效果对比，如图 4.43 所示，其中图 4.43【2】与图 4.43【3】处理结果几乎一样，验证了定点化 5×5 窗口的高斯滤波模板及算法。

图 4.43　原图、MATLAB 自带高斯滤波及手动编写高斯滤波效果对比

　　在后续的章节中，不管是边缘检测算法、腐蚀膨胀算法，还是锐化算法、双边滤波等，都通过模板操作，因此本节的设计思维尤为重要，是后续章节算法实现的基础，请认真阅读。

4.4.3　高斯滤波的 FPGA 实现

　　介绍了高斯滤波算法的原理和 MATLAB 仿真，接下来对该算法进行 FPGA 实现。

　　通过在图像上进行滑窗处理可以获得以目标像素为中心的 3×3 窗口，图像上滑窗生成的 5×5 窗口，如图 4.44 所示。从图像左上角开始，每次计算完当前像素后，再往右滑动一个像素，以新的窗口计算新的像素；当窗口滑到行内最后一个像素并完成计算后，另起一行进行滑窗运算操作。

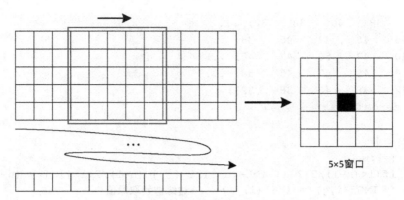

图 4.44　图像上滑窗生成的 5×5 窗口

　　图 4.45 所示为 5×5 窗口生成的模块，为了生成以目标像素为中心的 5×5 窗口，需要缓存 5 行像素，但在设计时只需要缓存 4 行像素，第 5 行像素实时输入即可。本节使用 FIFO 方式对行像素进行缓存，并以菊花链的形式连接行缓存，即将当前行缓存的输出接到下一个行缓存的输入。

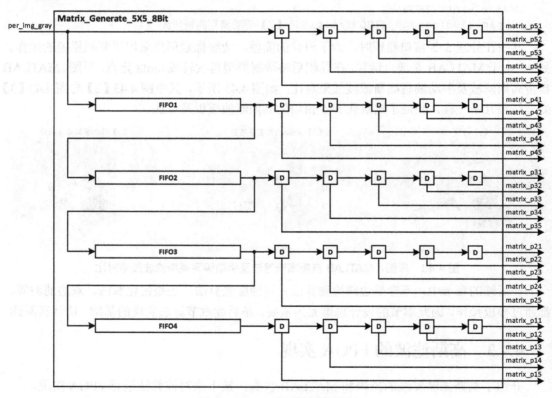

图 4.45　5×5 窗口生成的模板

　　在滑窗过程中需要确保图像行列对齐，便于生成以目标像素为中心的 5×5 窗口，通过行缓存可以实现行对齐；通过对各行缓存的读取控制，使各行的第一个像素对齐，可以实现列对齐。对各个行缓存的 FIFO 读写时序有一定的要求，如图 4.46 所示。其中 fifo1_wenb

与 per_img_href 的时序保持一致；fifo1_renb 在 per_img_href 的第二行开始时有效，并在一帧结束后多读取一行；fifo2_wenb 在 per_img_href 的第二行开始时有效，并在一帧结束后多写一行；fifo2_renb 在 per_img_href 的第三行开始时有效，并在一帧结束后多读取两行；fifo3_wenb 在 per_img_href 的第三行开始时有效，并在一帧结束后多写一行；fifo3_renb 在 per_img_href 的第四行开始时有效，并在一帧结束后多读取两行；fifo4_wenb 在 per_img_href 的第四行开始时有效，并在一帧结束后多写一行；fifo4_renb 在 per_img_href 的第五行开始时有效，并在一帧结束后多读取两行。

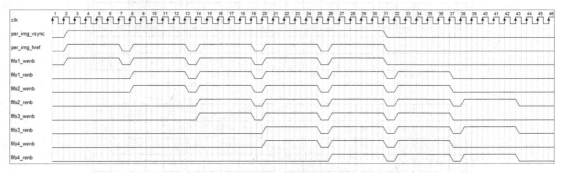

图 4.46　行缓存 FIFO 读写时序

5×5 窗口生成模块的接口定义，如表 4.2 所示，其中 matrix_top_edge_flag、matrix_bottom_edge_flag、matrix_left_edge_flag、matrix_right_edge_flag 信号用于指示 5×5 窗口的中心像素位于图像边界。当中心像素位于图像边界时，需要对 5×5 窗口中的像素进行边界扩展处理，常用的边界扩展机制包括将边界上的像素复制到图像外、将边界内的行和列镜像到图像外，边界扩展机制，如图 4.47 所示。此外，还可以边界外补 0/1，或者将中心像素直接作为结果输出。

表 4.2　5×5 窗口生成模块的接口定义

信　号	方　向	位　宽	描　述
clk	input	1	系统时钟
rst_n	input	1	系统复位，低电平有效
per_img_vsync	input	1	输入视频场信号，高电平有效
per_img_href	input	1	输入视频行信号，高电平有效
per_img_gray	input	8	输入视频数据
matrix_img_vsync	output	1	5×5 窗口视频场信号，高电平有效
matrix_img_href	output	1	5×5 窗口视频行信号，高电平有效
matrix_top_edge_flag	output	1	5×5 窗口中心像素位于图像上边界的标志，高电平有效
matrix_bottom_edge_flag	output	1	5×5 窗口中心像素位于图像下边界的标志，高电平有效
matrix_left_edge_flag	output	1	5×5 窗口中心像素位于图像左边界的标志，高电平有效
matrix_right_edge_flag	output	1	5×5 窗口中心像素位于图像右边界的标志，高电平有效
matrix_pnm	output	8	5×5 窗口像素 p11~p55

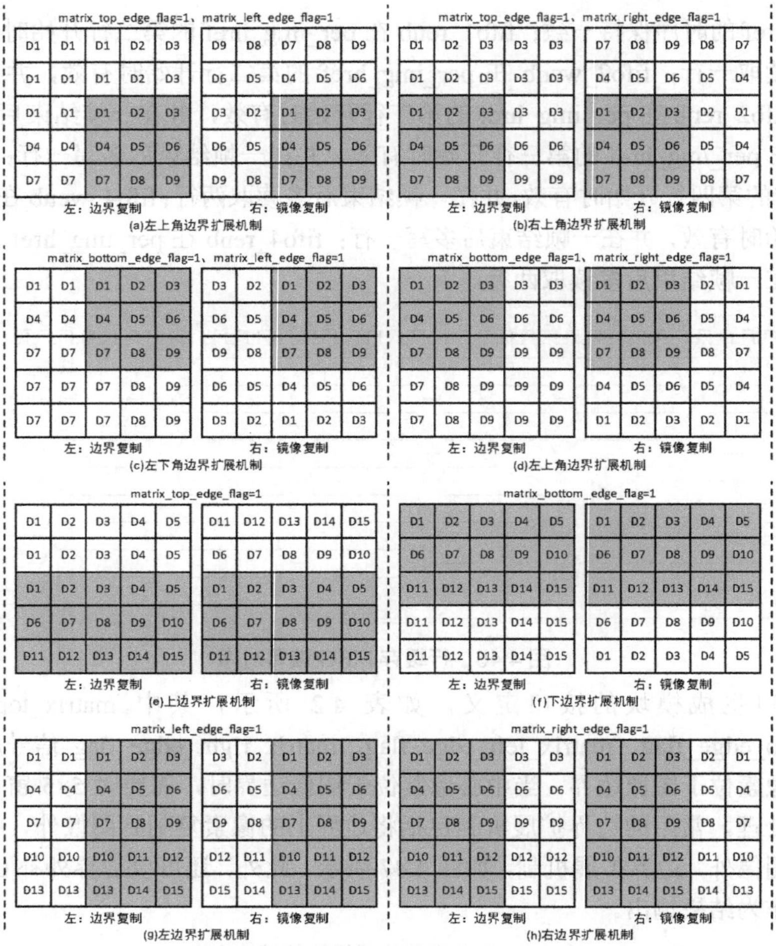

图 4.47 边界扩展机制

5×5 窗口生成模块的相关代码详见配套资料.\4.3_Gaussian_Filter\src\ Matrix_Generate_ 5X5_8Bit.v。

图 4.48 所示为 5×5 窗口的像素与 5×5 窗口的高斯模板相乘。获得 5×5 窗口后,开始进行高斯滤波计算,将计算过程分解为以下几个步骤:

(1)将 5×5 窗口的像素与 5×5 窗口的高斯模板相乘得到 5×5 窗口的矩阵 mult_result,如图 4.48 所示。因为高斯模板已经放大了 1024 倍,所以 mult_result 也放大了 1024 倍。

(2)计算 mult_result 矩阵每行 5 个数值的累加和。

$$sum\_result1 = mult\_result11 + mult\_result12 + mult\_result13 + mult\_result14 + mult\_result15$$

$$sum\_result2 = mult\_result21 + mult\_result22 + mult\_result23 + mult\_result24 + mult\_result25$$

$$sum\_result3 = mult\_result31 + mult\_result32 + mult\_result33 + mult\_result34 + mult\_result35$$

$$sum\_result4 = mult\_result41 + mult\_result42 + mult\_result43 + mult\_result44 + mult\_result45$$

$$sum\_result5 = mult\_result51 + mult\_result52 + mult\_result53 + mult\_result54 + mult\_result55$$

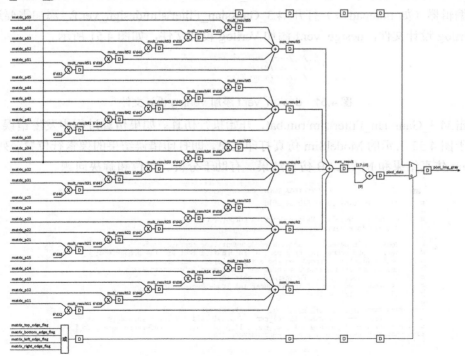

图 4.48　5×5 窗口的像素与 5×5 窗口的高斯模板相乘

（3）计算 mult_result 矩阵 25 个数值的累加和得到 sum_result，其中 sum_result[17:10] 是整数部分，sum_result[9:0]是小数部分。

$$sum\_result = sum\_result1 + sum\_result2 + sum\_result3 + sum\_result4 + sum\_result5$$

（4）对 sum_result 进行四舍五入计算，即 pixel_data = sum_result[17:10] + sum_result[9:0]，即得到高斯滤波的结果。

（5）判断 5×5 窗口的中心像素是否位于图像边界，即中心像素是否处于图像上边界 2 行、下边界 2 行、左边界 2 列、右边界 2 列范围内。如果中心像素位于图像边界，则直接将中心像素作为高斯滤波的结果输出；否则，将 pixel_data 作为高斯滤波的结果输出。

根据高斯滤波的计算过程，采用流水方式对其进行设计，可以得到高斯滤波在 FPGA 中的设计框图，如图 4.49 所示。高斯滤波实现的相关代码详见配套资料.\4.3_Gaussian_Filter\src\gaussian_filter_proc.v。

图 4.49　高斯滤波在 FPGA 中的设计框图

4.4.4 高斯滤波的 ModelSim 仿真

完成高斯滤波算法的 FPGA 设计后，需要对其功能进行仿真验证，以确保设计功能与预期的一致。为了能够对设计进行仿真，需要搭建一个 testbench 仿真用例，为设计提供仿真激励和对设计的输出结果进行校验。高斯滤波算法的仿真框架，如图 4.50 所示。

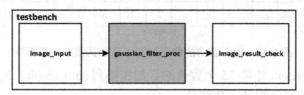

图 4.50　高斯滤波算法的仿真框架

testbench 中有两个任务，分别为 image_input 任务和 image_result_check 任务。其中，image_input 任务从 MATLAB 仿真目录下的 img_Gray1.dat 文件中读取分辨率为 640×480 的图像数据并按照视频的时序产生激励；image_result_check 任务从 MATLAB 仿真目录下的 img_Gray2.dat 文件中读取高斯滤波后的图像数据，用于对 ModelSim 仿真结果进行对比校验。

testbench 的仿真流程如下。

（1）image_input 任务提供视频激励给 gaussian_filter_proc 模块进行高斯滤波处理。

（2）image_result_check 任务将 gaussian_filter_proc 模块输出的 ModelSim 仿真结果与 MATLAB 仿真结果进行比较。

testbench 完整的代码详见配套资料.\4.3_Gaussian_Filter\sim\ testbench.sv。

用编辑器（如 notepad++）打开.\4.3_Gaussian_Filter\sim\design_ver.f，添加需要进行仿真的 Verilog 设计文件，design_ver.f 添加 Verilog 设计文件，如图 4.51 所示。

```
1  ../../src/gaussian_filter_proc.v
2  ../../src/Matrix_Generate_5X5_8Bit.v
3  ../../src/sync_fifo.v
```

图 4.51　design_ver.f 添加 Verilog 设计文件

双击.\4.3_Gaussian_Filter\sim\run.bat，开始执行仿真。如果仿真过程中发生错误，将出现类似于图 4.52 所示的 ModelSim 仿真打印信息，即打印错误结果的像素行位置、列位置；ModelSim 仿真结果和 MATLAB 仿真结果，有助于分析、定位和解决问题。

```
                              \2_FPGA_Sim\4.3_Gaussian_Filter\sim         —    □    ×
# //  ModelSim SE-64 10.6d Feb 24 2018
# //
# //  Copyright 1991-2018 Mentor Graphics Corporation
# //  All Rights Reserved.
# //
# //  ModelSim SE-64 and its associated documentation contain trade
# //  secrets and commercial or financial information that are the property of
# //  Mentor Graphics Corporation and are privileged, confidential,
# //  and exempt from disclosure under the Freedom of Information Act.
# //  5 U.S.C. Section 552. Furthermore, this information
# //  is prohibited from disclosure under the Trade Secrets Act,
# //  18 U.S.C. Section 1905.
# //
##############image result check begin##############
# result error ---> row_num : 12;col_num : 7;pixel data : 92;reference data : bb
# result error ---> row_num : 15;col_num : 11;pixel data : 92;reference data : 33
##############image result check end##############
VSIM 2>
```

图 4.52　ModelSim 仿真打印信息

双击.\4.3_Gaussian_Filter\sim\read_wave.bat，打开仿真波形文件，添加相关信号，可分析信号的时序及运算结果，定位问题和对设计进行修改。

图 4.53 所示为原始图像数据，即仿真输入激励源，用十六进制数表示。

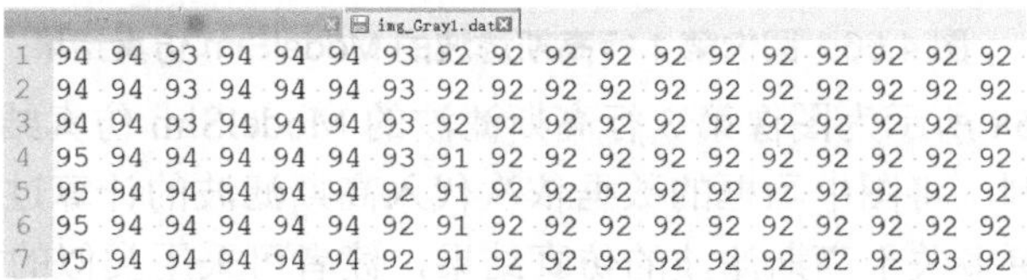
img_Gray1.dat

1	94	94	93	94	94	94	93	92	92	92	92	92	92	92	92	92	92	92
2	94	94	93	94	94	94	93	92	92	92	92	92	92	92	92	92	92	92
3	94	94	93	94	94	94	93	92	92	92	92	92	92	92	92	92	92	92
4	95	94	94	94	94	94	93	91	92	92	92	92	92	92	92	92	92	92
5	95	94	94	94	94	94	92	91	92	92	92	92	92	92	92	92	92	92
6	95	94	94	94	94	94	92	91	92	92	92	92	92	92	92	92	92	92
7	95	94	94	94	94	94	92	91	92	92	92	92	92	92	92	92	93	92

图 4.53　原始图像数据

图 4.54 所示为图像第 3 行 5×5 窗口生成的 ModelSim 仿真结果，图 4.55 所示为图像第 3 行前 4 个 5×5 窗口的仿真结果，其中阴影部分为有效数据，与图 4.53 所示的原始图像数据进行对比，符合预期。更多关于 5×5 窗口的仿真细节，读者可自行分析。

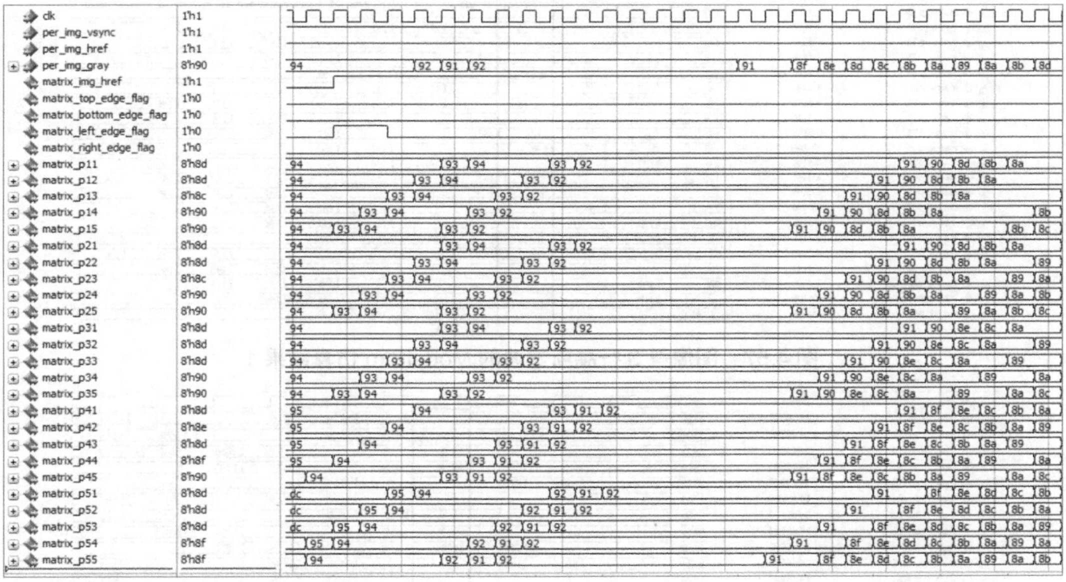

图 4.54　图像第 3 行 5×5 窗口生成的 ModelSim 仿真结果

(1)

94	94	94	94	93
94	94	94	94	93
94	94	94	94	93
95	95	95	94	94
dc	dc	95	94	94

(2)

94	94	94	93	94
94	94	94	93	94
94	94	94	93	94
95	95	94	94	94
dc	95	94	94	94

(3)

94	94	93	94	94
94	94	93	94	94
94	94	93	94	94
95	94	94	94	94
95	94	94	94	94

(4)

94	93	94	94	94
94	93	94	94	94
94	93	94	94	94
94	94	94	94	94
94	94	94	94	94

图 4.55　图像第 3 行前 4 个 5×5 窗口的仿真结果

图 4.56 所示为图像第 1 行高斯滤波的 ModelSim 仿真结果，直接用原始图像的第 1 行像素替代，符合预期。

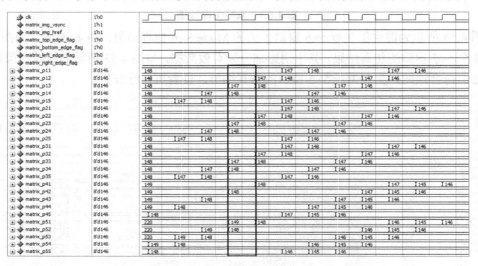

图 4.56　图像第 1 行高斯滤波的 ModelSim 仿真结果

图 4.57 和图 4.58 所示为图像第 3 行高斯滤波的 ModelSim 仿真结果，以第 3 个 5×5 窗口进行高斯滤波为例，将图中画框的数据依次代入高斯滤波的计算过程，可以验证仿真结果是符合预期的。更多关于高斯滤波的仿真结果，读者可采用类似的方法自行分析。

图 4.57　图像第 3 行高斯滤波的 ModelSim 仿真结果 1

图 4.58　图像第 3 行高斯滤波的 ModelSim 仿真结果 2

4.5　双边滤波算法的实现

滤波算法的基本思路就是采用周边像素加权平均计算一个新的像素，以缓减噪声对当前像素的影响。我们已经介绍了均值滤波算法、中值滤波算法以及高斯滤波算法，但这几种算法也有不同的优缺点，如表 4.3 所示。

表 4.3　几种滤波算法的优缺点对比

算　法	实　现　过　程	优　点	缺　点
均值滤波	窗口内权重相同，直接累加后求平均值	计算简单	噪声被平均了，边缘被抹平了，清晰度下降
中值滤波	窗口内取中间值作为结果	对椒盐噪声等异常突兀噪声处理效果好	容易把边缘滤掉，但比均值滤波好点
高斯滤波	窗口内权重按照高斯分布，卷积后得到结果	考虑了正态分布的噪声影响，受噪声影响较小	没有考虑噪声的相干性，对边缘保护仍然不佳
更好的滤波	——	既考虑噪声的高斯特性，又考虑图像边缘纹理，且可并行流水线加速	计算量大，难以进行 FPGA 并行计算

那么，我们进一步探索更好的滤波算法。本节我们将在高斯滤波的基础上，进一步升级优化，实现既考虑距离，又考虑相似度的图像滤波算法——双边滤波算法。其重点仍然是讲解如何进行权重的计算，以及 MATLAB 与 FPGA 的实现。

4.5.1　双边滤波算法的理论

双边滤波是一种非线性滤波器，它既可以达到降噪平滑，同时又保持边缘的效果。和其他滤波的原理一样，双边滤波也是采用加权平均的方法，用周边像素亮度值的加权平均来代表某个像素的强度，所用的加权平均也是基于高斯分布的。

双边滤波的权重，不仅考虑了像素的空间距离（如高斯滤波），还考虑了像素范围的辐射差异（如像素与中心像素的相似程度，也是高斯分布的），结合空间距离与相似度，计算得到最终的权重（空间距离与相似度的高斯分布）。

引用双边滤波公式分解图（参考），如图 4.59 所示，其中 G_{σ_s} 为只考虑与当前像素空间距离的权重（Space Weight），G_{σ_r} 为只考虑和当前像素相似度的权重（Range Weight），两者相乘，得到的 $G_{\sigma_s} \times G_{\sigma_r}$ 为同时考虑了当前像素空间距离与相似度的权重，累加后归一化，得到最终的权重（Space & Range）。

由于双边滤波同时考虑了像素空间距离和像素相似度的影响，因此在具有边缘梯度的图像中，能够有不错的效果，即在平坦区域，像素空间距离占优势；在边缘区域，像素相似度占优势。参考博客双边滤波（Bilateral Filter）详解，双边滤波在平坦与边缘区域分解图示解，如图 4.60 所示。

$$\mathrm{BF}[I]_p = \frac{1}{W_p} \sum_{q \in S} G_{\sigma_\mathrm{s}}(\|p-q\|) G_{\sigma_\mathrm{r}}(|I_p - I_q|) I_q$$

归一化因子　　　　　　　Space Weight　　　　　Range Weight

图 4.59　双边滤波公式分解图（参考）

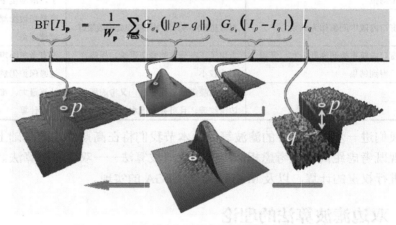

图 4.60　双边滤波在平坦与边缘区域分解图示解

上述计算公式太抽象，我们需要进一步细化，并重新梳理如下。其中 $\dfrac{1}{W_p}$ 为归一化因子；

高斯分布参数 $\dfrac{1}{2\pi\sigma^2}$ 由于最终需要归一化，因此也直接省略了。

$$I_p^{\,\mathrm{new}} = \frac{1}{W_p} \sum_{p \in S} \left[G_{\sigma_\mathrm{s}}(\|p-q\|) G_{\sigma_\mathrm{r}}(|I_p - I_q|) I_p \right]$$

$$= \frac{1}{W_p} \sum_{p \in S} \left[\mathrm{e}^{-\frac{x^2+y^2}{2\sigma_\mathrm{s}^2}} \, \mathrm{e}^{-\frac{(I_p-I_q)^2}{2\sigma_\mathrm{r}^2}} I_p \right]$$

$$= \frac{1}{W_p} \sum_{p \in S} \left[G(x,y) \, \mathrm{e}^{-\frac{(I_p-I_q)^2}{2\sigma_\mathrm{r}^2}} I_p \right]$$

从计算公式可知，对于给定的窗口大小（为了简化计算，本节以 3×3 窗口为例），以

及确定的方差 σ_s、σ_r，$G_{\sigma_\mathrm{s}}(\|p-q\|) = \mathrm{e}^{-\frac{x^2+y^2}{2\sigma_\mathrm{s}^2}}$ 为常数，可以提前计算好高斯模板，具体的计

算方式在 4.4 节中已经介绍过了。以 3×3 窗口、$\sigma_\mathrm{s}=3$ 为例，采用 Data_Generate_nxn.m 生

成模板（在原先 Data_Generate_3x3.m 生成模板的基础上，升级了支持窗口宽度输入功能），

3×3 窗口高斯模板生成的代码和数据，如图 4.61 所示（结果为扩大了 1024 倍，代码详见配

套资料./Gaussian_Filter/Data_Generate_nxn.m）。

因此接下来需重点处理的，是相似度 $G_{\sigma_r}(\| I_p - I_q \|) = \mathrm{e}^{-\frac{(I_p-I_q)^2}{2\sigma_r^2}}$ 的权重，这也是 MATLAB 与 FPGA 实现的重点。

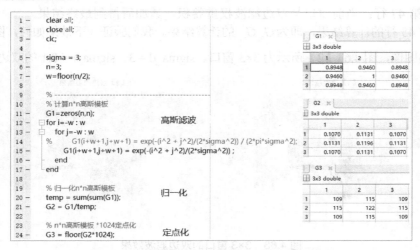

图 4.61　3×3 窗口高斯模板生成的代码和数据

4.5.2　双边滤波的 MATLAB 实现

4.5.2.1　浮点双边滤波的实现

对固定窗口灰度图像的双边滤波算法的权重，首先计算当前像素的高斯权重，然后计算当前像素的相似度权重，最后两者结合计算得到最终的权重，双边滤波权重计算的核心代码，如图 4.62 所示。

```
32    I = double(I);
33    % -----------------------------------------------
34    % 计算n*n双边滤波模板+ 滤波结果
35    h = waitbar(0,'Speed of bilateral filter process...');  %创建进度条
36    B = zeros(dim);
37  ┌ for i=1 : dim(1)
38  │   ┌ for j=1 : dim(2)
39  │   │    if(i<w+1 || i>dim(1)-w || j<w+1 || j>dim(2)-w)
40  │   │        B(i,j) = I(i,j);    %边缘像素取原值
41  │   │    else
42  │   │        A = I(i-w:i+w, j-w:j+w);
43  │   %        H =  exp( -(I(i,j)-A).^2/(2*sigma_r^2) ) ;
44  │   │        H = exp( -((A-I(i,j))/255).^2/(2*sigma_r^2) )  ;
45  │   │        F = G3.*H;
46  │   │        F2=F/sum(F(:));
47  │   │        B(i,j) = sum(F2(:) .*A(:));
48  │   │    end
49  │   └ end
50  │      waitbar(i/dim(1));
51  └ end
52    close(h);    % Close waitbar.
```

图 4.62　双边滤波权重计算的核心代码

其中框起来的部分为核心的权重计算部分代码，解释如下。

（1）第 42 行：获取以当前像素为中心的 n×n 窗口 A。

（2）第 44 行：计算以当前像素为中心的 n×n 窗口内的相似度权重。

（3）第 45 行：将高斯权重与相似度权重相乘，得到同时考虑当前像素空间距离与相似度的双边滤波权重。

（4）第 46 行：归一化双边滤波权重。

（5）第 47 行：当前窗口与双边滤波权重卷积，累加后得到最终结果。

第 44、45 行的计算结果，即为 $G_{\sigma_s} G_{\sigma_r}$ 的计算结果。我们验证一下效果如何，图 4.63【1】所示为原始图像，图 4.63【2】所示为 3×3 窗口、sigma_d = 3、sigma_r = 0.1 的双边滤波结果。

图 4.63　3×3 窗口的双边滤波效果

最后我们将实现过程的代码封装在 function 中，以便于调用，代码中 sigma_d 就是 G_{σ_s}，而 sigma_r 是 G_{σ_r}，代码如下（详见配套资料.\4.4_Bilateral_Filter\bilateral_filter_gray.m）。

```
% 灰度图像双边滤波算法实现
% I 为输入的灰度图像
% n 为滤波的窗口大小，为奇数
function B=bilateral_filter_gray(I,n,sigma_d, sigma_r)

% --------------------------------------------------
% 仅供 function 自测使用
% clear all;   close all;   clc;
% I = rgb2gray(imread('../../images/Scart.jpg'));     % 读取 JPG 图像
% n = 3; sigma_d = 3; sigma_r = 0.1;

dim = size(I);    %读取图像高度、宽度
w=floor(n/2);     %窗口 [-w, w]


% --------------------------------------------------
% 计算 n*n 高斯模板
G1=zeros(n,n);    %n*n 高斯模板
for i=-w : w
    for j=-w : w
        G1(i+w+1, j+w+1) = exp(-(i^2 + j^2)/(2*sigma_d^2)) ;
    end
end
```

```matlab
% 归一化 n*n 高斯滤波模板
temp = sum(G1(:));
G2 = G1/temp;

% n*n 高斯模板 *1024 定点化
G3 = floor(G2*1024);


I = double(I);
% ---------------------------------------------------------
% 计算 n*n 双边滤波模板+ 滤波结果
h = waitbar(0,'Speed of bilateral filter process...');   %创建进度条
B = zeros(dim);
for i=1 : dim(1)
   for j=1 : dim(2)
       if(i<w+1 || i>dim(1)-w || j<w+1 || j>dim(2)-w)
          B(i,j) = I(i,j);       %边缘像素取原值
       else
          A = I(i-w:i+w, j-w:j+w);
%           H =  exp( -(I(i,j)-A).^2/(2*sigma_r^2)  ) ;
          H = exp( -((A-I(i,j))/255).^2/(2*sigma_r^2))  ;
          F = G3.*H;
          F2=F/sum(F(:));
          B(i,j) = sum(F2(:) .*A(:));
        end
   end
   waitbar(i/dim(1));
end
close(h);   % Close waitbar.


I = uint8(I);
B = uint8(B);
```

为了进一步对比效果，与 4.4 节中的高斯滤波，在相同窗口及 sigma_d 下进行对比，相关代码及结果如下所示（详见配套资料.\4.4_Bilateral_Filter\Bilateral_Filter_Test1.m）。

```matlab
    clear all; close all; clc;


% ---------------------------------------------------------------------
% Read PC image to MATLAB
% IMG1= imread('../../0_images/Lenna.jpg');    % 读取 JPG 图像
IMG1= imread('../../0_images/Scart.jpg');    % 读取 JPG 图像


IMG1 = rgb2gray(IMG1);
```

```matlab
h = size(IMG1,1);          % 读取图像高度
w = size(IMG1,2);          % 读取图像宽度


imshow(IMG1);title('【1】原图');
% -----------------------------------------------------------------

figure;
% -----------------------------------------------------------------
IMG2 = imfilter(IMG1, fspecial('gaussian',[3,3],1), 'replicate');
IMG3 = imfilter(IMG1, fspecial('gaussian',[3,3],2), 'replicate');
IMG4 = imfilter(IMG1, fspecial('gaussian',[5,5],3), 'replicate');
subplot(231);imshow(IMG2);title('【1】高斯滤波 3*3, sigma = 1');
subplot(232);imshow(IMG3);title('【2】高斯滤波 3*3, sigma = 2');
subplot(233);imshow(IMG4);title('【3】高斯滤波 5*5, sigma = 3');


% -----------------------------------------------------------------
IMG6 = bilateral_filter_gray(IMG1, 3, 1, 0.1);
IMG7 = bilateral_filter_gray(IMG1, 3, 2, 0.3);
IMG8 = bilateral_filter_gray(IMG1, 5, 3, 0.8);
subplot(234);imshow(IMG6);title('【4】双边滤波 3*3, sigma = [1, 0.1]');
subplot(235);imshow(IMG7);title('【5】双边滤波 3*3, sigma = [2, 0.3]');
subplot(236);imshow(IMG8);title('【6】双边滤波 5*5, sigma = [3, 0.8]');
```

　　不同 sigma 与相同窗口的高斯滤波与双边滤波效果对比，如图 4.64 所示，在相同窗口大小下，第 1 行为高斯滤波的效果，第 2 行为双边滤波的效果，不难发现，双边滤波对边缘的保护程度更好。那么边缘滤波的 3 个参数 n、sigma_d、sigma_r 对双边滤波强度的影响程度如何，我们进一步分析。

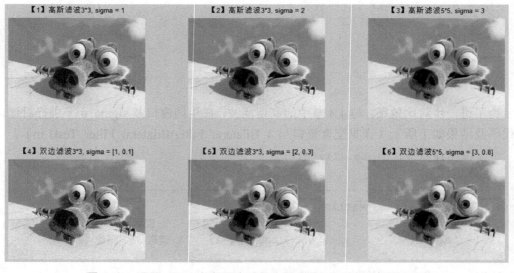

图 4.64　不同 sigma 与相同窗口的高斯滤波与双边滤波效果对比

相关代码详见配套资料.\4.4_Bilateral_Filter\Bilateral_Filter_Test2.m。首先是 sigma_d，不同 sigma_d 下双边滤波的效果对比，如图 4.65 所示。可见，双边滤波强度差不多，因此 sigma_d 对双边滤波强度的影响并不大。

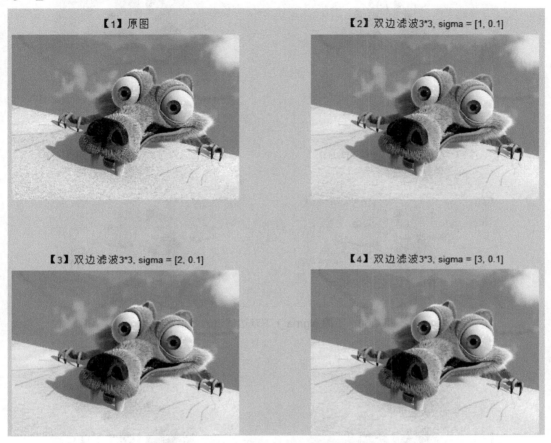

图 4.65　不同 sigma_d 下双边滤波的效果对比

其次是 sigma_r，同为 3*3 窗口及 sigma_d=3，在不同 sigma_r 下双边滤波的效果对比，如图 4.66 所示。可见，sigma_r 越大，图像的双边滤波强度越大。

最后进行双边滤波窗口大小 n 的测试，不同窗口大小的双边滤波效果对比，如图 4.67 所示。n 变大时，磨皮的效果都要出来了，可见窗口大小对双边滤波强度的影响最大。

综上分析，对双边滤波强度的影响，首先是窗口的大小，其次是 sigma_r，最后才是 sigma_d。所以固定窗口下，sigma_r 有较大的权重。也正是因此，像素相似度是双边滤波权重的一个重要因素。当像素相似度较高时，权重受像素空间距离的影响更大；反之，受像素相似度的影响更大。因此，两者都能有效地保护图像边缘，这就是所谓的双边滤波。

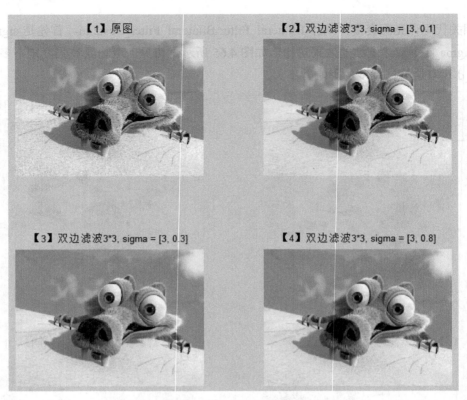

图 4.66　不同 sigma_r 下双边滤波的效果对比

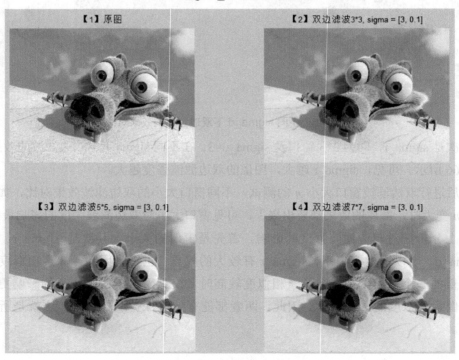

图 4.67　不同窗口大小的双边滤波效果对比

4.5.2.2　定点双边滤波的实现

我们的目标是 FPGA 实现，但上述 MATLAB 计算中涉及了浮点，不利于 FPGA 实现，主要涉及计算公式 $G_{\sigma_r}(\| I_p - I_q \|) = \mathrm{e}^{-\frac{(I_p - I_q)^2}{2\sigma_r^2}} = \mathrm{e}^{-\frac{|I_p - I_q|^2}{2\sigma_r^2}}$。不难看出，相邻两个像素的差值的绝对值，一定属于[0,255]，所以我们可以提前计算好 G_{σ_r} 并定点化，这样就可以用查找表的方法来实现像素相似度权重的计算了。双边滤波权重计算代码（定点化），如图 4.68 所示。

```
30         %------------------------------------------------
31         % 计算相似度指数*1024结果
32         % H = zeros(1, 256);
33  -    for i=0 : 255
34  -        H(i+1) = exp( -(i/255)^2/(2*sigma_r^2));
35  -    end
36  -    H = floor(H *1024);
37
38  -    I = double(I);
39         %
40         % 计算n*n双边滤波模板 + 滤波结果
41  -    h = waitbar(0,'Speed of bilateral filter process...');  %创建进度条
42  -    B = zeros(dim);
43  -    for i=1 : dim(1)
44  -        for j=1 : dim(2)
45             if(i<w+1 || i>dim(1)-w || j<w+1 || j>dim(2)-w)
46                 B(i,j) = I(i,j);          %边缘像素取原值
47             else
48                 A = I(i-w:i+w, j-w:j+w);
49  %                H =  exp( -(I(i,j)-A).^2/(2*sigma_r^2) );
50                 F1 = reshape(H(abs(A-I(i,j))+1), n, n);   %计算相似度权重(10bit)
51                 F2 = F1 * G3;                            %计算双边权重 (20bit)
52                 F3=F2*1024/sum(F2(:));                   %归一化双边滤波权重 (扩大1024)
53                 B(i,j) = sum(F3(:) .*A(:))/1024;         %卷积后得到最终累加的结果 (缩小1024)
54             end
55         end
56         waitbar(i/dim(1));
57  -    end
58  -    close(h);   % Close waitbar.
```

图 4.68　双边滤波权重计算代码（定点化）

其中框起来的部分较为重要，详解如下。

（1）第一个框：实现的是像素在 0~255，$\mathrm{e}^{-\frac{i^2}{2\sigma_r^2}}$ 的查找表，同时为了避免出现浮点，将结果扩大了 1024 倍。

（2）第二个框：根据查找表 H，实现 G_{σ_r} 的计算，其结果位宽为 10bit。

（3）第三个框：仍然将 F2 扩大 1024 倍后再运算，防止归一化出现浮点。

（4）第四个框：将结果缩小 1/1024，得到最终 8bit 的计算结果。

采用查找表的方式，不仅避免了指数运算，同时也避免了浮点运算，最终得到了定点化的 G_{σ_s} 与 G_{σ_r}，后续的计算就简单了。这是采用了 FPGA 加速常用的定点化方法，也是本书的精髓。

再次封装函数 bilateral_filter_gray_INT(I,n,sigma_d, sigma_r)，增加 "_INT" 表示定点化，MATLAB 代码如下所示（详见配套资料.\4.4_Bilateral_Filter\bilateral_filter_gray_INT.m）。

```
% 灰度图像双边滤波算法实现
% I 为输入的灰度图像
% n 为滤波的窗口大小，为奇数
```

```matlab
function B=bilateral_filter_gray_INT(I,n,sigma_d, sigma_r)

% clear all;  close all; clc;
% I = rgb2gray(imread('../../images/Scart.jpg'));    % 读取 JPG 图像
% n = 3; sigma_d = 3; sigma_r = 0.1;

dim = size(I);    %读取图像高度、宽度
w=floor(n/2);    %窗口 [-w, w]


% -----------------------------------------------
% 计算 n*n 高斯模板
G1=zeros(n,n);    %n*n 高斯模板
for i=-w : w
    for j=-w : w
        G1(i+w+1, j+w+1) = exp(-(i^2 + j^2)/(2*sigma_d^2)) ;
    end
end

% 归一化 n*n 高斯滤波模板
temp = sum(G1(:));
G2 = G1/temp;

% n*n 高斯模板 *1024 定点化
G3 = floor(G2*1024);

% -----------------------------------------------
% 计算相似度指数*1024 结果
% H = zeros(1, 256);
for i=0 : 255
    H(i+1) = exp( -(i/255)^2/(2*sigma_r^2));
end
H = floor(H *1024);

I = double(I);
% -----------------------------------------------
% 计算 n*n 双边滤波模板+ 滤波结果
h = waitbar(0,'Speed of bilateral filter process...');    %创建进度条
B = zeros(dim);
for i=1 : dim(1)
    for j=1 : dim(2)
        if(i<w+1 || i>dim(1)-w || j<w+1 || j>dim(2)-w)
            B(i,j) = I(i,j);        %边缘像素取原值
        else
            A = I(i-w:i+w, j-w:j+w);
%            H =  exp( -(I(i,j)-A).^2/(2*sigma_r^2)  ) ;
```

```
                F1 = reshape(H(abs(A-I(i,j))+1), n, n);        %计算相似度权重(10bit)
                F2 = F1 * G3;                                  %计算双边权重（20bit）
                F3=F2*1024/sum(F2(:));                         %归一化双边滤波权重（扩大 1024）
                B(i,j) = sum(F3(:) .*A(:))/1024;   %卷积后得到最终累加的结果(缩小 1024)
            end
        end
        waitbar(i/dim(1));
end
close(h);    % Close waitbar.


I = uint8(I);
B = uint8(B);

% subplot(121);imshow(I);title('【1】原始图像');
% subplot(122);imshow(B);title('【2】双边滤波结果');
```

调用如上函数，与 bilateral_filter_gray 函数进行对比，显示结果一致，验证了改进结果是符合预期的（代码详见配套资料.\4.4_Bilateral_Filter\Bilateral_Filter_Test3.m）。浮点与定点化双边滤波的效果对比，如图 4.69 所示。

图 4.69　浮点与定点化双边滤波的效果对比

经常说双边滤波算法是一种磨皮算法，既去掉了斑纹又保持了边缘，那我们不妨找一个美女的头像测试一下。图 4.70 所示为双边滤波算法磨皮的效果演示，测试图像为带随机噪声的神奇女侠（盖尔·加朵）的图像在 3*3 窗口、sigma_d=3、sigma_r=0.1 下的双边滤波效果。可见，随机噪声在一定程度上被去除了，皮肤也变得光滑了，而且边缘纹理也保留了下来。

图 4.70　双边滤波算法磨皮的效果演示

本节处理的是彩色图像的双边滤波，需要 RGB 三通道，而 bilateral_filter_gray_INT()为灰度处理的函数，因此分 3 次处理 3 个通道的数据，相关代码如下所示（详见配套资料.\4.4_Bilateral_Filter\Bilateral_Filter_Test4.m，当然也可以另行设计支持彩色图像的双边滤波函数，请读者自己努力尝试）。

```
clear all; close all; clc;

% --------------------------------------------------------------------
% Read PC image to MATLAB
IMG1= imread('../../0_images/girl.jpg');      % 读取 JPG 图像

% --------------------------------------------------------------------
subplot(121);imshow(IMG1);title('【1】原图');

IMG2(:,:,1) = bilateral_filter_gray(IMG1(:,:,1), 3, 3, 0.1);
IMG2(:,:,2) = bilateral_filter_gray(IMG1(:,:,2), 3, 3, 0.1);
IMG2(:,:,3) = bilateral_filter_gray(IMG1(:,:,3), 3, 3, 0.1);
subplot(122);imshow(IMG2);title('【2】双边滤波 3*3, sigma = [3, 0.1]');
```

4.5.3　双边滤波的 FPGA 实现

介绍了双边滤波算法的理论和 MATLAB 实现，接下来对该算法进行 FPGA 实现。

通过在图像上进行滑窗处理可以获得以目标像素为中心的 3×3 窗口。生成 3×3 窗口的详细设计方案见 4.2.3 节。

获得 3×3 窗口后，就可以开始进行双边滤波计算了。双边滤波计算分解为以下步骤。

（1）计算以当前像素为中心的 3×3 窗口内的相似度权重。

首先分别计算 3×3 窗口内的像素与中心像素的差的绝对值，然后通过查找表获得相似度权重。计算 3×3 窗口内的相似度权重，如图 4.71 所示。

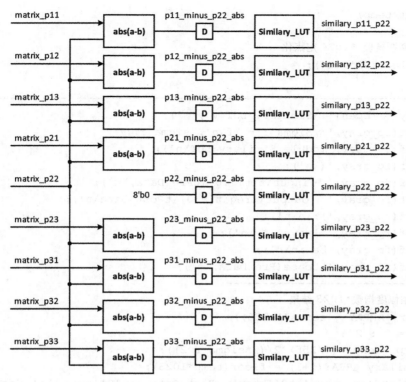

图 4.71　计算 3×3 窗口内的相似度权重

计算两个数的差的绝对值 $c = \text{abs}(a-b)$，可转为：若 $a > b$，则 $c = a-b$；若 $a \leqslant b$，则 $c = b-a$。

相似度查找表直接写入 Verilog 文件用以索引，相关代码如下所示（详见配套资料 4.4_Bilateral_Filter/Data_Generate_nxn_BF.m）。

```
clear all; close all; clc;

sigma_d = 3; sigma_r=0.3;
n=3;
w=floor(n/2);

% --------------------------------------------------------
% 计算 n*n 高斯模板
G1=zeros(n,n);
for i=-w : w
    for j=-w : w
        G1(i+w+1, j+w+1) = exp(-(i^2 + j^2)/(2*sigma_d^2)) ;
    end
end

% 归一化 n*n 高斯模板
temp = sum(sum(G1));
```

```
G2 = G1/temp;

% n*n 高斯模板 *1024 定点化
G3 = floor(G2*1024);

% --------------------------------------------------------------------
fp_gray = fopen('.\Similary_LUT.v','w');
fprintf(fp_gray,'//Sigma_r = %f\n', sigma_r);
fprintf(fp_gray,'module Similary_LUT\n');
fprintf(fp_gray,'(\n');
fprintf(fp_gray,'  input\t\t[7:0]\tPre_Data,\n');
fprintf(fp_gray,'  output\treg\t[9:0]\tPost_Data\n');
fprintf(fp_gray,');\n\n');
fprintf(fp_gray,'always@(*)\n');
fprintf(fp_gray,'begin\n');
fprintf(fp_gray,'\tcase(Pre_Data)\n');
% ------------------------------
% 计算相似度指数*1023 结果
Similary_ARRAY = zeros(1,256);
for i = 0 : 255
    temp = exp(-(i/255)^2/(2*sigma_r^2));
    Similary_ARRAY(i+1) = floor(temp*1023);
    fprintf(fp_gray,'\t8''h%s : Post_Data = 10''h%s; \n',dec2hex(i,2),
dec2hex(Similary_ARRAY(i+1),3));
end
fprintf(fp_gray,'\tendcase\n');
fprintf(fp_gray,'end\n');
fprintf(fp_gray,'\nendmodule\n');
fclose(fp_gray);
```

> 注意：为了最后的映射数据保证 10bit 位宽（方便 FPGA RTL 设计），当 Similary_ARRAY(i)=1
> 时，其结果取 1023，而非 1024。

执行后生成 Similary_LUT.v 代码，如图 4.72 所示，该代码可直接用于 sigma_r 下指数函数 exp() 的运算。

（2）将 3×3 窗口的高斯权重与 3×3 窗口的相似度权重相乘，得到同时考虑距离与相似度的双边滤波权重，双边滤波权重的计算过程，如图 4.73 所示。

（3）对 3×3 窗口的双边滤波权重进行归一化处理，计算过程，如图 4.74 所示。

（4）将 3×3 窗口的像素与 3×3 窗口的双边滤波权重进行卷积并累加，如图 4.75 所示，首先对卷积结果进行累加运算得到 sum_result，其中 sum_result[17:10] 为整数部分、sum_result[9:0] 为小数部分；然后对 sum_result 进行四舍五入运算，即 sum_result[17:10] + sum_result[9:0]，作为双边滤波的结果；最后判断 3×3 窗口的中心像素是否位于图像边界，如果位于图像边界，则直接将中心像素作为结果输出。

```
Similary_LUT.v
1    //Sigma_r = 0.300000
2    module Similary_LUT
3  ⊟(
4        input         [7:0]     Pre_Data,
5        output    reg [9:0]     Post_Data
6  └);
7
8    always@(*)
9  ⊟begin
10 ⊟    case(Pre_Data)
11        8'h00 : Post_Data = 10'h3FF;
12        8'h01 : Post_Data = 10'h3FE;
13        8'h02 : Post_Data = 10'h3FE;
14        8'h03 : Post_Data = 10'h3FE;
15        8'h04 : Post_Data = 10'h3FD;
16        8'h05 : Post_Data = 10'h3FC;
17        8'h06 : Post_Data = 10'h3FB;
18        8'h07 : Post_Data = 10'h3FA;
19        8'h08 : Post_Data = 10'h3F9;
20        8'h09 : Post_Data = 10'h3F7;
21        8'h0A : Post_Data = 10'h3F6;
22        8'h0B : Post_Data = 10'h3F4;
23        8'h0C : Post_Data = 10'h3F2;
24        8'h0D : Post_Data = 10'h3F0;
25        8'h0E : Post_Data = 10'h3EE;
26        8'h0F : Post_Data = 10'h3EB;
27        8'h10 : Post_Data = 10'h3E8;
28        8'h11 : Post_Data = 10'h3E6;
29        8'h12 : Post_Data = 10'h3E3;
30        8'h13 : Post_Data = 10'h3DF;
31        8'h14 : Post_Data = 10'h3DC;
32        8'h15 : Post_Data = 10'h3D9;
33        8'h16 : Post_Data = 10'h3D5;
34        8'h17 : Post_Data = 10'h3D1;
35        8'h18 : Post_Data = 10'h3CD;
36        8'h19 : Post_Data = 10'h3C9;
37        8'h1A : Post_Data = 10'h3C5;
38        8'h1B : Post_Data = 10'h3C1;
```

```
232        8'hDD : Post_Data = 10'h00F;
233        8'hDE : Post_Data = 10'h00F;
234        8'hDF : Post_Data = 10'h00E;
235        8'hE0 : Post_Data = 10'h00E;
236        8'hE1 : Post_Data = 10'h00D;
237        8'hE2 : Post_Data = 10'h00D;
238        8'hE3 : Post_Data = 10'h00C;
239        8'hE4 : Post_Data = 10'h00C;
240        8'hE5 : Post_Data = 10'h00B;
241        8'hE6 : Post_Data = 10'h00B;
242        8'hE7 : Post_Data = 10'h00A;
243        8'hE8 : Post_Data = 10'h00A;
244        8'hE9 : Post_Data = 10'h009;
245        8'hEA : Post_Data = 10'h009;
246        8'hEB : Post_Data = 10'h009;
247        8'hEC : Post_Data = 10'h008;
248        8'hED : Post_Data = 10'h008;
249        8'hEE : Post_Data = 10'h008;
250        8'hEF : Post_Data = 10'h007;
251        8'hF0 : Post_Data = 10'h007;
252        8'hF1 : Post_Data = 10'h007;
253        8'hF2 : Post_Data = 10'h006;
254        8'hF3 : Post_Data = 10'h006;
255        8'hF4 : Post_Data = 10'h006;
256        8'hF5 : Post_Data = 10'h006;
257        8'hF6 : Post_Data = 10'h005;
258        8'hF7 : Post_Data = 10'h005;
259        8'hF8 : Post_Data = 10'h005;
260        8'hF9 : Post_Data = 10'h005;
261        8'hFA : Post_Data = 10'h004;
262        8'hFB : Post_Data = 10'h004;
263        8'hFC : Post_Data = 10'h004;
264        8'hFD : Post_Data = 10'h004;
265        8'hFE : Post_Data = 10'h004;
266        8'hFF : Post_Data = 10'h003;
267        endcase
268  end
269
270  endmodule
271
```

图 4.72　Similary_LUT.v 代码

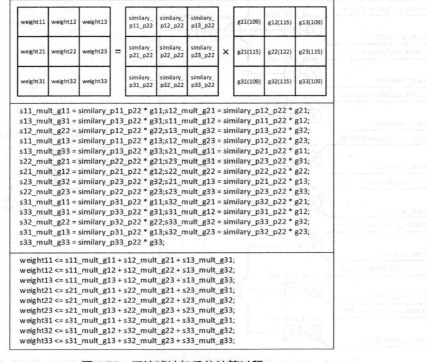

图 4.73　双边滤波权重的计算过程

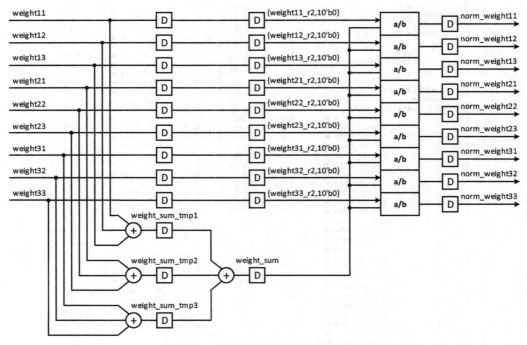

图 4.74　双边滤波权重归一化计算过程

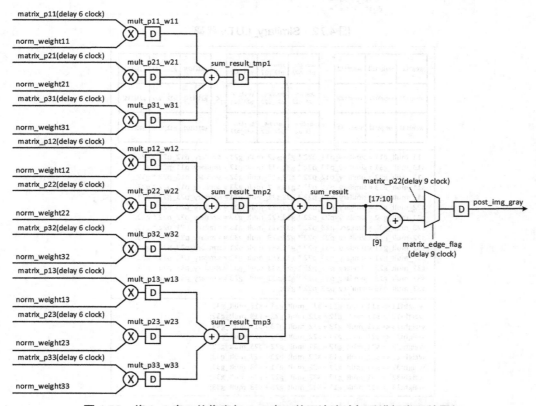

图 4.75　将 3×3 窗口的像素与 3×3 窗口的双边滤波权重进行卷积并累加

4.5.4　双边滤波的 ModelSim 仿真

完成双边滤波算法的 FPGA 设计后，需要对其功能进行仿真验证，以确保设计功能与预期的一致。为了能够对设计进行仿真，需要搭建一个 testbench 仿真用例，为设计提供仿真激励和对设计的输出结果进行校验。双边滤波算法的仿真框架，如图 4.76 所示。

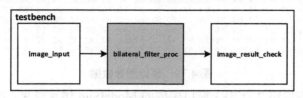

图 4.76　双边滤波算法的仿真框架

testbench 中有两个任务，分别为 image_input 任务和 image_result_check 任务。其中，image_input 任务从 MATLAB 仿真目录下的 img_Gray1.dat 文件中读取分辨率为 640×480 的图像数据并按照视频的时序产生激励；image_result_check 任务从 MATLAB 仿真目录下的 img_Gray2.dat 文件中读取双边滤波后的图像数据，用于对 ModelSim 仿真结果进行对比校验。

testbench 的仿真流程如下。

（1）image_input 任务提供视频激励给 bilateral_filter_proc 模块进行双边滤波处理。

（2）image_result_check 任务将 bilateral_filter_proc 模块输出的 ModelSim 仿真结果与 MATLAB 仿真结果进行比较。

testbench 完整的代码详见配套资料.\4.4_Bilateral_Filter\sim\ testbench.sv。

用编辑器（如 notepad++）打开.\4.4_Bilateral_Filter\sim\design_ver.f，添加需要进行仿真的 Verilog 设计文件，design_ver.f 添加 Verilog 设计文件，如图 4.77 所示。

```
1  ../../src/bilateral_filter_proc.v
2  ../../src/Matrix_Generate_3X3_8Bit.v
3  ../../src/Similary_LUT.v
4  ../../src/sync_fifo.v
```

图 4.77　design_ver.f 添加 Verilog 设计文件

双击.\4.4_Bilateral_Filter\sim\run.bat，开始执行仿真。如果仿真过程中发生错误，将出现类似于图 4.78 所示的 ModelSim 仿真打印信息，即打印错误结果的像素行位置、列位置；ModelSim 仿真结果和 MATLAB 仿真结果，有助于分析、定位和解决问题。

```
\2_FPGA_Sim\4.4_Bilateral_Filter\sim            —   □   ×
# // ModelSim SE-64 10.6d Feb 24 2018
# //
# // Copyright 1991-2018 Mentor Graphics Corporation
# // All Rights Reserved.
# //
# // ModelSim SE-64 and its associated documentation contain trade
# // secrets and commercial or financial information that are the property of
# // Mentor Graphics Corporation and are privileged, confidential,
# // and exempt from disclosure under the Freedom of Information Act,
# // 5 U.S.C. Section 552. Furthermore, this information
# // is prohibited from disclosure under the Trade Secrets Act,
# // 18 U.S.C. Section 1905.
# //
#############image result check begin##############
# result error ---> row_num : 11;col_num : 4;pixel data : 93;reference data : 89
# result error ---> row_num : 36;col_num : 15;pixel data : 97;reference data : 98
#############image result check end##############
VSIM 2>
```

图 4.78　ModelSim 仿真打印信息

双击.\4.4_Bilateral_Filter\sim\read_wave.bat，打开仿真波形文件，添加相关信号，可分析信号的时序及运算结果，定位问题和对设计进行修改。

图 4.79 所示为原始图像数据，即仿真输入激励源，用十六进制数表示。

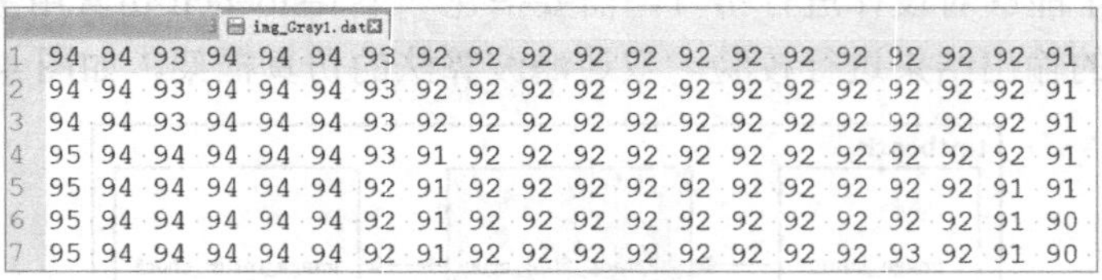

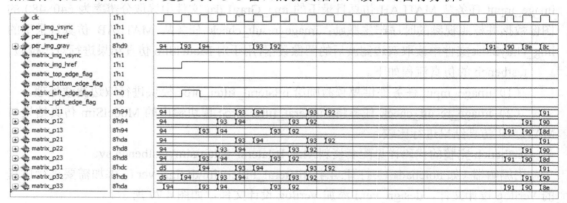

图 4.79　原始图像数据

图 4.80 所示为图像第 2 行 3×3 窗口生成的 ModelSim 仿真结果，图 4.81 所示为图像第 2 行前 3 个 3×3 窗口的仿真结果，其中阴影部分为有效数据，与图 4.79 所示的原始图像数据进行对比，符合预期。更多关于 3×3 窗口的仿真细节，读者可自行分析。

图 4.80　图像第 2 行 3×3 窗口生成的 ModelSim 仿真结果

94	94	94		94	94	93		94	93	94
94	94	94		94	94	93		94	93	94
d5	94	94		94	94	93		94	93	94
(1)				(2)				(3)		

图 4.81　图像第 2 行前 3 个 3×3 窗口的仿真结果

图 4.82 所示为图像第 1 行双边滤波的 ModelSim 仿真结果，直接用原始图像的第 1 行像素替代，符合预期。

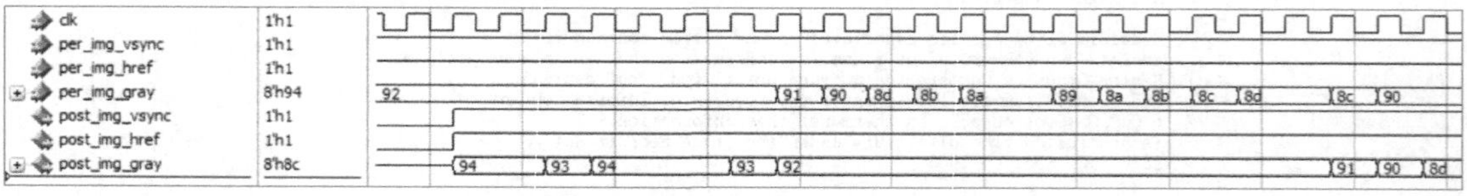

图 4.82　图像第 1 行双边滤波的 ModelSim 仿真结果

图 4.83 所示为图像第 2 行双边滤波的 ModelSim 仿真结果，图 4.84 所示为双边滤波的 MATLAB 仿真结果，通过对比，符合预期。更多关于双边滤波的仿真细节，读者可自行分析。

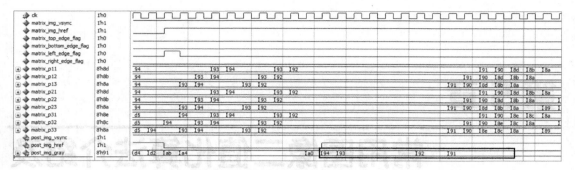

图 4.83　图像第 2 行双边滤波的 ModelSim 仿真结果

									img_Gray2.dat										
1	94	94	93	94	94	94	93	92	92	92	92	92	92	92	92	92	92	92	91	90
2	94	93	93	93	93	93	92	92	91	91	91	91	91	91	91	91	91	91	90	8f
3	94	93	93	93	93	93	92	91	91	91	91	91	91	91	91	91	91	91	90	8f
4	95	94	93	93	93	93	92	92	91	91	91	91	91	91	91	91	91	91	90	8f
5	95	94	93	93	93	93	92	92	91	91	91	91	91	91	91	91	91	91	90	8f
6	95	94	93	93	93	93	92	91	91	91	91	91	91	91	91	91	91	91	8f	8f
7	95	94	93	93	93	93	92	91	91	91	91	91	91	91	92	92	92	91	90	8f	8e

图 4.84　双边滤波的 MATLAB 仿真结果

第5章

常用图像二值化算法介绍及 MATLAB 与 FPGA 实现

第 1~4 章花了大量的篇幅，介绍了 RGB 转 YCbCr 算法，以及基于算法生成的灰度图像；介绍了 Gamma 映射、对比度增强算法，以及直方图均衡算法等；介绍了灰度图像显示增强的方法。

接着介绍了各种基本的图像滤波算法，并重点介绍了均值滤波、中值滤波、高斯滤波，以及压轴的双边滤波算法的 MATLAB 与 FPGA 实现。

至此，我们对于图像的格式转换、灰度增强，以及 2D 降噪等已经有了一定的了解（彩色就是 3 通道灰度，万变不离其宗），那么，接下来我们开始针对机器视觉，进一步对图像进行处理，以此来实现对移动物体的检测、跟踪等应用。

5.1　图像二值化的目的

视频图像的采集与处理，最终目的无非有两个：一个是供人查看审阅（视频录像、视觉监控等）；另一个是供机器检测识别（二维码、车道线、物体姿态等检测）。

对于人眼视觉，我们更关注图像的色彩、清晰度、分辨力等，我们希望看到在画质上的提升与优化，所以手机很重要的一个指标就是拍照的效果——ISP，各个手机厂商也都在 ISP 设计/图像调试（Tuning）上花精力，来提高产品的竞争力。

对于机器视觉，很多时候我们并不关心图像本身的色彩及灰度，而是关心具体的边缘轮廓等，比如二维码、车道线、运动检测、区域分割等，再比如循迹小车更多关注的是路线的识别与跟踪，因此通常只需要基于二值化图像进行检测、分析。以 MATLAB Example 中的二值化图例为例，如图 5.1 所示，即便从彩色图像转成二值化图像，也不影响对树木、山峰等物体的识别。

图 5.1　MATLAB Example 中的二值化图例

图像二值化是后续图像处理的基础，首先从彩色或者灰度图像上，获得二值化图像，然后在后续的图像算法中进行进一步的处理分析。因此，图像二值化提取的质量，很大程度上决定了后续算法的效果与性能，这也是本章的核心。

在接下来的内容中，我们首先介绍基于阈值的二值化处理，其重点是如何获取一个合适的阈值，可以得到准确度较高的二值化图像，包括全局阈值、局部阈值等。而这个阈值，可以是固定的，也可以是自适应的。

为了优化得到的二值化图像效果，进一步消除对检测算法的干扰，本章将继续介绍基于窗口的腐蚀算法、膨胀算法等，以得到一个更优的结果。

然后，本章通过介绍 Sobel 边缘检测算法，介绍如何提取图片的边缘数据，以便能够进一步进行数据的处理，同时采用腐蚀算法、膨胀算法等来优化结果。

最后，本章针对视频的运动物体追踪，介绍最基本的帧间差算法，实现相邻图像帧之间运动物体的检测，并通过运动估计（阈值）得到运动物体的 ROI。

图像二值化算法是后续各种算法的基础。一个优秀的图像二值化算法，能极大程度地降低后续算法的处理难度，也能提高检测的准确率。本章以二值化算法为基础，结合理论基础及 MATLAB 验证，内容循序渐进、前后贯穿，以硬件实现为导向，最终在 FPGA 加速实现。

5.2　全局阈值二值化算法

基于阈值的二值化处理，可以分为全局阈值二值化和局部阈值二值化。

顾名思义，前者针对的是整幅图像，采用一个统一的阈值，对明暗一致性较好的图像，选择合适的阈值可以得到不错的效果，其算法实现相对也比较简单（OTSU 寻找最优阈值比较复杂，如果是固定的阈值，则非常简单）；后者则是采用邻域块计算出一个合适的阈值，能适应明暗不均的图像，但基于邻域块的阈值计算，其本身需要更多的计算量，实现起来相对复杂一些。

5.2.1　全局阈值二值化算法的理论与 MATLAB 实现

首先，图像的像素值是 8bit，0 表示黑色，255 表示白色，那么 128 就是我们的中点——中性灰。如果图像均匀分布在 0~255 像素值，那么采用 128 阈值能获得预期的二值化图像。本节我们采用松鼠测试图，以 128 阈值为中值的全局阈值二值化效果，如图 5.2 所示（代码详见配套资料.\5.2_Global_Binarization\Global_Binarization1.m）。

图 5.2　松鼠测试图以 128 阈值为中值的全局阈值二值化效果

但如果图像偏暗或者偏亮，直接按照 128 阈值为中值处理的全局阈值二值化，得到的结果可能不太理想，采用冈萨雷斯测试图测试，以 128 阈值为中值的全局阈值二值化效果，如图 5.3 所示。由于整体图像偏暗，采用 128 阈值并不合理，其效果很糟糕（代码详见配套资料.\5.2_Global_Binarization\Global_Binarization1.m）。

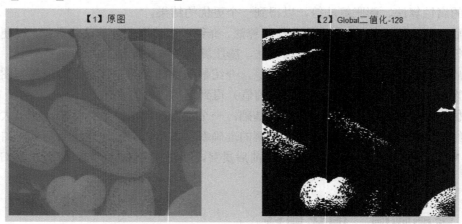

图 5.3　冈萨雷斯测试图以 128 阈值为中值的全局阈值二值化效果

诸如此类，整体偏暗或者偏亮的图像，采用中值直接进行阈值分割效果很糟糕。既然阈值与图像整体亮度相关，那我们尝试用均值作为阈值的方式再次测试，其结果如下：对于一致性较好的松鼠测试图，采用均值作为阈值的效果不理想；对于整体偏暗的冈萨雷斯测试图，效果有很大改善，不同亮度图片 128 阈值与均值作为阈值的全局阈值二值化效果对比，如图 5.4 所示。

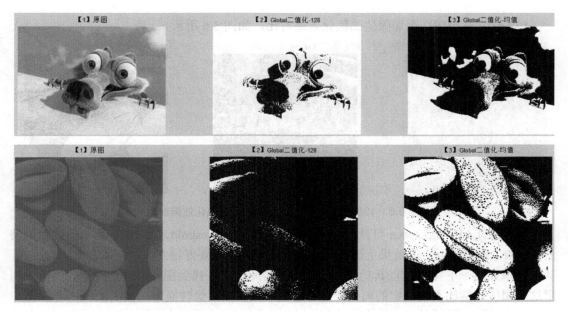

图 5.4　不同亮度图片 128 阈值与均值作为阈值的全局阈值二值化效果对比

全局阈值二值化 MATLAB 测试代码，如图 5.5 所示。其中 gobal_bin_user 为支持外部阈值输入的全局阈值二值化处理的 function（详见配套资料.\5.2_Global_Binarization\Global_Binarization2.m 与 global_bin_user.m）。

```matlab
% -------------------------------
% Read PC image to Matlab
% IMG1 = imread('../../images/Scart.jpg');     % 读取jpg图像
% IMG1 = rgb2gray(IMG1);
IMG1 = imread('../../images/gsls_test1.tif');
h = size(IMG1,1);          % 读取图像高度
w = size(IMG1,2);          % 读取图像宽度

subplot(131);imshow(IMG1);title('【1】原图');


IMG2 = global_bin_user(IMG1,128);
subplot(132);imshow(IMG2);title('【2】Global二值化-128');


mean = floor(sum(sum(IMG1))/(h*w));
IMG3 = global_bin_user(IMG1, mean);
subplot(133);imshow(IMG3);title('【3】Global二值化-均值');
```

```matlab
% ---------------------------
% 灰度图像全局阈值二值化算法
% IMG为输入的灰度图像
% threshold为输入的阈值
function Q=global_bin_user(IMG,threshold)

[h,w] = size(IMG);
Q = zeros(h,w);
for i=1: h
    for j=1:w
        if(IMG(i,j) < threshold)
            Q(i,j) =0;
        else
            Q(i,j) =255;
        end
    end
end
Q=uint8(Q);
```

图 5.5　全局阈值二值化 MATLAB 测试代码

可想而知，图像全局阈值二值化的核心就是阈值的计算。采用 128 阈值不具有通用性，受图像整体亮度的影响较大，尝试采用均值作为阈值计算，效果仍然不够理想。本节介绍 MATLAB 自带的 graythresh 函数，即业内较为出名的 OTSU（大津法）阈值提取算法，测试的相关代码如下（代码详见配套资料.\5.2_Global_Binarization\Global_Binarization3.m）。

```matlab
% --------------------------------------------------------------------
thresh = floor(graythresh(IMG1)*256);
IMG3 = global_bin_user(IMG1, thresh);
subplot(133);imshow(IMG3);title('【3】Global 二值化-OTSU');
```

128 阈值与 OTSU 全局阈值二值化效果对比，如图 5.6 所示。

图 5.6　128 阈值与 OTSU 全局阈值二值化效果对比

从 MATLAB Workspace 可见，OTSU 计算的阈值（threshold）为 107，而均值计算的阈值为 109，比较接近，但效果上确实比取 128 阈值为中值要好很多。

简单介绍一下 OTSU，其功能是使用最大类间方差法找到图片的一个合适的阈值，利用这个阈值通常比人为设定的阈值能更好地把一张灰度图像转换为二值图像。

最大类间方差法是日本学者大津于 1979 年提出的，是一种自适应的阈值确定方法，又称为大津法，简称 OTSU。它是按图像的灰度特性，将图像分成背景和目标两部分，其算法主要包括以下几个步骤。

（1）计算图像 0~255 像素值的归一化直方图（0~1 分布）。

（2）假设 i 是图像像素阈值，则

①计算像素值 0~i（前景）的比例 w0 及平均灰度 u0。

②计算像素值 i~255（背景）的比例 w1 及平均灰度 u1。

③图像平均灰度 u2=w0u0+w1u1。

④类间方差 $g=w0(u0-u2)^2+w1(u1-u2)^2$，将③代入④中，则 $g=w0w1(u0-u1)^2$

（3）遍历像素值 0~255，比较得到 g 最大时的 i 值，便是图像的全局阈值。

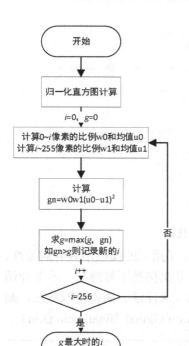

图 5.7　OTSU 阈值的计算流程

OTSU 阈值的计算流程，如图 5.7 所示。当背景和目标之间的类间方差越大，说明构成图像的两部分的差别越大；当部分目标错分为背景或部分背景错分为目标时，都会导致这两部分差别变小。因此，使类间方差最大的分割，意味着错分概率最小，当前得到的 i 值也最合理。

由于 FPGA 的流水线特性，我们通常采用流水线（pipeline）的方式进行加速。而 OTSU 不仅需要提前计算得到直方图的概率分布，还需要继续进行 256 次迭代计算类间方差 g，并且每次迭代还涉及 256 个概率数据的浮点乘法（计算 u0、u1），其计算量非常大，不适合采用 FPGA 进行加速。

因此，关于 OTSU 计算阈值的二值化算法，并不适合硬件加速，本书仅以了解算法理论为目的进行介绍。

5.2.2　全局阈值二值化的 MATLAB 实现

由于 OTSU 的复杂性，本节直接调用 MATLAB 库函数，因此暂不对算法进行手动 Coding。

5.2.3　全局阈值二值化的 FPGA 实现

基于全局阈值的二值化处理，用 128 阈值为中值或计算图像的均值作为阈值，其效果均不佳，用 OTSU 计算最佳阈值，计算复杂，不适合 FPGA 实现。因此全局阈值的二值化，暂且不用 FPGA 实现，重点介绍局部阈值二值化的 FPGA 实现。

5.3　局部阈值二值化算法

5.3.1　局部阈值二值化算法的理论

算法本身其实没有好坏，每种算法都有其擅长的场景，相应的也有一些缺陷。

全局阈值二值化算法对明暗均匀性比较好的图像有一定的优势，并且计算量也很小。但对明暗不一的图像，采用全局阈值二值化算法计算所有场景，其效果不一定理想。

进一步分析，图像像素在空域上是一个二维分布，正如第 4 章所介绍的，当前像素和其周边像素具有高斯特性的相似度，而离得相对较远的像素，其相似度就很小，甚至可以忽略不计。但在进行全局阈值计算的时候，所有像素的权重都是相同的，这必然将产生很大的误差。采用以当前像素为中心的邻域块计算局部阈值，其结果的可信度往往比全局阈值二值化算法要高得多。

为此笔者随手拍了一个明暗不一的图文场景，采用 OTSU 全局阈值二值化与采用 5×5 窗口的局部阈值二值化，效果对比，如图 5.8 所示，简直叹为观止（代码详见配套资料.\5.3_Region_Binarization\Region_Binarization1.m）。

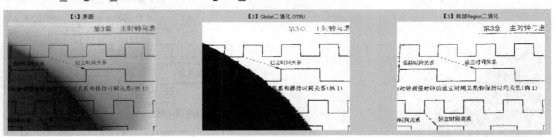

图 5.8　OTSU 全局阈值与采用 5×5 窗口的局部阈值二值化效果对比

其中图 5.8【1】为真实场景中明暗不一的图片，采用 OTSU 全局阈值二值化，其暗部的内容几乎全军覆没，而采用局部阈值二值化的方式，其结果并没有受到原始图像明暗的影响，相对较好地提取了图中的字符纹理。这也将是本节要介绍的重点：**局部阈值二值化算法**。

5.3.2 局部阈值二值化的 MATLAB 实现

局部阈值二值化示意图，如图 5.9 所示。为了对黑色像素进行二值化，我们需要知道黑色像素邻域的阈值。假设采用 5×5 邻域块计算窗口内像素的阈值，根据阈值对黑色像素进行二值化。

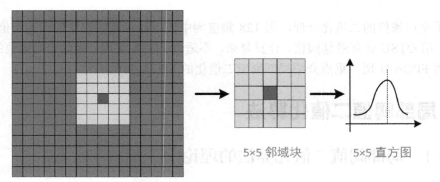

5×5 邻域块   5×5 直方图

图 5.9 局部阈值二值化示意图

因此，如何计算窗口内像素的阈值，便成了局部阈值二值化的核心。类似于全局阈值二值化的计算，有以下几种方法。

（1）采用 128 阈值为中值。

（2）采用 OTSU 计算窗口内像素的阈值。

（3）计算窗口内像素的均值。

第（1）种方法类似于局部的全局阈值二值化算法，效果不理想；第（2）种方法采用 OTSU 计算局部阈值，再遍历全图，计算量比全局阈值二值化算法还要大 25 倍，硬件更不具备可实现性。因此我们测试一下第（3）种方法（计算窗口内像素的均值），局部阈值二值化的初步效果，如图 5.10 所示，结果惨不忍睹。

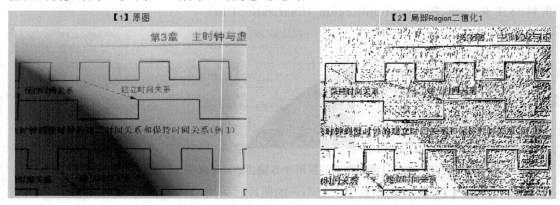

图 5.10 局部阈值二值化的初步效果

对图 5.10 进行分析，确实在暗处的纹理提取出来了，但是同时也引入了很多脏点。明明原本空白的区域，多出了很多莫名其妙的异常点。假定 5×5 窗口内，没有文字图案，只有白色的纸张背景，那么 25 个像素必然在其均值附近分布，所以直接采用像素均值进行二值化，必然会有一些低于阈值的黑点产生。

所以我们得考虑一个置信度的问题，即该值可容忍多大的浮动，或者说把这个条件稍微放宽一点，比如低于计算阈值的一定范围，才算真的低于阈值。因此，本节引入一个参数，适当对阈值进行缩小，结合 5×5 邻域块计算像素的均值进行局部阈值二值化，相关 MATLAB 代码如下所示（详见配套资料.\5.3_Region_Binarization\region_bin_auto.m）。

```
% 灰度图像布局自动二值化实现
% IMG 为输入的灰度图像
% n 为求阈值的窗口大小，为奇数
% p 为阈值的缩放
function Q=region_bin_auto(IMG,n,p)

[h,w] = size(IMG);
Q = zeros(h,w);
win = zeros(n,n);

bar = waitbar(0,'Speed of auto region binarization process...');   %创建进度条
for i=1 : h
    for j=1:w
        if(i<(n-1)/2+1 || i>h-(n-1)/2 || j<(n-1)/2+1 || j>w-(n-1)/2)
            Q(i,j) = 255;      %边缘像素不计算，直接赋 255
        else
            win =  IMG(i-(n-1)/2:i+(n-1)/2,  j-(n-1)/2:j+(n-1)/2);      %n*n
窗口的矩阵
            thresh = floor( sum(sum(win))/(n*n) * 0.9);
%          thresh = floor(sum(win,'all')/(n*n) * p);
            if(win((n-1)/2+1,(n-1)/2+1) < thresh)
                Q(i,j) = 0;
            else
                Q(i,j) = 255;
            end
        end
    end
    waitbar(i/h);
end
close(bar);   % Close waitbar.

Q=uint8(Q);
```

核心代码主要是 **n*n** 窗口内像素的均值计算。首先，将数值累加后计算均值，再乘以一个缩小的参数，得到最后 n*n 窗口内的阈值；然后通过比较得到局部阈值二值化缩小后的图

像。此时，我们对比缩小前局部阈值二值化的效果，优化前后的局部阈值二值化效果对比，如图 5.11 所示。脏点已经被去除，同时文字图案也被很好地提取了出来（代码详见配套资料.\5.3_Region_Binarization\Region_Binarization2.m）。

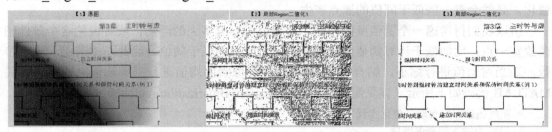

图 5.11　优化前后的局部阈值二值化效果对比

见证了局部阈值二值化的优势，我们再来盘点一下局部阈值二值化的劣势。图 5.11 中，在 5×5 窗口内，进行局部阈值的计算。但如果是更大或者更小的字符，5×5 窗口是否还可以得到较好的结果，5*5 窗口与 15*15 窗口的局部阈值二值化效果对比，如图 5.12 所示（代码详见配套资料.\5.3_Region_Binarization\Region_Binarization3.m）。

图 5.12　5*5 窗口与 15*15 窗口的局部阈值二值化效果对比

图 5.12【2】采用 5*5 窗口进行局部阈值二值化计算，字符中间被**镂空**，同时也出现了零星的脏点，主要是窗口太小，覆盖边缘与字体时，陷入了局部最优，无法计算得到合理的阈值。而图 5.12【3】采用 15*15 窗口进行局部阈值二值化的计算，由于窗口足够大，不会出现局部最优，很好地解决了图 5.12【2】中的 BUG。

但也引出了一个问题，如图 5.12【3】中的圈圈，在明暗相间的区域，采用 15×15 窗口，将错误的分界线当作了图案纹理。并且对 15×15 窗口，进行全图遍历阈值的计算，计算量也不小。所以，算法并没有严格的对与错，想要做到真正的局部阈值自适应，还是有一定难度的。

5.3.3　局部阈值二值化的 FPGA 实现

介绍了局部阈值二值化算法的原理和 MATLAB 仿真，接下来对该算法进行 FPGA 实现。

通过在图像上进行滑窗处理可以获得以目标像素为中心的 5×5 窗口。生成 5×5 窗口的详细设计方案见 4.4.3 节。

获得 5×5 窗口后，就可以开始进行局部阈值二值化计算了。局部阈值二值化计算分解为以下几步。

（1）计算 5×5 窗口中每行 5 个像素的累加和。

$$data\_sum1 = matrix\_p11 + matrix\_p12 + matrix\_p13 + matrix\_p14 + matrix\_p15$$

$$data\_sum2 = matrix\_p21matrix\_p22 + matrix\_p23 + matrix\_p24 + matrix\_p25$$

$$data\_sum3 = matrix\_p31 + matrix\_p32 + matrix\_p33 + matrix\_p34 + matrix\_p35$$

$$data\_sum4 = matrix\_p41 + matrix\_p42 + matrix\_p43 + matrix\_p44 + matrix\_p45$$

$$data\_sum5 = matrix\_p51 + matrix\_p52 + matrix\_p53 + matrix\_p54 + matrix\_p55$$

（2）计算 5×5 窗口中所有 25 个像素的累加和。

$$data\_sum = data\_sum1 + data\_sum2 + data\_sum3 + data\_sum4 + data\_sum5$$

（3）计算 5×5 窗口内的像素均值，乘以系数 0.9 后取整作为二值化阈值。

$$thresh = floor\left(\frac{data\_sum}{25} \times 0.9\right)$$

本节涉及除法运算和浮点运算，他们在 FPGA 中都是比较消耗逻辑资源的运算。因为除法中的分母为常数，所以可以将除法运算转为乘法运算和移位操作。另外，还需要将浮点运算转为定点运算。公式转换如下所示，当 $data\_sum \in [0, 255 \times 5]$ 时，两个公式是等价的。计算 mult_result = data_sum×603980，其中 mult_result[31:24]为整数部分、mult_result[23:0]为小数部分。对 mult_result 取整得到二值化阈值，即 thresh= mult_result[31:24]。

$$thresh \equiv floor\left[data\_sum \times round\left(\frac{0.9}{25} \times 2^{24}\right)\right] = floor\left(data\_sum \times 603980 \gg 24\right)$$

（4）将 5×5 窗口中心像素 matrix_p33 与 thresh 比较。如果 matrix_p33 小于 thresh，则输出 0 作为二值化阈值的结果，否则输出 255 作为二值化阈值的结果。此外，还需要判断 5×5 窗口的中心像素是否位于图像边界，即中心像素是否处于图像上边界两行、下边界两行、左边界两列、右边界两列的范围。如果中心像素位于图像边界，则输出 255 作为二值化阈值的结果。

根据上述描述的局部阈值二值化的计算过程，采用流水方式对其进行设计，可以得到局部阈值二值化在 FPGA 中的设计框图，如图 5.13 所示。局部阈值二值化实现的相关代码详见配套资料.\5.3_Region_Binarization\src\ region_bin_auto_proc.v。

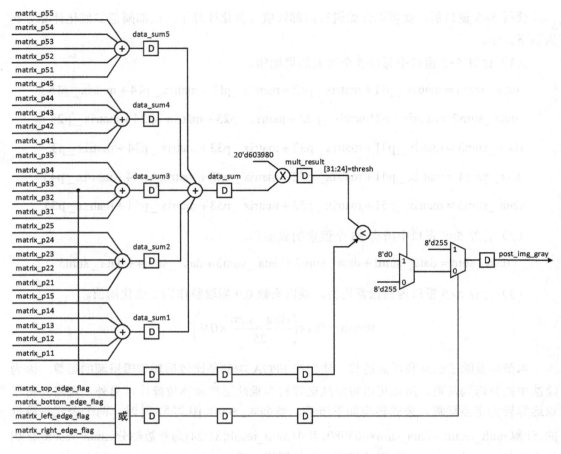

图 5.13　局部阈值二值化在 FPGA 中的设计框图

5.3.4　局部阈值二值化的 ModelSim 仿真

完成局部阈值二值化算法的 FPGA 设计后，需要对其功能进行仿真验证，以确保设计功能与预期的一致。为了能够对设计进行仿真，需要搭建一个 testbench 仿真用例，为设计提供仿真激励和对设计的输出结果进行校验。局部阈值二值化算法的仿真框架，如图 5.14 所示。

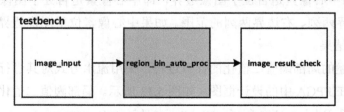

图 5.14　局部阈值二值化算法的仿真框架

testbench 中有两个任务，分别为 image_input 任务和 image_result_check 任务。其中，image_input 任务从 MATLAB 仿真目录下的 img_Gray1.dat 文件中读取分辨率为 640×480 的图像数据并按照视频的时序产生激励；image_result_check 任务从 MATLAB 仿真目录下的

img_Gray2.dat 文件中读取局部阈值二值化后的图像数据，用于对 ModelSim 仿真结果进行对比校验。

testbench 的仿真流程如下所示。

（1）image_input 任务提供视频激励给 region_bin_auto_proc 模块进行局部阈值二值化处理。

（2）image_result_check 任务将 region_bin_auto_proc 模块输出的 ModelSim 仿真结果与 MATLAB 仿真结果进行比较。

testbench 完整的代码详见配套资料.\5.3_Region_Binarization\sim\testbench.sv。

用编辑器（如 notepad++）打开.\5.3_Region_Binarization\sim\design_ver.f，添加需要进行仿真的 Verilog 设计文件，design_ver.f 添加 Verilog 设计文件，如图 5.15 所示。

```
1  ../../src/Matrix_Generate_5X5_8Bit.v
2  ../../src/region_bin_auto_proc.v
3  ../../src/sync_fifo.v
```

图 5.15　design_ver.f 添加 Verilog 设计文件

双击.\5.3_Region_Binarization \sim\run.bat，开始执行仿真。如果仿真过程中发生错误，将出现类似于图 5.16 所示的 ModelSim 仿真打印信息，即打印错误结果的像素行位置、列位置；ModelSim 仿真结果和 MATLAB 仿真结果，有助于分析、定位和解决问题。

```
C:\                                    \2_FPGA_Sim\5.3_Region_Binarization\sim      —    □    ×
# //  ModelSim SE-64 10.6d Feb 24 2018
# //
# //  Copyright 1991-2018 Mentor Graphics Corporation
# //  All Rights Reserved.
# //
# //  ModelSim SE-64 and its associated documentation contain trade
# //  secrets and commercial or financial information that are the property of
# //  Mentor Graphics Corporation and are privileged, confidential,
# //  and exempt from disclosure under the Freedom of Information Act,
# //  5 U.S.C. Section 552. Furthermore, this information
# //  is prohibited from disclosure under the Trade Secrets Act,
# //  18 U.S.C. Section 1905.
# //
##############image result check begin##############
# result error ---> row_num : 9;col_num : 7;pixel data : ff;reference data : 00
# result error ---> row_num : 295;col_num : 313;pixel data : 00;reference data : ff
##############image result check end##############
VSIM 2>
```

图 5.16　ModelSim 仿真打印信息

双击.\5.3_Region_Binarization \sim\read_wave.bat，打开仿真波形文件，添加相关信号，可分析信号的时序及运算结果，定位问题和对设计进行修改。

图 5.17 所示为原始图像数据，即仿真输入激励源，用十六进制数表示。

```
     ☒  img_Gray1.dat☒
1  de de de dd dd dc dc dc de dd dc dc de de dd dc dc dc dc dd dd
2  de de de dd dd dc dc dc de de dc db dc de de dd dc dc dc dc dd dd
3  de de de dd dd dd dc dd dd dc de db dd de dc db dc dc dc dc dc
4  de de de dd dd dc dd db da db dc db dc dc da dc dc dc dc dc dc
5  db db db db dc dc dc da d9 da dc db dc db d9 db d9 db db da da d9
6  d9 d9 d9 da da da da db db da d8 d9 db db da d9 d9 d9 d9 d8 d8
7  d7 d7 d7 d8 d8 d9 d9 d9 da d9 d8 d8 da db da d8 d7 d7 d7 d7 d7
```

图 5.17　原始图像数据

图 5.18 所示为图像第 3 行 5×5 窗口生成的 ModelSim 仿真结果，图 5.19 所示为图像第 3 行前 4 个 5×5 窗口的仿真结果，与图 5.17 所示的原始图像数据进行对比，符合预期。更多关于 5×5 窗口的仿真细节，读者可自行分析。

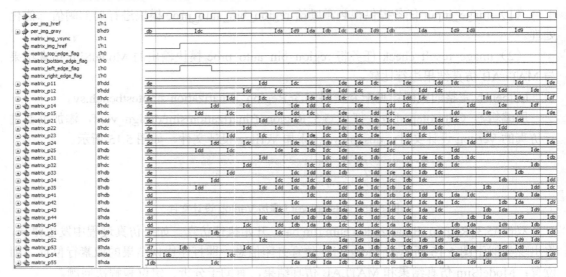

图 5.18　图像第 3 行 5×5 窗口生成的 ModelSim 仿真结果

de	de	de	de	de
de	de	de	de	de
de	de	de	de	de
dd	dd	dd	dd	dd
d7	d7	db	db	db

(1)

de	de	de	de	dd
de	de	de	de	dd
de	de	de	de	dd
dd	dd	dd	dd	dd
d7	db	db	db	db

(2)

de	de	de	dd	dd
de	de	de	dd	dd
de	de	de	de	dd
dd	dd	dd	dd	dd
db	db	db	db	dc

(3)

de	de	dd	dd	dc
de	de	de	dd	dc
de	de	dd	dd	dd
dd	dd	dd	dd	dd
db	db	db	dc	dc

(4)

图 5.19　图像第 3 行前 4 个 5×5 窗口的仿真结果

图 5.20 所示为图像前两行局部阈值二值化的 ModelSim 仿真结果，由于是图像的边界，直接输出 ff(h)，符合预期。

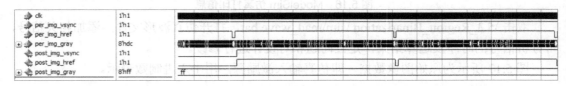

图 5.20　图像前两行局部阈值二值化的 ModelSim 仿真结果

图 5.21 所示为图像第 3 行局部阈值二值化的 ModelSim 仿真结果，图 5.22 所示为图像第 3 行局部阈值二值化的 MATLAB 仿真结果，通过对比，符合预期。

此外，我们还可以分析仿真过程中的运算细节，以图像第 3 行第 3 个 5×5 窗口进行局部阈值二值化为例，将图中画框的数据依次代入局部阈值二值化的计算过程，可以验证仿真结果是符合预期的，图像第 3 行局部阈值二值化的 ModelSim 仿真结果如图 5.23 和图 5.24 所示。更多关于局部阈值二值化的仿真细节，读者可自行分析。

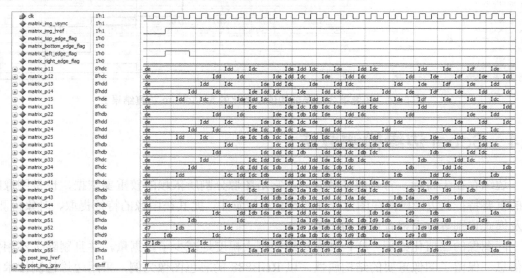

图 5.21　图像第 3 行局部阈值二值化的 ModelSim 仿真结果

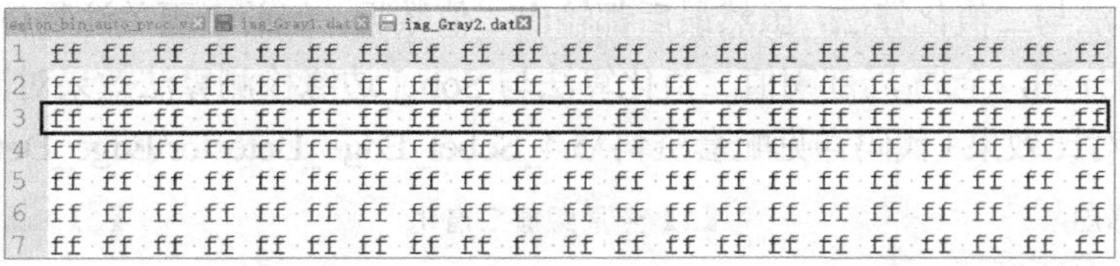

图 5.22　图像第 3 行局部阈值二值化的 MATLAB 仿真结果

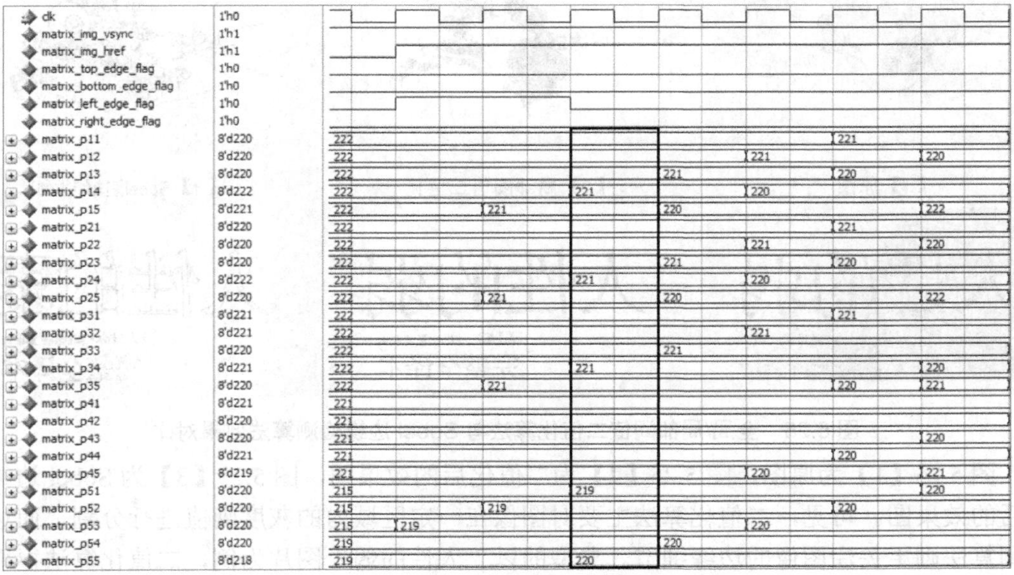

图 5.23　图像第 3 行局部阈值二值化的 ModelSim 仿真结果 1

clk	1'h0							
data_sum1	11'd1103	1110		1109	1108	1106	1104	1102
data_sum2	11'd1103	1110		1109	1108	1106	1104	1102
data_sum3	11'd1104	1110		1109	1108	1107	1106	1104
data_sum4	11'd1103	1105					1104	1103
data_sum5	11'd1100	1079	1083	1087	1091	1096	1097 1098	1099
data_sum	13'd5510	5510	5514	5518	5522	5523	5525 5521	5516
mult_result	32'd3331553680	3327929800		3330345720	3332761640	3335177560	3335781540 3336989500	3334573580
mult_result_31_to_24	8'd198	198						
thresh	8'd198	198						
post_img_vsync	1'h1							
post_img_href	1'h1							
post_img_gray	8'd255	255						

图 5.24　图像第 3 行局部阈值二值化的 ModelSim 仿真结果 2

5.4　Sobel 边缘检测算法

边缘存在于目标、背景或区域之间，它是图像分割所依赖的较重要依据，也是图像匹配的重要特征。边缘检测在图像处理和计算机视觉中，尤其在图像的特征提取、对象检测，以及模式识别等方面都有重要的作用。

同图像的二值化处理一样，图像边缘检测大幅度地减少了数据量，并且剔除了不相关的信息，保留了图像重要的结构属性。以 RGB888 的彩色图像为例，采用边缘检测技术提取边缘信息后，其有效信息只剩下 1bit，即为原先的 1/24。

边缘检测算法与二值化算法，虽然最后都输出二值数据，但前者更关注物体的边缘，后者更关注边缘灰度的分割，全局/局部阈值二值化算法与 Sobel 边缘检测算法效果对比，如图 5.25 所示，可见明显的对比效果（代码详见配套资料.\5.4_Sobel_Edge_Detector\Edge_Detector_Test1.m）。

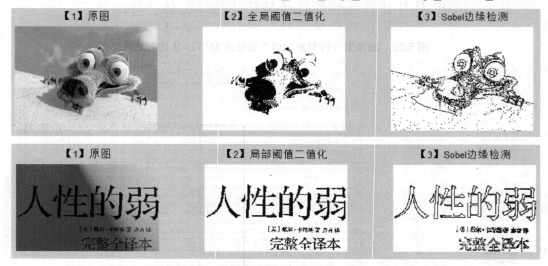

图 5.25　全局/局部阈值二值化算法与 Sobel 边缘检测算法效果对比

图 5.25【1】为原图，图 5.25【2】为二值化后的效果图，图 5.25【3】为 Sobel 边缘检测后的效果图。可见，二值化算法主要对图像在一定区域内的灰度阈值进行分割，而边缘检测算法则更关注图像的边缘细节。典型的以"人性的弱"图片为例，二值化算法提取的是黑色的字体，而边缘检测算法提取的是字体的轮廓。

　　边缘是指其周围像素灰度急剧变化的像素的集合。以松鼠测试图边缘为例，图像从暗变亮，在边缘处有一个突变，而这个突变就是变化率最大的地方，即一阶导数最大的地方——虚线处。边缘处的一阶灰度变化及一阶微分，如图 5.26 所示。

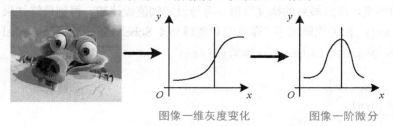

图像一维灰度变化　　　　　　图像一阶微分

图 5.26　边缘处的一阶灰度变化及一阶微分

　　Sobel 边缘检测算子（简称 Sobel 算子）、Robert 边缘检测算子（简称 Robert 算子）等为典型的一阶微分算子，能够较好地捕捉图像灰度变化的边缘。对应的还有二阶微分算子，如 Laplacian 边缘检测算子（简称 Laplacian 算子），能够更好地捕捉图像灰度突变的边缘，而对缓慢变换的区域不敏感（关于这几种算子具体的对比分析，后续锐化章节会有详细的描述）。本节以 Sobel 算子为例，详细介绍在 3×3 窗口下的 Sobel 边缘检测算法。

5.4.1　Sobel 边缘检测算法的理论

　　Sobel 是离散微分算子，用来计算图像灰度的近似梯度，梯度越大越有可能是边缘。作为一阶微分算子（求导算子），它集合了高斯平滑和微分求导，先在水平和垂直两个方向上同时求导，得到两个方向的梯度数据，再取模得到最终的梯度。计算公式如下：

$$\nabla f(x,y)=\left(\frac{\partial f}{\partial x},\frac{\partial f}{\partial y}\right)=\sqrt{\left(\frac{\partial f}{\partial x}\right)^2+\left(\frac{\partial f}{\partial y}\right)^2}$$

　　如果是按照连续像素计算梯度，则上式可简化为 $\sqrt{2}(p2-p1)$。但由于图像并不是单点缓慢变化的，而且也有噪声的干扰，因此单点梯度计算会给边缘检测引入很大的不确定性。所以，采用 3×3 窗口的 Sobel 边缘检测，一定程度上解决了单点梯度计算的不确定性，其结果置信度更高。如下为 3×3 窗口的 Sobel 边缘检测 2 个方向的算子（I 为原图）：

$$G_x=\begin{bmatrix}-1 & 0 & 1\\-2 & 0 & 2\\-1 & 0 & 1\end{bmatrix}*I \qquad G_y=\begin{bmatrix}-1 & -2 & -1\\0 & 0 & 0\\1 & 2 & 1\end{bmatrix}*I$$

式中，G_x 为水平方向梯度的计算；G_y 为垂直方向梯度的计算，合并取模计算公式如下：

$$G=\sqrt{G_x^2+G_y^2}$$

　　为了简化，有时也可将上式简化为 $G=\left|G_x\right|+\left|G_y\right|$，但是效果不佳。

　　计算得到梯度数据后，与设定的梯度阈值做比较，决定当前像素是否按照轮廓处理。如果 G 大于阈值，则为边缘；反之，则丢弃。

5.4.2 Sobel 边缘检测的 MATLAB 实现

搞清楚了 Sobel 边缘检测算法的原理，MATLAB 实现就简单了。MATLAB 实现主要是计算两个方向的梯度，得到最后的梯度数据，再与设定阈值做比较，得到最终结果。本节创建函数 sobel_detector()，相关代码如下（详见配套资料.\5.4_Sobel_Edge_Detector\sobel_detector.m）。

```matlab
function Q=sobel_detector(IMG,thresh)

[h,w] = size(IMG);
Q = ones(h,w);

% -------------------------------------------------------------------
%        Gx                Gy                Pixel
% [  -1  0  +1 ]     [  -1  -2  -1 ]     [  P1  P2  P3 ]
% [  -2  0  +2 ]     [   0   0   0 ]     [  P4  P5  P6 ]
% [  -1  0  +1 ]     [  +1  +2  +1 ]     [  P7  P8  P9 ]
Sobel_X = [-1, 0, 1, -2, 0, 2, -1, 0, 1];   % Weight x
Sobel_Y = [-1,-2,-1,  0, 0, 0,  1, 2, 1];   % Weight y

IMG_Gray = double(IMG);
IMG_Sobel = ones(h,w);

n=3;
for i=1 : h
    for j=1:w
        if(i<(n-1)/2+1 || i>h-(n-1)/2 || j<(n-1)/2+1 || j>w-(n-1)/2)
            IMG_Sobel(i,j) = 0;         %边缘像素不处理
        else
            temp1 = Sobel_X(1) * IMG_Gray(i-1,j-1) + Sobel_X(2) * IMG_Gray(i-1,j) + Sobel_X(3) * IMG_Gray(i-1,j+1) +...
                    Sobel_X(4) * IMG_Gray(i,j-1)   + Sobel_X(5) * IMG_Gray(i,j)   + Sobel_X(6) * IMG_Gray(i,j+1) +...
                    Sobel_X(7) * IMG_Gray(i+1,j-1) + Sobel_X(8) * IMG_Gray(i+1,j) + Sobel_X(9) * IMG_Gray(i+1,j+1);
            temp2 = Sobel_Y(1) * IMG_Gray(i-1,j-1) + Sobel_Y(2) * IMG_Gray(i-1,j) + Sobel_Y(3) * IMG_Gray(i-1,j+1) +...
                    Sobel_Y(4) * IMG_Gray(i,j-1)   + Sobel_Y(5) * IMG_Gray(i,j)   + Sobel_Y(6) * IMG_Gray(i,j+1) +...
                    Sobel_Y(7) * IMG_Gray(i+1,j-1) + Sobel_Y(8) * IMG_Gray(i+1,j) + Sobel_Y(9) * IMG_Gray(i+1,j+1);
            temp3 = sqrt(temp1^2 + temp2^2);
            if(uint8(temp3) > thresh)
                IMG_Sobel(i,j) = 1;
            else
                IMG_Sobel(i,j) = 0;
            end
```

```
            end
        end
    end

    Q=IMG_Sobel;
```

上述下画线部分为 Sobel 边缘检测的核心代码。首先根据 G_x 与 G_y 的计算梯度，temp1 为水平方向的梯度，temp2 为垂直方向的梯度，temp3 采用平方根计算综合的梯度数据；然后与预设的 thresh 比较，判定当前像素是否为边缘像素。

阈值也是关键，不同阈值下的 Sobel 边缘检测效果，如图 5.27 所示。如果阈值设定越小（64），则越容易引起脏点，但是边缘相对保持较粗；反之，如果阈值设定越大（96），则能屏蔽一些梯度较小的点，但边缘相应会变得更细（代码详见配套资料.\5.4_Sobel_Edge_Detector\Edge_Detector_Test2.m）。

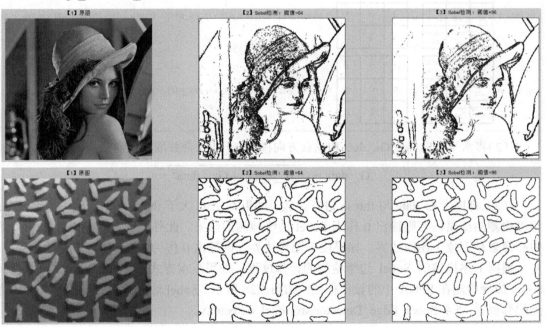

图 5.27　不同阈值下的 Sobel 边缘检测效果

Sobel 边缘检测效果的好坏，不仅取决于两个方向的 3×3 窗口的算子，还跟阈值的大小有一定的关系。那么，是否可以做到自适应阈值，也是一个研究方向，请读者自行研究。

另外，当内核大小为 3 时，Sobel 卷积可能会产生明显的误差。为解决这一问题，OpenCV 提供了 Scharr 函数，虽然该函数仍然使用大小为 3 的内核，但结果更精确，效果也更好，其算子如下（具体实现请读者自行测试）：

$$G_x = \begin{bmatrix} -3 & 0 & 3 \\ -10 & 0 & 10 \\ -3 & 0 & 3 \end{bmatrix} * I \qquad G_y = \begin{bmatrix} -3 & -10 & -3 \\ 0 & 0 & 0 \\ 3 & 10 & 3 \end{bmatrix} * I$$

同时，Sobel 边缘检测算法也比较敏感，容易受噪声影响，可通过如高斯滤波（模糊）

来减少干扰。

5.4.3 Sobel 边缘检测的 FPGA 实现

介绍了 Sobel 边缘检测算法的原理和 MATLAB 仿真，接下来对该算法进行 FPGA 实现。

通过在图像上进行滑窗处理可以获得以目标像素为中心的 3×3 窗口。生成 3×3 窗口的详细设计方案见 4.2.3 节。

获得 3×3 窗口后，就可以开始进行 Sobel 边缘检测计算了。Sobel 边缘检测计算分解为以下几步。

（1）分别计算水平方向梯度 Gx_data 和垂直方向梯度 Gy_data。

$$Gx\_data = \begin{bmatrix} matrix\_p11 & matrix\_p12 & matrix\_p13 \\ matrix\_p21 & matrix\_p22 & matrix\_p23 \\ matrix\_p31 & matrix\_p32 & matrix\_p33 \end{bmatrix} \times \begin{bmatrix} -1 & 0 & 1 \\ -2 & 0 & 2 \\ -1 & 0 & 1 \end{bmatrix} = (matrix\_p13 + 2*matrix\_p23 + matrix\_p33) - (matrix\_p11 + 2*matrix\_p21 + matrix\_p31)$$

$$Gy\_data = \begin{bmatrix} matrix\_p11 & matrix\_p12 & matrix\_p13 \\ matrix\_p21 & matrix\_p22 & matrix\_p23 \\ matrix\_p31 & matrix\_p32 & matrix\_p33 \end{bmatrix} \times \begin{bmatrix} -1 & -2 & -1 \\ 0 & 0 & 0 \\ 1 & 2 & 1 \end{bmatrix} = (matrix\_p31 + 2*matrix\_p32 + matrix\_p33) - (matrix\_p11 + 2*matrix\_p12 + matrix\_p13)$$

（2）将水平方向梯度 Gx_data 和垂直方向梯度 Gy_data 合并取模得到最终的梯度 G_data。

$$G\_data = \sqrt{Gx\_data^2 + Gy\_data^2}$$

（3）将梯度 G_data 与 thresh 进行比较。如果 G_data 大于 thresh，则输出 1 作为 Sobel 边缘检测的结果，否则输出 0 作为 Sobel 边缘检测的结果。此外，还需要判断 3×3 窗口的中心像素是否位于图像边界。如果位于图像边界，则输出 0 作为 Sobel 边缘检测的结果。

根据上述描述的 Sobel 边缘检测的计算过程，采用流水方式对其进行设计，可以得到 Sobel 边缘检测在 FPGA 中的设计框图，如图 5.28 所示。Sobel 边缘检测实现的相关代码详见配套资料. \5.4_Sobel_Edge_Detector\src\sobel_detector.v。

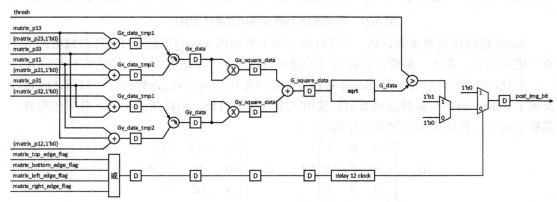

图 5.28　Sobel 边缘检测在 FPGA 中的设计框图

5.4.4　Sobel 边缘检测的 ModelSim 仿真

完成 Sobel 边缘检测算法的 FPGA 设计后，需要对其功能进行仿真验证，以确保设计功能与预期的一致。为了能够对设计进行仿真，需要搭建一个 testbench 仿真用例，为设计提供仿真激励和对设计的输出结果进行校验。Sobel 边缘检测算法的仿真框架，如图 5.29 所示。

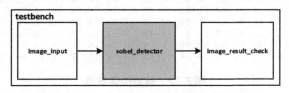

图 5.29　Sobel 边缘检测算法的仿真框架

testbench 中有两个任务，分别为 image_input 任务和 image_result_check 任务。其中，image_input 任务从 MATLAB 仿真目录下的 img_Gray.dat 文件中读取分辨率为 512×512 的图像数据并按照视频的时序产生激励；image_result_check 任务从 MATLAB 仿真目录下的 img_Bin.dat 文件中读取 Sobel 边缘检测后的图像数据，用于对 ModelSim 仿真结果进行对比校验。

testbench 的仿真流程如下。

（1）image_input 任务提供视频激励给 sobel_detector 模块进行 Sobel 边缘检测。

（2）image_result_check 任务将 sobel_detector 模块输出的 ModelSim 仿真结果与 MATLAB 仿真结果进行比较。

testbench 完整的代码详见配套资料.\5.4_Sobel_Edge_Detector\sim\ testbench.sv。

用编辑器（如 notepad++）打开.\5.4_Sobel_Edge_Detector\sim\design_ver.f，添加需要进行仿真的 Verilog 设计文件，design_ver.f 添加 Verilog 设计文件，如图 5.30 所示。

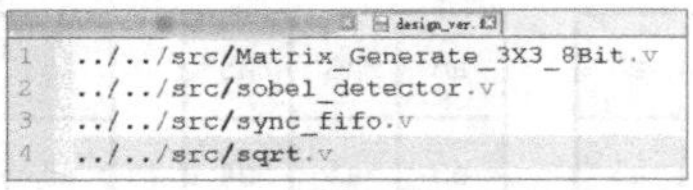

```
1  ../../src/Matrix_Generate_3X3_8Bit.v
2  ../../src/sobel_detector.v
3  ../../src/sync_fifo.v
4  ../../src/sqrt.v
```

图 5.30　design_ver.f 添加 Verilog 设计文件

双击.\5.4_Sobel_Edge_Detector\sim\run.bat，开始执行仿真。如果仿真过程中发生错误，将出现类似于图 5.31 所示的 ModelSim 仿真打印信息，即打印错误结果的像素行位置、列位置；ModelSim 仿真结果和 MATLAB 仿真结果，有助于分析、定位和解决问题。

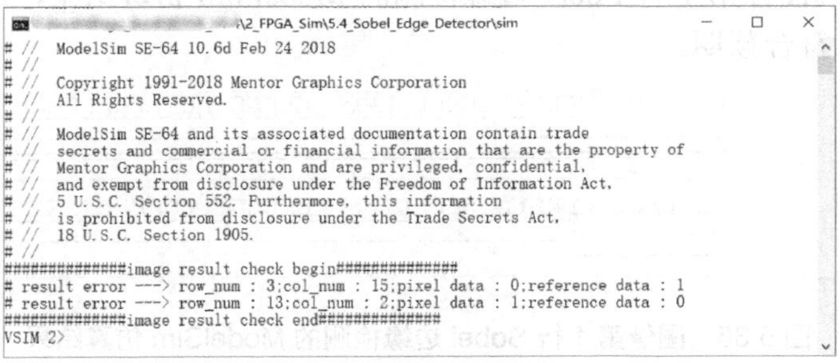

图 5.31　ModelSim 仿真打印信息

双击.\5.4_Sobel_Edge_Detector\sim\read_wave.bat，打开仿真波形文件，添加相关信号，可分析信号的时序及运算结果，定位问题和对设计进行修改。

图 5.32 所示为原始图像数据，即仿真输入激励源，用十六进制数表示。

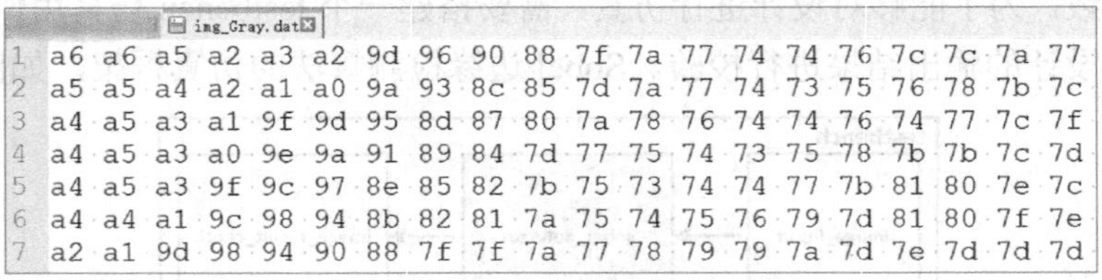

```
img_Gray.dat
1  a6 a6 a5 a2 a3 a2 9d 96 90 88 7f 7a 77 74 74 76 7c 7c 7a 77
2  a5 a5 a4 a2 a1 a0 9a 93 8c 85 7d 7a 77 74 73 75 76 78 7b 7c
3  a4 a5 a3 a1 9f 9d 95 8d 87 80 7a 78 76 74 74 76 74 77 7c 7f
4  a4 a5 a3 a0 9e 9a 91 89 84 7d 77 75 74 73 75 78 7b 7b 7c
5  a4 a5 a3 9f 9c 97 8e 85 82 7b 75 73 74 74 77 7b 81 80 7e 7c
6  a4 a4 a1 9c 98 94 8b 82 81 7a 75 74 75 76 79 7d 81 80 7f 7e
7  a2 a1 9d 98 94 90 88 7f 7f 7a 77 78 79 79 7a 7d 7e 7d 7d 7d
```

图 5.32　原始图像数据

图 5.33 所示为图像第 2 行 3×3 窗口生成的 ModelSim 仿真结果，图 5.34 所示为图像第 2 行前 3 个 3×3 窗口的仿真结果，其中阴影部分为有效数据，与图 5.32 所示的原始图像数据进行对比，符合预期。更多关于 3×3 窗口的仿真细节，读者可自行分析。

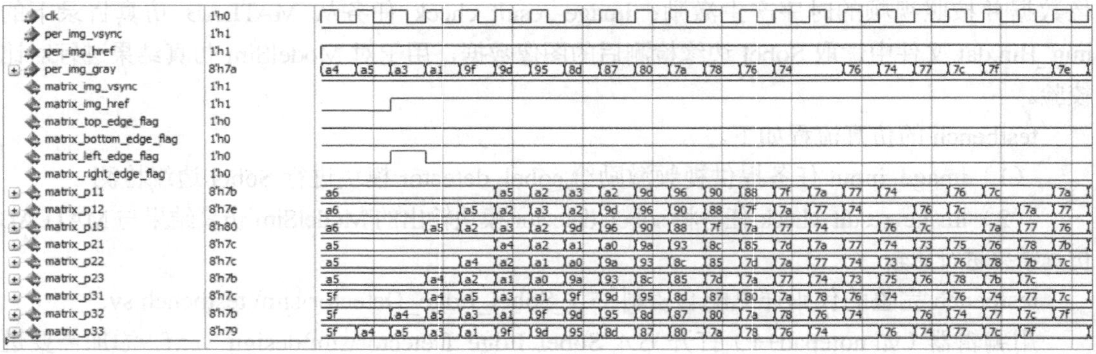

图 5.33　图像第 2 行 3×3 窗口生成的 ModelSim 仿真结果

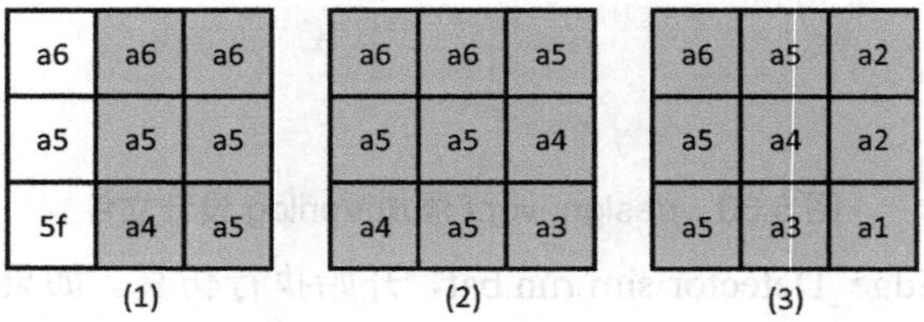

图 5.34　图像第 2 行前 3 个 3×3 窗口的仿真结果

图 5.35 所示为图像第 1 行 Sobel 边缘检测的 ModelSim 仿真结果，由于是图像边界，结果直接输出 0，符合预期。

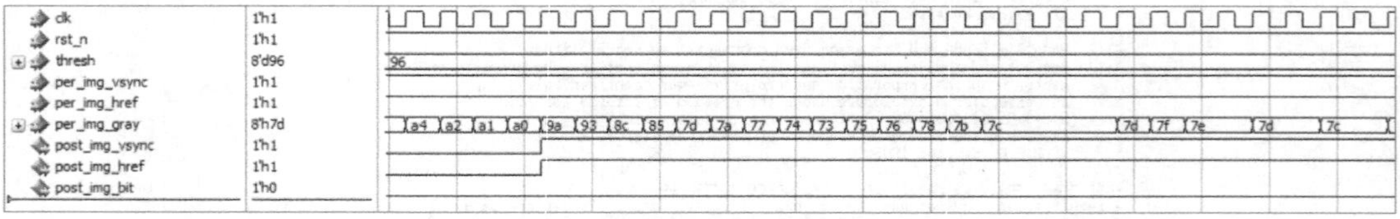

图 5.35　图像第 1 行 Sobel 边缘检测的 ModelSim 仿真结果

图 5.36 所示为图像第 2 行 Sobel 边缘检测的 ModelSim 仿真结果，以第 2 个 3×3 窗口

进行 Sobel 边缘检测为例,将图中画框的数据依次代入 Sobel 边缘检测的计算过程,可以验证仿真结果是符合预期的。更多关于 Sobel 边缘检测的仿真细节,读者可自行分析。

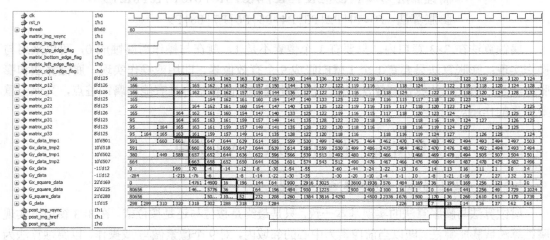

图 5.36　图像第 2 行 Sobel 边缘检测的 ModelSim 仿真结果

5.5　二值化腐蚀、膨胀算法

5.5.1　二值化腐蚀、膨胀算法的理论

腐蚀算法和膨胀算法应该放在一起来介绍,毕竟原理几乎是相同的。

腐蚀是指在周围介质作用下产生损耗与破坏的过程,如生锈、腐烂等。而腐蚀算法也类似是一种能够产生损坏,抹去部分像素的算法。

膨胀指当物体受热使粒子运动速度加快,从而占据了额外空间的过程,如面包的发酵过程。而膨胀算法也类似是一种能够扩大有效数据,补全部分像素的算法。

所以这两个算法,一个能够消除部分像素;另一个则是能够补全部分像素。以 3×3 窗口的腐蚀、膨胀算法为例,其示意图,如图 5.37 所示。图 5.37 (a) 为原图;图 5.37 (b) 为腐蚀算法后的结果,原先零星及边缘的像素消除了;图 5.37 (c) 为膨胀算法后的结果,原先零星及边缘的像素扩张了。

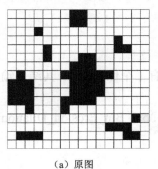
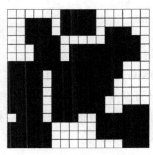

（a）原图　　　　　　　　（b）腐蚀算法　　　　　　　　（c）膨胀算法

图 5.37　腐蚀算法与膨胀算法示意图

腐蚀算法和膨胀算法的计算公式如下：

$$腐蚀算法 \quad P = P1 \& P2 \& P3 \& P4 \& P5 \& P6 \& P7 \& P8 \& P9$$

$$膨胀算法 \quad P = P1 | P2 | P3 | P4 | P5 | P6 | P7 | P8 | P9$$

腐蚀算法在 3×3 窗口内，只要有 1 个像素不是 1，就在与操作后腐蚀成 0，可以采用与操作实现；膨胀算法只要有 1 个 1 就膨胀成 9 个有效像素，即用或操作实现。腐蚀算法和膨胀算法是二值化、边缘检测算法后的二次优化操作，两者结合具有能够腐蚀脏点，又保留重要像素的作用。

5.5.2　二值化腐蚀、膨胀的 MATLAB 实现

5.5.2.1　独立腐蚀、膨胀算法的实现

腐蚀算法与膨胀算法的实现基本一致，只是最终是按位与还是按位或。在 3×3 窗口下实现腐蚀算法或膨胀算法，即以当前像素为中心的邻域内，对 9 个像素做与/或操作，以腐蚀算法为例，封装的 MATLAB 函数如下所示（详见配套资料.\5.5_Bin_Erosion_Dilation\bin_erosion.m）。

```
function Q=bin_erosion(IMG)

[h,w] = size(IMG);
IMG_Erosion = ones(h,w);

% -----------------------------------------------------------------------
n=3;
for i=1 : h
    for j=1:w
        if(i<(n-1)/2+1 || i>h-(n-1)/2 || j<(n-1)/2+1 || j>w-(n-1)/2)
            IMG_Erosion(i,j) = 0;    %边缘像素不处理
        else
            IMG_Erosion(i,j) = IMG(i-1,j-1) & IMG(i-1,j) & IMG(i-1,j+1) &...
                               IMG(i,j-1)  & IMG(i,j)   & IMG(i,j+1)  &...
                               IMG(i+1,j-1) & IMG(i+1,j) & IMG(i+1,j+1);
        end
    end
end

Q = IMG_Erosion;
```

IMG_Erosion 采用与操作实现了 9 个像素的计算，只要有 1 个像素是 0，其结果输出为 0；只有 9 个像素全为 1 时，结果才输出为 1。

同样的，膨胀算法也非常相似，如下所示（详见配套资料.\5.5_Bin_Erosion_Dilation\bin_dilation.m）。

```
function Q=bin_dialtion(IMG)
```

```
[h,w] = size(IMG);
IMG_Dilation = ones(h,w);

% ------------------------------------------------------------------------
n=3;
for i=1 : h
    for j=1:w
        if(i<(n-1)/2+1 || i>h-(n-1)/2 || j<(n-1)/2+1 || j>w-(n-1)/2)
            IMG_Dilation(i,j) = 0;    %边缘像素不处理
        else
            IMG_Dilation(i,j) = IMG(i-1,j-1) | IMG(i-1,j) | IMG(i-1,j+1) |...
                                IMG(i,j-1)   | IMG(i,j)   | IMG(i,j+1)   |...
                                IMG(i+1,j-1) | IMG(i+1,j) | IMG(i+1,j+1);
        end
    end
end

Q = IMG_Dilation;
```

图 5.25 所示的局部阈值二值化处理的结果（图"人性的弱"），当我们接着使用腐蚀算法、膨胀算法运算后，其运算效果，如图 5.38 所示。

图 5.38　3×3 窗口的腐蚀算法、膨胀算法运算效果

相关代码如下所示（详见配套资料.\5.5_Bin_Erosion_Dilation\Erosion_Dilation_Test1.m）。首先将输入的**图像转成了二值化图像**（tif 本身为 8bit 图像）；然后为了匹配腐蚀、膨胀算法中 1 表示有效，0 表示无效的做法，将原先的结果取反，所以才有了图 5.38 所示的效果（与原先白底黑字的效果相反）。

```
clear all; close all; clc;

% ------------------------------------------------------------------------
% Read PC image to MATLAB
IMG1 = imread('../../0_images/shade_text2_bin.tif');
% IMG1 = imread('../../0_images/gsls_rice.tif');
h = size(IMG1,1);          % 读取图像高度
w = size(IMG1,2);          % 读取图像宽度

IMG1 = ~im2bw(IMG1,0.5);
subplot(131);imshow(IMG1);title('【1】原图');
```

```
% ------------------------------------------------------------
IMG2 = bin_erosion(IMG1);
subplot(132);imshow(IMG2);title('【2】3*3 腐蚀运算');


% ------------------------------------------------------------
IMG3 = bin_dilation(IMG2);
subplot(133);imshow(IMG3);title('【3】3*3 膨胀运算');
```

5.5.2.2　1 个数阈值比较算法的实现

5.5.2.1 节是通用的腐蚀算法、膨胀算法的实现流程，网上的博文，十有八九也是这样实现的。但笔者还是想继续深入讨论 1 个问题。在腐蚀算法中，只要 3×3 窗口内有 1 个 0，则其结果为 0；膨胀算法也是如此，只要 3×3 窗口内有 1 个 1，则其结果为 1，这样会造成过度的腐蚀、膨胀，从而引起人为的异常。那么是否可以引入 1 个阈值参数，使最终腐蚀算法、膨胀算法的强度，能够调节呢？

当前，窗口内只要有 1 个 0 结果就为 0，全为 1 的时候结果才为 1。如果考虑 1 个强度，则应该是当窗口中有 n 个 1 的时候，结果才为 1，否则就为 0。这样不仅可以调节腐蚀算法、膨胀算法的强度，同时两个运算也可以通过 1 个阈值的比较，合二为一。因此，引入窗口内 1 个数的阈值，窗口内累加结果与阈值比较即可，1 个数阈值比较算法的实现流程，如图 5.39 所示。

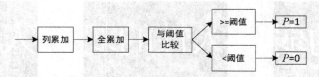

图 5.39　1 个数阈值比较算法的实现流程

代码实现的核心是将原来的与/或操作改成累加后，与阈值进行比较。本节通过封装的 MATLAB 函数 bin_compare()，如下所示（详见配套资料\5.5_Bin_Erosion_Dilation\bin_compare.m）。

```
function Q=bin_compare(IMG, thresh)
%thresh 为 1 的个数

[h,w] = size(IMG);
IMG_Comp = ones(h,w);


% ------------------------------------------------------------
n=3;
for i=1:h
    for j=1:w
        if(i<(n-1)/2+1 || i>h-(n-1)/2 || j<(n-1)/2+1 || j>w-(n-1)/2)
            IMG_Comp(i,j) = 0;   %边缘像素不处理
        else
            temp = IMG(i-1,j-1) + IMG(i-1,j) + IMG(i-1,j+1) +...
                   IMG(i,j-1)  + IMG(i,j)  + IMG(i,j+1)  +...
```

```
                    IMG(i+1,j-1) + IMG(i+1,j) + IMG(i+1,j+1);
            if(temp >= thresh )
                IMG_Comp(i,j) = 1;
            else
                IMG_Comp(i,j) = 0;
            end
        end
    end
end

Q = IMG_Comp;
```

当阈值等于 9 时，只有 3×3 窗口内所有像素都为 1，结果才为 1，这是独立**腐蚀算法**；当阈值等于 1 时，只要 3×3 窗口内有 1 个像素为 1，其结果就为 1，这是独立**膨胀算法**。阈值 9（腐蚀）与阈值 1（膨胀）的运算测试效果，如图 5.40 所示。相关代码详见配套资料.\5.5_Bin_Erosion_Dilation\Erosion_Dilation_Test2.m，其处理结果与独立腐蚀、膨胀算法完全一致。

图 5.40　阈值 9（腐蚀）与阈值 1（膨胀）的运算测试效果

```
clear all;
clear all; close all; clc;

% --------------------------------------------------------------
% Read PC image to MATLAB
IMG1 = imread('../../0_images/shade_text2_bin.tif');
% IMG1 = imread('../../0_images/gsls_rice.tif');
h = size(IMG1,1);          % 读取图像高度
w = size(IMG1,2);          % 读取图像宽度

IMG1 = ~im2bw(IMG1,0.5);
subplot(131);imshow(IMG1);title('【1】原图');

% --------------------------------------------------------------
IMG2 = bin_compare(IMG1,9);
subplot(132);imshow(IMG2);title('【2】阈值 9 比较');

% --------------------------------------------------------------
IMG3 = bin_compare(IMG2,1);
subplot(133);imshow(IMG3);title('【3】阈值 1 比较');
```

如果我们稍加调节阈值参数，在进行腐蚀运算的时候，窗口内像素少于 6 个 1 就全部腐蚀掉；在进行膨胀运算的时候，窗口内多于 3 个 1 就膨胀为 1，阈值 6（腐蚀）与阈值 3（膨胀）运算测试效果，如图 5.41 所示（详见配套资料.\5.5_Bin_Erosion_Dilation\Erosion_Dilation_Test3.m）。

图 5.41　阈值 6（腐蚀）与阈值 3（膨胀）运算测试效果

仔细观察，相比独立腐蚀、膨胀算法，采用 1 个数阈值比较算法的方法，实现更灵活，在效果上，也更多地保持了原图的边缘，防止了像素丢失。

5.5.3　二值化腐蚀、膨胀的 FPGA 实现

介绍了二值化腐蚀、膨胀算法的原理和 MATLAB 仿真，接下来对该算法进行 FPGA 实现。

通过在图像上进行滑窗处理可以获得以目标像素为中心的 3×3 窗口。生成 3×3 窗口的详细设计方案见 4.2.3 节。

获得 3×3 窗口后，就可以开始进行腐蚀或膨胀运算了，整个运算过程可分解为以下几个步骤。

（1）计算 3×3 窗口中每行 3 个像素的累加和。

$$data\_sum1 = matrix\_p11 + matrix\_p12 + matrix\_p13$$

$$data\_sum2 = matrix\_p21 + matrix\_p22 + matrix\_p23$$

$$data\_sum3 = matrix\_p31 + matrix\_p32 + matrix\_p33$$

（2）计算 3×3 窗口中所有 9 个像素的累加和。

$$data\_sum = data\_sum1 + data\_sum2 + data\_sum3$$

（3）将 data_sum 与 thresh 进行比较。如果 data_sum 大于等于 thresh，则输出 1 作为腐蚀/膨胀算法的结果，否则输出 0 作为腐蚀/膨胀算法的结果。此外，还需要判断 3×3 窗口的中心像素是否位于图像边界。如果位于图像边界，则输出 0 作为腐蚀/膨胀算法的结果。

根据上述描述的腐蚀/膨胀运算过程，采用流水方式对其进行设计，可以得到腐蚀/膨胀在 FPGA 中的设计框图，如图 5.42 所示。腐蚀/膨胀实现的相关代码详见配套资料.\5.5_Bin_Erosion_Dilation\src\bin_compare.v。

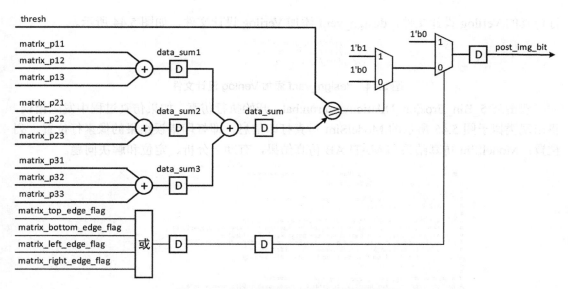

图 5.42　腐蚀/膨胀在 FPGA 中的设计框图

5.5.4　二值化腐蚀、膨胀的 ModelSim 仿真

完成二值化腐蚀、膨胀算法的 FPGA 设计后，需要对其功能进行仿真验证，以确保设计功能与预期的一致。为了能够对设计进行仿真，需要搭建一个 testbench 仿真用例，为设计提供仿真激励和对设计的输出结果进行校验。二值化腐蚀/膨胀算法的仿真框架，如图 5.43 所示。

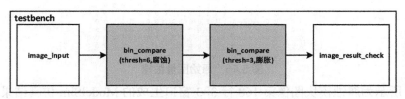

图 5.43　二值化腐蚀/膨胀算法的仿真框架

testbench 中有两个任务，分别为 image_input 任务和 image_result_check 任务。其中，image_input 任务从 MATLAB 仿真目录下的 img_Bin1.dat 文件中读取分辨率为 450×280 的图像数据并按照视频的时序产生激励；image_result_check 任务从 MATLAB 仿真目录下的 img_Bin2.dat 文件中读取二值化腐蚀、膨胀后的图像数据，用于对 ModelSim 仿真结果进行对比校验。

testbench 的仿真流程如下。

（1）image_input 任务提供视频激励给 bin_compare 模块进行腐蚀、膨胀处理。

（2）image_result_check 任务将 bin_compare 模块输出的 ModelSim 仿真结果与 MATLAB 仿真结果进行比较。

testbench 完整的代码详见配套资料.\5.5_Bin_Erosion_Dilation\sim\ testbench.sv。

用编辑器（如 notepad++）打开.\5.5_Bin_Erosion_Dilation\sim\design_ver.f，添加需要进

行仿真的 Verilog 设计文件，design_ver.f 添加 Verilog 设计文件，如图 5.44 所示。

```
1  ../../src/bin_compare2.v
2  ../../src/Matrix_Generate_3X3_1Bit.v
3  ../../src/sync_fifo.v
```

图 5.44　design_ver.f 添加 Verilog 设计文件

双击.\5.5_Bin_Erosion_Dilation\sim\run.bat，开始执行仿真。如果仿真过程中发生错误，将出现类似于图 5.45 所示的 ModelSim 仿真打印信息，即打印错误结果的像素行位置、列位置；ModelSim 仿真结果和 MATLAB 仿真结果，有助于分析、定位和解决问题。

```
                                          \2_FPGA_Sim\5.5_Bin_Erosion_Dilation\sim         —    □    ×
# //  ModelSim SE-64 10.6d Feb 24 2018
# //
# //  Copyright 1991-2018 Mentor Graphics Corporation
# //  All Rights Reserved.
# //
# //  ModelSim SE-64 and its associated documentation contain trade
# //  secrets and commercial or financial information that are the property of
# //  Mentor Graphics Corporation and are privileged, confidential,
# //  and exempt from disclosure under the Freedom of Information Act.
# //  5 U.S.C. Section 552. Furthermore, this information
# //  is prohibited from disclosure under the Trade Secrets Act,
# //  18 U.S.C. Section 1905.
# //
###############image result check begin###############
# result error ---> row_num : 17;col_num : 7;pixel data : 0;reference data : 1
# result error ---> row_num : 31;col_num : 25;pixel data : 0;reference data : 1
###############image result check end###############
VSIM 2>
```

图 5.45　ModelSim 仿真打印信息

双击.\5.5_Bin_Erosion_Dilation\sim\read_wave.bat，打开仿真波形文件，添加相关信号，可分析信号的时序及运算结果，定位问题和对设计进行修改。

图 5.46 所示为原始图像数据，即仿真输入激励源，用二进制数表示。

图 5.46　原始图像数据

图 5.47 所示为腐蚀模块图像第 168 行 3×3 窗口生成的 ModelSim 仿真结果，图 5.48 所示为腐蚀模块图像第 168 行第 7~9 个 3×3 窗口的仿真结果，与图 5.46 所示的原始图像数据进行对比，符合预期。更多关于腐蚀模块和膨胀模块的 3×3 窗口的仿真细节，读者可自行分析。

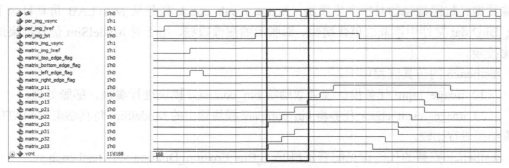

图 5.47　腐蚀模块图像第 168 行 3×3 窗口生成的 ModelSim 仿真结果

0 0 0
0 0 1
0 0 1
0 0 0
0 1 1
0 1 1
0 0 0
1 1 1
1 1 1
(a) 第7个窗口
(b) 第8个窗口
(c) 第9个窗口

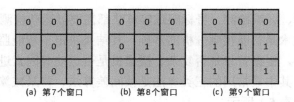

图 5.48　腐蚀模块第 168 行第 7~9 个 3×3 窗口的仿真结果

图 5.49 所示为图像第 1 行腐蚀、膨胀的 ModelSim 仿真结果，由于是图像边界，结果直接输出 0，符合预期。

clk
per_img_vsync
per_img_href
per_img_bit
post2_img_vsync
post2_img_href
post2_img_bit
vcnt
1'h0
1'h0
1'h0
1'h0
1'h0
1'h0
1'hx
11'd0

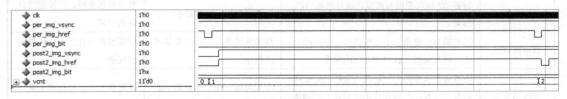

图 5.49　图像第 1 行腐蚀、膨胀的 ModelSim 仿真结果

图 5.50 所示为图像第 168 行腐蚀、膨胀的 ModelSim 仿真结果，图 5.51 所示为腐蚀、膨胀的 MATLAB 仿真结果，通过对比，符合预期。更多关于腐蚀、膨胀的仿真细节，读者可自行分析。

clk
per_img_vsync
per_img_href
per_img_bit
post2_img_vsync
post2_img_href
post2_img_bit
vcnt
1'h1
1'h1
1'h1
1'h0
1'h1
1'h1
1'h1
11'd168
168

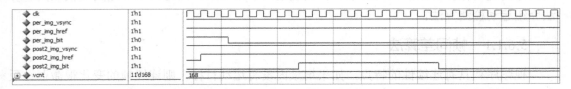

图 5.50　图像第 168 行腐蚀、膨胀的 ModelSim 仿真结果

img_Bin1.dat
img_Bin2.dat
166 0 0 0 0 0 0 0 0 0 0 0 1 1 1 1 1 1 1 1 1 1 0 0 0 0 0 0
167 0 0 0 0 0 0 0 0 0 1 1 1 1 1 1 1 1 1 1 0 0 0 0 0 0 0 0
168 0 0 0 0 0 0 0 1 1 1 1 1 1 1 1 1 1 0 0 0 0 0 0 0 0 0 0
169 0 0 0 0 0 0 0 1 1 1 1 1 1 1 1 0 0 0 0 0 0 0 0 0 0 0 0
170 0 0 0 0 0 0 0 1 1 1 1 1 1 0 0 0 0 0 0 0 0 0 0 0 0 0 0
171 0 0 0 0 0 0 0 0 1 1 0 0 0 0 0 0 0 0 0 0 0 0 0 0 0 0 0
172 0 0 0 0 0 0 0 0 0 0 0 0 0 0 0 0 0 0 0 0 0 0 0 0 0 0 0

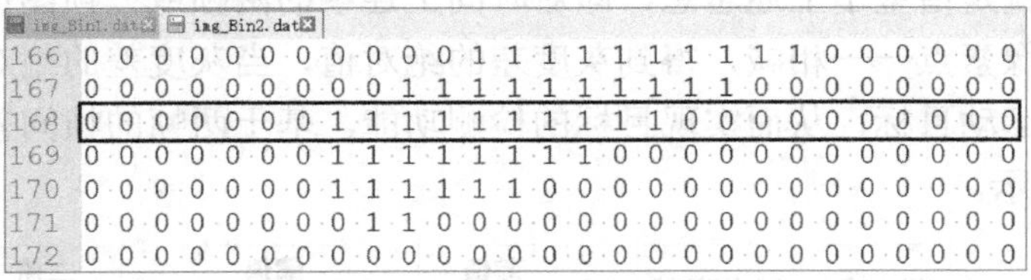

图 5.51　腐蚀、膨胀的 MATLAB 仿真结果

5.6　帧间差算法及运动检测算法

帧间差算法，其本质是对运动阈值的处理。在进行相邻帧做差法后，可以根据阈值进行比较，得到一幅值化的图像，这与图像的二值化算法过程类似，因此勉强把帧间差算法放到本节来讲。

5.6.1　帧间差算法及运动检测算法的理论

运动检测是指当监控场景中有活动目标时，采用图像分割的方法从背景图像中提取出

运动目标。入侵检测、区域检测、目标跟踪等算法都需要以运动检测算法为基础。

运动目标检测技术是智能视频分析的基础，其结果决定了智能监控的性能。运动目标检测的方法有很多种，根据背景是否复杂、摄像机是否运动等因素进行选择，相关算法之间也有很大的差别。其中最常用的三类算法是帧间差算法、背景减算法、光流场算法，其定义及优劣对比，如表 5.1 所示。

表 5.1　帧间差算法、背景减算法、光流场算法定义及优劣对比

算　法	定　义	优　势	劣　势
帧间差算法	相邻 2/3 帧间值与阈值比较得到运动的结果	计算速度快，计算量小	容易引起重影，以及运动目标的空洞
背景减算法	当前帧与一定条件下建模的背景帧做减法，再与阈值比较得到运动的结果	理想环境效果好，计算量相对较小	建模前提条件苛刻，计算相对复杂
光流场算法	通过寻找像素在上一帧跟当前帧之间存在的对应关系，从而计算出相邻帧之间物体的运动信息的一种方法	不受目标与相机本身运动的影响，适应性比较好	计算量太大，过程过于复杂，前提条件不易满足

相比其他两种算法，帧间差算法具有计算速度快，且计算简单的优势。虽然帧间差法会引起重影（3 帧间差不会，双帧间差会）及物体空洞问题，但这不影响对物体的运动检测，作为运动检测算法的入门算法，其实现过程非常简单，因此，本书选用双帧帧间差算法介绍运动检测算法。

5.6.1.1　帧间差算法

视频序列具有连续性的特点，如果场景内没有运动目标，则连续帧的变化很微弱；反之，如果场景内存在运动目标，则连续帧之间的运动区域会有明显的变化。

帧间差算法就是借鉴了上述思想，即对时间上连续的两帧或三帧图像进行差分运算，将不同帧对应的像素点一一相减，得到灰度差的绝对值，当灰度差的绝对值超过一定阈值时，即可判断为运动目标，从而实现目标的检测功能。基于两帧的帧间差算法的计算流程图，如图 5.52 所示。

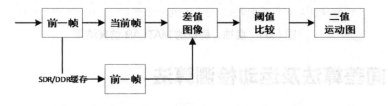

图 5.52　基于两帧的帧间差算法的计算流程图

本节采用两帧的帧间差算法，因此只需要延迟（缓存）一帧，其计算简单，但会引起一定的误差（重影）；而采用三帧的帧间差算法，需要延迟（缓存）两帧，分别计算帧间差，相与之后再进行阈值处理，这样能一定程度地抑制重影，但需要更大的缓存和计算复杂度。为了实现简单，本节选用基于两帧的帧间差算法，作为后续理论及实现的基础。

5.6.1.2　运动检测算法

在完成帧间差算法后，首先得到了画面中运动物体的二值化图像，其中有效部分表示画面中运动的像素。然后进行运动检测，需要识别出运动物体的区域，可以框出目标，也可以画出轮廓。

为了实现目标的检测，首先将图像分成若干块，比如在 1280×720 的图像中，我们将图像分成了 80×80 的若干块，以哪吒奔跑的原图及帧间差二值图为例，1280×720 图像帧间差算法后的效果，如图 5.53 所示。

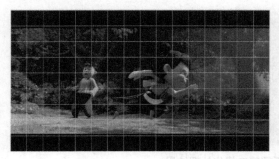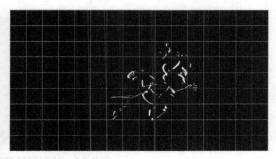

图 5.53　1280×720 图像帧间差算法后的效果

对图 5.53 右图，首先，我们可以计算每个网格内的运动像素总和。当网格内的像素总和达到一定阈值时，我们认为是有效的运动目标，将其保留；反之则认为是异常的运动目标，将其舍弃。然后，我们把这些有效的运动目标框起来，就实现了最简单的运动目标跟踪算法。

OpenCV 中采用 FindContours 函数实现轮廓的提取，但是由于提取目标的边缘相对比较复杂，以下实现中我们权且以框出运动目标的方式实现。另外，为了简化入门级运动检测算法的复杂度，假设在场景中只有一个运动目标的前提下进行计算，即我们只要找到运动量大的块，就可以找到运动物体的坐标了。

> 关于运动目标的轮廓提取，多个目标的实时追踪，请读者后期自行研究，其实现方法不局限于传统计算机视觉算法，也可采用 AI 深度学习的方法。

5.6.2　帧间差及运动检测的 MATLAB 实现

5.6.2.1　帧间差算法的实现

帧间差算法的核心是阈值的选择。如果阈值偏大，则变化较小的移动物体就会被忽略，相应的运动量较大的移动物体被保留了下来；反之，如果阈值偏小，则可能变化较小的目标也被保留了下来，会出现满屏运动像素的现象。

本节以电影《哪吒之魔童降世》片段连续取连续帧，转成灰度后进行减法运算，再结合一定的阈值判断，输出最终的二值化图像为例，帧间差算法再阈值二值化处理结果，如图 5.54 所示。二值化图像表征了物体的运动，通过阈值处理后，阈值以上的运动像素就被保留了下来。

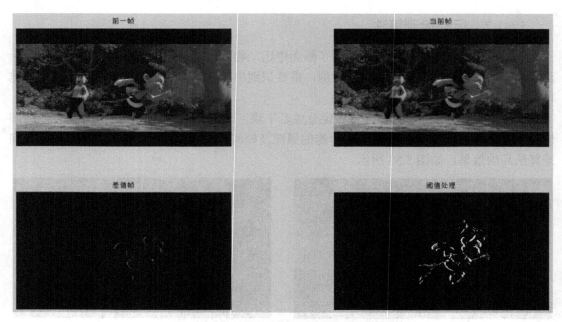

图 5.54　帧间差算法再阈值二值化处理结果

帧间差的实现原理很简单，MATLAB 代码也是如此，相关代码如下所示（详见配套资料./5.6_Frame_Difference/Frame_Difference_Test1.m）。

```
clear all; close all; clc;

% ------------------------------------------------------------------------
% Read PC image to MATLAB
frame1 = imread('../../0_images/nezha1.jpg');        % 读取 JPG 图像
frame2 = imread('../../0_images/nezha2.jpg');        % 读取 JPG 图像

subplot(221);imshow(frame1);title('前一帧');
subplot(222);imshow(frame2);title('当前帧');

%双帧间差
 frame1 = rgb2gray(frame1);
 frame2 = rgb2gray(frame2);
frame_diff = abs(frame1-frame2);
subplot(223);imshow(frame_diff);title('差值帧');

%阈值处理
frame_2dim = global_bin_user(frame_diff, 32);
subplot(224);imshow(frame_2dim);;title('阈值 32 处理');
```

其中，在相邻两帧转灰度后，直接进行相减，并且得到差值的绝对值，该值与设定的阈值（本节以 32 为例）比较，判定是否为运动像素。

帧间差算法的原理简单，计算量小，能够快速检测出场景中的运动目标。但容易引起内部"空洞"，如图 5.54 所示的哪吒在双帧做减法后，由于目标相对较大，结果中空了，这是因为运动目标在相邻帧之间的位置变化缓慢，运动目标内部在不同帧图像中相重叠的部分很难检测出来，**但这不会影响我们对运动目标的检测**。

另外，正如前文所说，阈值对于帧间差算法有着很大的决定性作用，如果阈值太小，则画面中轻微运动的像素也被保留了下来；如果将代码中的阈值设置为 20，则左下角轻微的背景变化也被保留了下来，如图 5.55（a）所示；如果将阈值增大，如调整到 32，则这些干扰图像的小运动像素就被滤除了，如图 5.55（b）所示。阈值 20 与阈值 32 处理帧间差后的二值化图像，如图 5.55 所示。

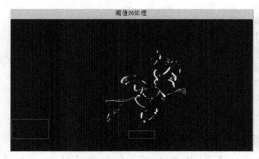
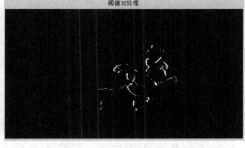

（a）阈值 20 处理帧间差后的二值化图像　　　　　　（b）阈值 32 处理帧间差后的二值化图像

图 5.55　阈值 20 与阈值 32 处理帧间差后的二值化图像

虽然这也让运动目标损失了部分有效像素，但其实并不影响我们检测运动目标的位置。当然我们也可以保留部分微小的运动像素，在运动检测中通过块内运动像素统计，进一步筛选。

5.6.2.2　运动检测算法的实现

根据前面的理论，以检测单个运动目标为例，最简单的运动检测算法可以分解为以下几个步骤。

（1）**块内像素统计**：以 80×80 图像为例，统计块内的运动像素个数。

（2）**块内阈值滤波**：舍弃运动像素过少的块，消除干扰。

（3）**运动目标边界检索**：根据运动块的位置，计算运动目标的边界，在原图中画框。

本节第（1）步主要是统计块内的运动像素个数，直接将对应块内的二值化图累加起来即可，相关 MATLAB 代码如下所示，遍历全画面，将相应块内的二值化图累加到 sum_block 相应的位置中。

```
% ------------------------------------------------------------------------
% 1）统计 80*80 块内有效运动像素数量
[h,w] = size(frame_2dim);
sum_block =zeros(ceil(h/80), ceil(w/80));
for i=1:h
    for j=1:w
        sum_block(ceil(i/80), ceil(j/80)) = sum_block(ceil(i/80), ceil(j/80))
+ uint16(frame_2dim(i,j)/255);
    end
end
```

得到的 sum_block 表，在 1280×720 分辨率下，16×9 的 sum_block（阈值 32），如图 5.56 所示。图中数字代表了当前块内的运动像素个数（帧间差阈值 32 以下的 sum_block），此时，我们已经可以根据 sum_block 中的像素统计，找到运动目标的边界。

sum_block ×
9x16 double

	1	2	3	4	5	6	7	8	9	10	11	12	13	14	15	16
1	0	0	0	0	0	0	0	0	0	0	0	0	0	0	0	0
2	0	0	0	0	0	0	0	0	0	0	0	0	0	0	0	0
3	0	0	0	0	0	0	0	0	0	166	27	0	0	0	0	0
4	0	0	0	0	0	0	0	101	28	372	549	7	0	0	0	0
5	0	0	0	0	0	0	0	374	464	214	542	159	0	0	0	0
6	0	0	0	0	0	0	96	93	561	16	252	17	0	0	0	0
7	0	0	0	0	0	0	118	5	275	218	0	0	0	0	0	0
8	0	0	0	0	0	0	0	10	0	0	0	0	0	0	0	0
9	0	0	0	0	0	0	0	0	0	0	0	0	0	0	0	0

图 5.56　1280×720 分辨率下 16×9 的 sum_block（阈值 32）

但这个结果确实太理想，除非背景完全静止，否则很难达到这么完美的状态，为了尽量实现程序的健壮性，本节将帧间差阈值调整为 20，1280×720 分辨率下 16×9 的 sum_block（阈值 20），如图 5.57 所示。此时，从 sum_block 的分布可见块内有效的运动像素变多了，左下角也多了若干个运动块，这无疑给检测提高了难度。

sum_block ×
9x16 double

	1	2	3	4	5	6	7	8	9	10	11	12	13	14	15	16
1	0	0	0	0	0	0	0	0	0	0	0	0	0	0	0	0
2	0	0	0	0	0	0	0	0	0	0	0	0	0	0	0	0
3	0	0	0	0	0	0	0	0	5	354	159	0	0	0	0	0
4	0	0	0	0	0	0	0	125	49	483	823	107	0	0	0	0
5	0	0	0	0	0	0	0	486	683	523	785	238	0	0	0	0
6	0	0	0	0	0	0	157	251	758	160	382	33	0	0	0	0
7	2	0	0	0	0	0	269	28	392	385	0	0	0	0	0	0
8	23	7	2	3	2	0	0	1	19	0	0	0	0	0	0	0
9	0	0	0	0	0	0	0	0	0	0	0	0	0	0	0	0

图 5.57　1280×720 分辨率下 16×9 的 sum_block（阈值 20）

接下来我们进行第（2）步：**块内阈值滤波**。

本节仍然可以灵活设计，比如在相邻两个帧之间，如果最少运动了 32 个像素，则标记为运动块，即把 32 作为块运动的阈值；如果阈值超过了 32，则标记为有效运动，将其保留。反之，则标记为干扰运动，将其舍弃，如图 5.58 中圈中的块，块内阈值滤波（阈值 32），如图 5.58 所示。相关代码及结果如下所示，可见，块内阈值滤波后，阈值小于 32 的运动块被丢弃了。

```
% --------------------------------------------------------------------------
% 2）去除运动较少的块
```

```
for i=1:ceil(h/80)
    for j=1:ceil(w/80)
        if(sum_block(i,j) < BLOCK_THRESH)
            sum_block(i,j) = 0;
        else
            sum_block(i,j) = sum_block(i,j);
        end
    end
end
```

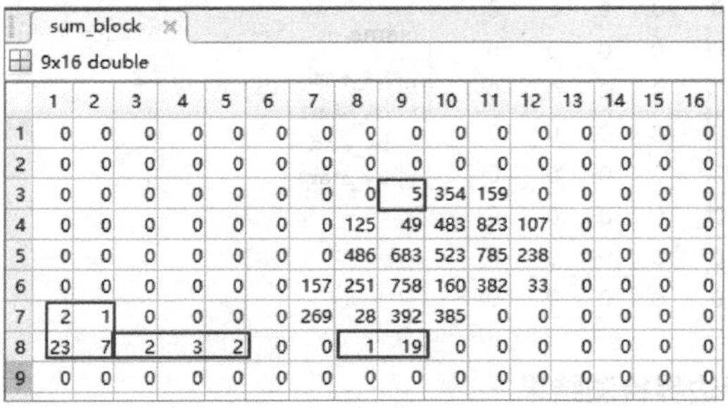

sum_block															
9x16 double															
1	2	3	4	5	6	7	8	9	10	11	12	13	14	15	16
0	0	0	0	0	0	0	0	0	0	0	0	0	0	0	0
0	0	0	0	0	0	0	0	0	0	0	0	0	0	0	0
0	0	0	0	0	0	0	0	5	354	159	0	0	0	0	0
0	0	0	0	0	0	125	49	483	823	107	0	0	0	0	0
0	0	0	0	0	0	486	683	523	785	238	0	0	0	0	0
0	0	0	0	0	157	251	758	160	382	33	0	0	0	0	0
2	1	0	0	0	269	28	392	385	0	0	0	0	0	0	0
23	7	2	3	2	0	0	1	19	0	0	0	0	0	0	0
0	0	0	0	0	0	0	0	0	0	0	0	0	0	0	0

sum_block															
9x16 double															
1	2	3	4	5	6	7	8	9	10	11	12	13	14	15	16
0	0	0	0	0	0	0	0	0	0	0	0	0	0	0	0
0	0	0	0	0	0	0	0	0	0	0	0	0	0	0	0
0	0	0	0	0	0	0	0	0	354	159	0	0	0	0	0
0	0	0	0	0	0	0	125	49	483	823	107	0	0	0	0
0	0	0	0	0	0	0	486	683	523	785	238	0	0	0	0
0	0	0	0	0	0	157	251	758	160	382	33	0	0	0	0
0	0	0	0	0	0	269	0	392	385	0	0	0	0	0	0
0	0	0	0	0	0	0	0	0	0	0	0	0	0	0	0
0	0	0	0	0	0	0	0	0	0	0	0	0	0	0	0

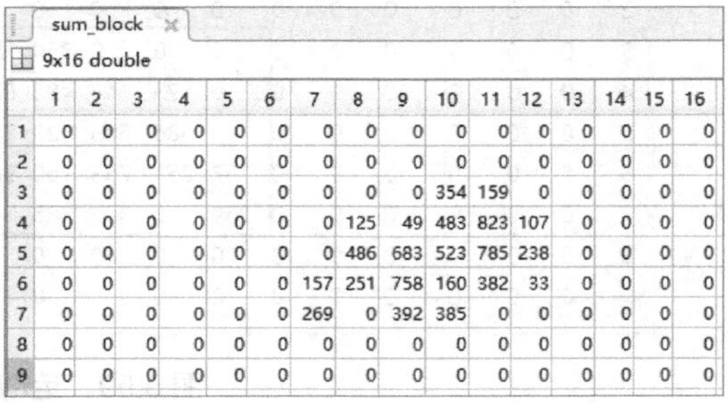

图 5.58　块内阈值滤波（阈值 32）

　　至此，我们已经按照运动块标记好了运动像素，并且已经去除了运动量较小的块。此时，开始第 3 步：**运动目标边界检索**，即获取运动块的上、下、左、右边界，就可以得到运动目标的边界框。本节我们通过从左到右搜索非 0 值寻找左边界，相应地通过从右到左、从上到下、从下到上搜索右边界、上边界、下边界，MATLAB 采用 while() 循环实现，相关代码如下。

```
% ---------------------------------------------------------------------------
% 3）获取目标的上下左右边界
% y_start 坐标搜索
i=1;
while(sum_block(i,:) == 0)
    i=i+1;end
y_start = i;
% y_end 坐标搜索
i=ceil(h/80);
while(sum_block(i,:) == 0)
    i=i-1;end
y_end = i;
% x_start 坐标搜索
j=1;
while(sum_block(:,j) == 0)
    j=j+1;end
x_start = j;
% x_end 坐标搜索
j=ceil(w/80);
while(sum_block(:,j) == 0)
```

```
        j=j-1;end
    x_end = j;
```

从 workspace 中可得到搜索的值，运动目标边界检测结果，如图 5.59 所示。其结果与去零后的 sum_block（见 5.58 右图）匹配。

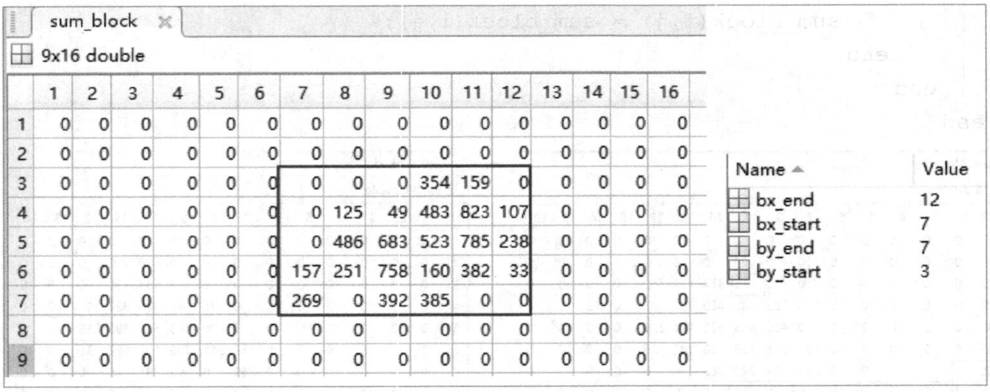

sum_block ×																
9x16 double																
	1	2	3	4	5	6	7	8	9	10	11	12	13	14	15	16
1	0	0	0	0	0	0	0	0	0	0	0	0	0	0	0	0
2	0	0	0	0	0	0	0	0	0	0	0	0	0	0	0	0
3	0	0	0	0	0	0	0	0	0	354	159	0	0	0	0	0
4	0	0	0	0	0	0	0	125	49	483	823	107	0	0	0	0
5	0	0	0	0	0	0	0	486	683	523	785	238	0	0	0	0
6	0	0	0	0	0	0	157	251	758	160	382	33	0	0	0	0
7	0	0	0	0	0	0	269	0	392	385	0	0	0	0	0	0
8	0	0	0	0	0	0	0	0	0	0	0	0	0	0	0	0
9	0	0	0	0	0	0	0	0	0	0	0	0	0	0	0	0

Name ▲	Value
bx_end	12
bx_start	7
by_end	7
by_start	3

图 5.59　运动目标边界检测结果

根据运动块的位置我们很容易计算出原图中运动目标的坐标，相关 MATLAB 代码如下所示。需要注意的是当 by_start、bx_start 为 1 时，要对边界做特殊处理。

```
% -----------------------------------------------------------------
%原图运动目标边界计算
if(by_start == 1)
    py_start = 1;
else
    py_start = (by_start - 1)*80;
end
py_end = (by_end - 0)*80;
if(bx_start == 1)
    px_start =1;
else
    px_start = (bx_start - 1)*80;
end
px_end = (bx_end - 0)*80;
```

以上计算得到的 py_start、py_end、px_start、px_end 分别为 160、560、480、960，那么我们只需要在原图中标记出位置，就完成了运动目标的检测。标记的过程是对原图中对应像素的替代，以叠加白色的框为例，相关代码如下。

```
% -----------------------------------------------------------------
% 原图中画运动目标的边界框
frame2(py_start:py_end, px_start,:) = 255;
frame2(py_start:py_end, px_end,:) = 255;
frame2(py_start, px_start:px_end,:) = 255;
frame2(py_end, px_start:px_end,:) = 255;
```

以上代码的完整设计，详见配套资料./5.6_Frame_Difference/Frame_Difference_Test2.m，帧间差→阈值处理→运动目标检测效果，如图 5.60 所示。其中图 5.60(c)为帧间差阈值处理后的结果，图 5.60(d)为运动目标检测的结果。

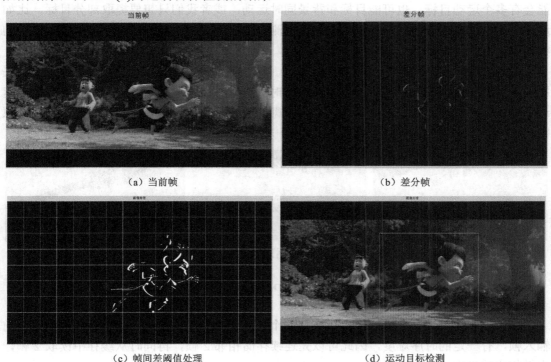

（a）当前帧　　　　　　　　　　　　　　　　　　（b）差分帧

（c）帧间差阈值处理　　　　　　　　　　　　　　（d）运动目标检测

图 5.60　帧间差→阈值处理→运动目标检测效果

注：由于原图过大，在 MATLAB 中如将多个结果打印在同一个 figure 时，部分边框会因为缩放而丢失，因此，图 5.60（c）/（d）为独立 figure 显示的结果，保留了所有细节。

其中，图 5.60（c）为了便于理解，在帧间差图上叠加了 80×80 的框，通过像素坐标与 80 取余为 0 实现，相关代码如下（包含在 Frame_Difference_Test2.m 中，设计上是冗余的）。

```
% --------------------------------------------------------------------
% 在帧间差图上叠加 80*80 的框
grid_image = frame_2dim;
dim = size(grid_image);    %读取图像高度、宽度
for i=1:dim(1)
    for j=1:dim(2)
        if((mod(i,80) == 0) || (mod(j,80) == 0))
            grid_image(i,j,:) =255;
%       else
%           frame2(i,j,:) = frame1(i,j,:);
        end
    end
end
```

```
imwrite(grid_image,'grid_image.jpg');
subplot(223);imshow(grid_image);;title('阈值处理');
```

以上是采用帧间差算法实现运动目标检测的最简单的实现方式。在实际的场景中，可能会有多个运动目标，也可能目标和背景同时运动，或者我们只想要提取部分目标，比如道路中的行人、车辆等，这就需要在目标检测中，加入更多判断的条件，甚至更为复杂的检测等。

运动亮斑检测算法演示，如图 5.61 所示。这个演示是笔者曾在做运动亮斑追踪时，采用帧间差算法为基础，在 FPGA 上实现的实时亮斑追踪（检测并且画框），我们需要对运动目标进行检测，同时还需要判定是否是亮斑的运动（画框有重叠是由于拍摄不同步的原因，请不要 care）。

图 5.61　运动亮斑检测算法演示

5.6.3　帧间差及运动检测的 FPGA 实现

由于帧间差算法的实现，需要对相邻两个帧进行减法操作。但同步读取上一帧与当前输入帧，有一定的时序难度，因此可以先连续存储相邻 2 帧，再同时从缓存中读取 2 帧，来做相应的操作。

帧间差算法主要是减法与二值化计算，其过程比较简单。但是运动目标的检测涉及 SDRAM/DDR 的缓存，以及实时画框的功能，偏离本书图像处理的核心宗旨，由于篇幅有限，在本书中暂时不进行 FPGA 开发的介绍。

对帧间差算法感兴趣的读者，可以在本书参考资料 FPGA 工程中，查找目标跟踪的 FPGA 工程：Target_Track_Test。

第6章
常用图像锐化算法介绍及 MATLAB 与 FPGA 实现

6.1 图像锐化的原理

在增强图像之前一般会先对图像进行平滑处理以减少或消除噪声,图像的能量主要集中在低频部分,而噪声和图像边缘信息的能量主要集中在高频部分。因此,平滑处理会使原始图像的边缘和轮廓变得模糊。为了减少不利效果的影响,需要利用图像锐化技术,使图像的边缘变得清晰。图像锐化处理主要有两个目的:一是与图像平滑处理相反,增强图像边缘,使模糊的图像更加清晰,颜色变得鲜明突出,图像的质量有所改善,产生更适合人观察和识别的图像;二是经过图像锐化处理后,目标物体的边缘鲜明,便于计算机提取目标物体的边界、对图像进行分割、识别目标区域等,为理解和分析图像打下基础。

经过平滑处理的图像变得模糊的根本原因是图像进行了平均或积分运算,因此可以对其进行逆运算(如微分运算),从而可以使图像变得清晰。微分运算是求信号的变化率,由傅里叶变换的微分性质可知,微分运算具有加强高频分量的作用。图像在进行锐化处理时必须有较高的信噪比,否则,锐化后图像的信噪比反而更低,从而凸显了图像的噪声而没有锐化边缘,因此,一般是先消除或减少噪声后再进行图像锐化处理,图像锐化处理的示意图,如图 6.1 所示。

图 6.1　图像锐化处理的示意图

物体的边缘是以图像局部特性不连续的形式出现的，即边缘通常意味着一个区域的结束和另一个区域的开始。一般情况下，沿边缘走向的像素变化平缓，而垂直于边缘走向的像素变化剧烈。边缘一般分为两类（边缘类型，如图 6.2 所示）：①阶跃状边缘，它两边的像素灰度值显著不同；②屋顶状边缘，它位于像素灰度值从增加到减少（或从减少到增加）的变化转折点。经典的边缘提取方法是考虑图像的每个像素在某个领域内的变化，利用边缘邻近一阶或二阶方向导数变化规律来检测边缘。像素灰度值的显著变化可以用一阶差分替代一阶微分的梯度来表示，分别以梯度向量的幅度和方向来表示。因此，图像中陡峭边缘的梯度值较大，像素灰度值变化平缓的地方，梯度值较小；像素灰度值相同的地方，梯度值为零。

下面开始介绍运用一阶微分和二阶微分运算来进行图像边缘检测的原理。

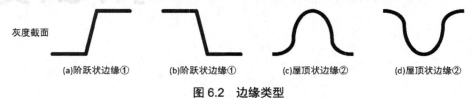

图 6.2　边缘类型

6.1.1　一阶微分的边缘检测

一阶微分主要是指梯度模运算，图像的梯度模值包含了边界及细节信息。图像 $f(x,y)$ 在点 (x,y) 处的梯度定义为

$$G = \frac{\partial f}{\partial x} + \frac{\partial f}{\partial y}$$

由于数字图像是离散的，因此可以用差分来替代微分，即

$$\frac{\partial f}{\partial x} = f(i+1,j) - f(i,j)$$

$$\frac{\partial f}{\partial y} = f(i,j+1) - f(i,j)$$

梯度的幅值即模值，为

$$|G| = \sqrt{\left(\frac{\partial f}{\partial x}\right)^2 + \left(\frac{\partial f}{\partial y}\right)^2} = \sqrt{\left[f(i+1,j) - f(i,j)\right]^2 + \left[f(i,j+1) - f(i,j)\right]^2}$$

梯度的方向为

$$\theta = \arctan\left(\frac{\partial f}{\partial y} \bigg/ \frac{\partial f}{\partial x}\right) = \arctan\left[\frac{f(i,j+1) - f(i,j)}{f(i+1,j) - f(i,j)}\right]$$

对图像 f 使用梯度模算子进行运算后，可产生一幅梯度图像 g，图像 g 和图像 f 之间的像素关系为

$$g(i,j) = G\big[f(i,j)\big]$$

式中，G 为梯度模算子。由于梯度图像 g 反映了图像 f 的灰度变化分布信息，因此可以对其进行适当的处理和变换，或将变换后的梯度图像和原始图像组合作为图像 f 锐化后的图像。

　　一阶微分运算的边缘检测算子包括 Robert 算子、Prewitt 算子和 Sobel 算子等，我们将在后续章节中对 Robert 和 Sobel 边缘检测算法的实现进行介绍。

6.1.2　二阶微分的边缘检测

二阶微分定义为 $\nabla^2 f = \dfrac{\partial^2 f}{\partial x^2} + \dfrac{\partial^2 f}{\partial y^2}$。考虑坐标旋转变换，设 P 点旋转前的坐标为 (x,y)，顺时针旋转 θ 后得 $P'(x',y')$，坐标旋转变换，如图 6.3 所示，则有

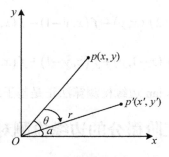

图 6.3　坐标旋转变换

$$x = x'\cos\theta - y'\sin\theta$$

$$y = x'\sin\theta + y'\cos\theta$$

$$\frac{\partial x}{\partial x'} = \cos\theta, \quad \frac{\partial x}{\partial y'} = -\sin\theta, \quad \frac{\partial y}{\partial x'} = \sin\theta, \quad \frac{\partial y}{\partial y'} = \cos\theta$$

函数 $f(x,y)$ 对 x' 的一阶偏导数为

$$\frac{\partial f}{\partial x'} = \frac{\partial f}{\partial x} * \frac{\partial x}{\partial x'} + \frac{\partial f}{\partial y} * \frac{\partial y}{\partial x'} = \frac{\partial f}{\partial x}\cos\theta + \frac{\partial f}{\partial y}\sin\theta$$

函数 $f(x,y)$ 对 y' 的一阶偏导数为

$$\frac{\partial f}{\partial y'} = \frac{\partial f}{\partial x}\frac{\partial x}{\partial y'} + \frac{\partial f}{\partial y}\frac{\partial y}{\partial y'} = -\frac{\partial f}{\partial x}\sin\theta + \frac{\partial f}{\partial y}\cos\theta$$

函数 $f(x,y)$ 对 x' 的二阶偏导数为

$$\frac{\partial^2 f}{\partial x'^2} = \frac{\partial}{\partial x'}\left(\frac{\partial f}{\partial x'}\right) = \cos^2\theta \frac{\partial^2 f}{\partial x^2} + 2\sin\theta\cos\theta \frac{\partial f}{\partial y \partial x} + \sin^2\theta \frac{\partial^2 f}{\partial y^2}$$

函数 $f(x,y)$ 对 y' 的二阶偏导数为

$$\frac{\partial^2 f}{\partial y'^2} = \frac{\partial}{\partial y'}\left(\frac{\partial f}{\partial y'}\right) = \sin^2\theta\frac{\partial^2 f}{\partial x^2} - 2\sin\theta\cos\theta\frac{\partial f}{\partial y\partial x} + \cos^2\theta\frac{\partial^2 f}{\partial y^2}$$

将函数 $f(x,y)$ 对 x' 和 y' 的二阶偏导数相加得

$$\frac{\partial^2 f}{\partial x'^2} + \frac{\partial^2 f}{\partial y'^2} = \frac{\partial^2 f}{\partial x^2} + \frac{\partial^2 f}{\partial y^2}$$

由此可见，二阶微分具有各向同性、旋转不变性的特征，从而满足不同走向的图像边缘锐化的要求。

由于数字图像是离散的，因此可以用差分来替代微分，即

$$\frac{\partial^2 f}{\partial x^2} = 2f(x,y) - f(x-1,y) - f(x+1,y)$$

$$\frac{\partial^2 f}{\partial y^2} = 2f(x,y) - f(x,y-1) - f(x,y+1)$$

$$\nabla^2 f = 4f(x,y) - \left[f(x-1,y) + f(x,y-1) + f(x,y+1) + f(x+1,y)\right]$$

后续章节将要介绍的 Laplacian 边缘检测算法正是基于二阶微分运算的。

6.1.3　一阶微分与二阶微分的边缘检测对比

一阶微分和二阶微分运算都可以用来检测图像边缘，但它们对边缘的检测原理和检测效果是有差异的，如下所示。

（1）对于突变型细节，通过一阶微分的极值点和二阶微分的过零点均可以检测出来，突变型细节，如图 6.4 所示。

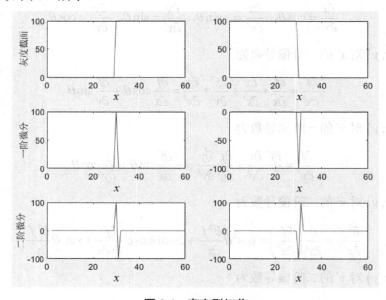

图 6.4　突变型细节

（2）对于细线型细节，通过一阶微分的过零点和二阶微分的极值点均可以检测出来，细线型细节，如图 6.5 所示。

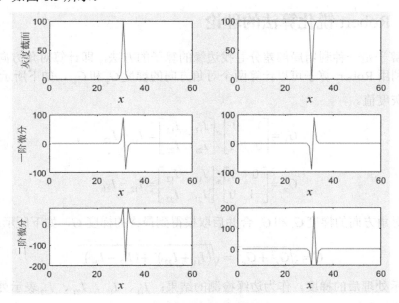

图 6.5　细线型细节

（3）对于渐变型细节，一般情况下，突变幅度小、定位难、不易检测，但二阶微分的信息比一阶微分的信息多，渐变型细节，如图 6.6 所示。

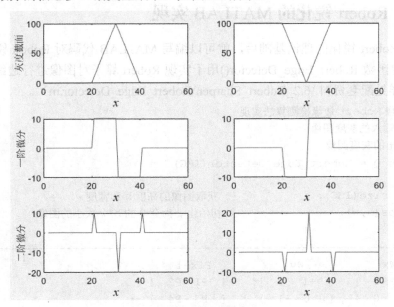

图 6.6　渐变型细节

从图像景物细节的灰度分布特性可知，有些灰度变化特性一阶微分的描述不是很明确，因此，采用二阶微分能够获得更丰富的图像景物细节。

6.2 Robert 锐化算法的实现

6.2.1 Robert 锐化算法的理论

Robert 算子是一种利用局部差分寻找边缘的算子的方法，即计算对角方向相邻的两个像素之差。利用 Robert 算子可以计算两个对角方向的梯度 G_x 和 G_y，如下所示，其中 I_{11} 为目标像素的灰度值。

$$G_x = \begin{bmatrix} 1 & 0 \\ 0 & -1 \end{bmatrix} * \begin{bmatrix} I_{11} & I_{12} \\ I_{21} & I_{22} \end{bmatrix} = I_{11} - I_{22}$$

$$G_y = \begin{bmatrix} 0 & 1 \\ -1 & 0 \end{bmatrix} * \begin{bmatrix} I_{11} & I_{12} \\ I_{21} & I_{22} \end{bmatrix} = I_{12} - I_{21}$$

将两个对角方向的梯度 G_x 和 G_y 合并后取模得到最终的梯度 G，如下所示：

$$G = \sqrt{G_x{}^2 + G_y{}^2} = \sqrt{\left(I_{11} - I_{22}\right)^2 + \left(I_{12} - I_{21}\right)^2}$$

式中，G 表示处理后的梯度，作为边缘检测的结果；I_{11}、I_{12}、I_{21}、I_{22} 表示处理前的灰度值。有时为了简化运算，可以用下面的式子来近似计算梯度。

$$G = \left|G_x\right| + \left|G_y\right|$$

6.2.2 Robert 锐化的 MATLAB 实现

掌握了 Robert 锐化的理论基础后，就可以编写 MATLAB 代码对 Robert 锐化进行仿真了。本节创建函数 Robert_Edge_Detector() 用于实现 Robert 算子对图像进行边缘检测，相关代码如下（详见配套资料.\6.2_Robert_Sharpen\Robert_Edge_Detector.m）。

```
% 灰度图像 Robert 边缘检测算法实现
% IMG 为输入的灰度图像
% Q 为输出的灰度图像
function Q = Robert_Edge_Detector(IMG)

[h,w] = size(IMG);              % 获取图像的高度 h 和宽度 w
Q = zeros(h,w);                 % 初始化 Q 为全 0 的 h*w 大小的图像


% ----------------------------------------------------------------
%       Wx            Wy              Pixel
% [  0 +1 ]     [ +1  0 ]        [ P1 P2 ]
% [ -1  0 ]     [  0 -1 ]        [ P3 P4 ]
Wx = [0,1;-1,0];          % Weight x
Wy = [1,0;0,-1];          % Weight y

IMG = double(IMG);
```

```
for i = 1 : h
    for j = 1 : w
        if(i>h-1 || j>w-1)
            Q(i,j) = 0;                    % 图像右边缘和下边缘的像素不处理
        else
            Gx = Wx(1,1)*IMG(i  ,j) + Wx(1,2)*IMG(i  ,j+1) +...
                 Wx(2,1)*IMG(i+1,j) + Wx(2,2)*IMG(i+1,j+1);
            Gy = Wy(1,1)*IMG(i  ,j) + Wy(1,2)*IMG(i  ,j+1) +...
                 Wy(2,1)*IMG(i+1,j) + Wy(2,2)*IMG(i+1,j+1);
            Q(i,j) = sqrt(Gx^2 + Gy^2);
        end
    end
end
Q=uint8(Q);
```

上述下画线部分为 Robert 边缘检测的核心代码，首先获取以目标像素为顶点的 2×2 窗口，分别与两个对角方向的 Robert 算子做卷积运算，得到两个方向的梯度 Gx 和 Gy；然后将梯度 Gx 和 Gy 合并取模得到最终的梯度 Q，即 Robert 边缘检测的结果；最后，如果目标像素位于图像的右边界或下边界，则直接输出 0 作为 Robert 边缘检测的结果。

另外需要注意的是，由于卷积运算结果可能存在负数，以及开方运算是浮点运算的情况，因此需要将 IMG 图像的数据类型由 uint8 转为 double，完成开方运算后，需要将图像 Q 的数据类型由 double 转为 uint8。

编写顶层 M 文件，读取 JPG 图像，将彩色图像转为灰度图像，调用 Robert 边缘检测函数，将 Robert 边缘检测结果与原始图像叠加得到 Robert 锐化的图像，相关代码如下（详见配套资料.\6.2_Robert_Sharpen\Robert_Sharpen_Test.m）。

```
clear all; close all; clc;

% -------------------------------------------------------------------
% Read PC image to MATLAB
IMG1 = imread('../../0_images/Lenna.jpg');    % 读取 JPG 图像
IMG1 = rgb2gray(IMG1);
h = size(IMG1,1);                             % 读取图像高度
w = size(IMG1,2);                             % 读取图像宽度
subplot(131);imshow(IMG1);title('【1】原图');


% -------------------------------------------------------------------
IMG2 = Robert_Edge_Detector(IMG1);
subplot(132);imshow(IMG2);title('【2】Robert 边缘检测结果');


% -------------------------------------------------------------------
IMG3 = IMG1 + IMG2;
subplot(133);imshow(IMG3);title('【3】Robert 锐化图像');
```

执行顶层 M 文件可得到图 6.7 所示的 Robert 边缘检测与锐化结果，其中图 6.7【2】是

Robert 边缘检测的效果图，可以看出 Robert 算子对边缘有较强的响应；图 6.7【3】是原图与 Robert 边缘检测结果叠加后的效果图，相比原图，图 6.7【3】的边缘和细节更加突出、更加清晰。

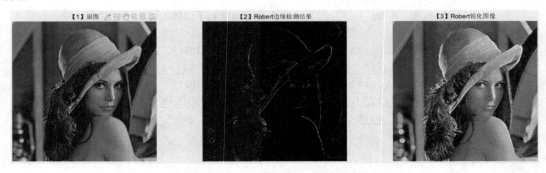

图 6.7　Robert 边缘检测与锐化结果

6.2.3　Robert 锐化的 FPGA 实现

前面已经介绍了 Robert 锐化算法的原理和 MATLAB 仿真，接下来对该算法进行 FPGA 实现。

通过在图像上进行滑窗处理可以获得以目标像素为顶点的 2×2 窗口。为了能够复用 3×3 窗口生成模块，从 3×3 窗口中获取 2×2 窗口，如图 6.8 所示。生成 3×3 窗口的详细设计方案见 4.2.3 节。

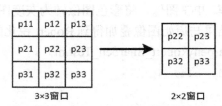

图 6.8　从 3×3 窗口中获取 2×2 窗口

获得 3×3 窗口后，就可以开始进行 Robert 锐化处理了。Robert 锐化处理分解为以下几步。

（1）分别计算两个对角方向的梯度 Gx_data 和 Gy_data。

$$Gx\_data = \begin{bmatrix} matrix\_p22 & matrix\_p23 \\ matrix\_p32 & matrix\_p33 \end{bmatrix} * \begin{bmatrix} 0 & 1 \\ -1 & 0 \end{bmatrix} = matrix\_p23 - matrix\_p32$$

$$Gy\_data = \begin{bmatrix} matrix\_p22 & matrix\_p23 \\ matrix\_p32 & matrix\_p33 \end{bmatrix} * \begin{bmatrix} 1 & 0 \\ 0 & -1 \end{bmatrix} = matrix\_p22 - matrix\_p33$$

（2）将两个对角方向的梯度 Gx_data 和 Gy_data 合并取模得到最终的梯度 G_data，即 Robert 边缘检测结果。

$$G\_data = \sqrt{Gx\_data^2 + Gy\_data^2}$$

（3）将梯度 G_data 与原始图像相加得到 Robert 锐化的图像。此外，还需要判断 2×2 窗口左上角像素是否位于图像边界。如果位于图像边界，则用 2×2 窗口左上角的像素作为 Robert 锐化的结果。

（4）Robert 锐化图像的灰度值可能大于 255，为了防止数据溢出，如果灰度值大于 255，则令其等于 255。

根据上述描述的 Robert 锐化的处理过程，采用流水方式对其进行设计，可以得到 Robert 锐化在 FPGA 中的设计框图，如图 6.9 所示。Robert 锐化实现的相关代码详见配套资料 .\6.2_Robert_Sharpen\src\robert_sharpen_proc.v。

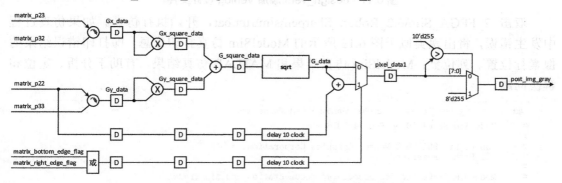

图 6.9　Robert 锐化在 FPGA 中的设计框图

6.2.4　Robert 锐化的 ModelSim 仿真

完成 Robert 锐化算法的 FPGA 设计后，需要对其功能进行仿真验证，以确保设计功能与预期的一致。为了能够对设计进行仿真，需要搭建一个 testbench 仿真用例，为设计提供仿真激励和对设计的输出结果进行校验。Robert 锐化算法的仿真框架，如图 6.10 所示。

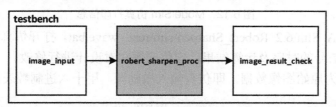

图 6.10　Robert 锐化算法的仿真框架

testbench 中有两个任务，分别为 image_input 任务和 image_result_check 任务。其中，image_input 任务从 MATLAB 仿真目录下的 img_Gray1.dat 文件中读取分辨率为 512×512 的图像数据并按照视频的时序产生激励；image_result_check 任务从 MATLAB 仿真目录下的 img_Gray2.dat 文件中读取 Robert 锐化后的图像数据，用于对 ModelSim 仿真结果进行对比校验。

testbench 的仿真流程如下所示。

（1）image_input 任务提供视频激励给 robert_sharpen_proc 模块进行 Robert 锐化处理。

（2）image_result_check 任务将 robert_sharpen_proc 模块输出的 ModelSim 仿真结果与

MATLAB 仿真结果进行比较。

testbench 完整的代码详见配套资料.\2_FPGA_Sim\6.2_Robert_Sharpen\sim\testbench.sv。

用编辑器（如 notepad++）打开.\2_FPGA_Sim\6.2_Robert_Sharpen\sim\design_ver.f，添加需要进行仿真的 Verilog 设计文件，design_ver.f 添加 Verilog 设计文件，如图 6.11 所示。

```
design_ver.f
1    ../../src/Matrix_Generate_3X3_8Bit.v
2    ../../src/robert_sharpen_proc.v
3    ../../src/sync_fifo.v
4    ../../src/sqrt.v
```

图 6.11 design_ver.f 添加 Verilog 设计文件

双击.\2_FPGA_Sim\6.2_Robert_Sharpen\sim\run.bat，开始执行仿真。如果仿真过程中发生错误，将出现类似于图 6.12 所示的 ModelSim 仿真打印信息，即打印错误结果的像素行位置、列位置；ModelSim 仿真结果和 MATLAB 仿真结果，有助于分析、定位和解决问题。

```
                              \2_FPGA_Sim\6.2_Robert_Sharpen\sim          —    □    ×
# //   ModelSim SE-64 10.6d Feb 24 2018
# //
# //   Copyright 1991-2018 Mentor Graphics Corporation
# //   All Rights Reserved.
# //
# //   ModelSim SE-64 and its associated documentation contain trade
# //   secrets and commercial or financial information that are the property of
# //   Mentor Graphics Corporation and are privileged, confidential,
# //   and exempt from disclosure under the Freedom of Information Act,
# //   5 U.S.C. Section 552. Furthermore, this information
# //   is prohibited from disclosure under the Trade Secrets Act,
# //   18 U.S.C. Section 1905.
# //
###############image result check begin###############
# result error ---> row_num : 14;col_num : 8;pixel data : 7e;reference data : 7f
# result error ---> row_num : 42;col_num : 17;pixel data : 81;reference data : 80
###############image result check end###############
VSIM 2>
```

图 6.12 ModelSim 仿真打印信息

双击.\2_FPGA_Sim\6.2_Robert_Sharpen\sim\read_wave.bat，打开仿真波形文件，添加相关信号，可分析信号的时序及运算结果，定位问题和对设计进行修改。

图 6.13 所示为原始图像数据，即仿真输入激励源，用十六进制数表示。

```
                                        img_Gray1.dat
1   a6 a6 a5 a2 a3 a2 9d 96 90 88 7f 7a 77 74 74 76 7c
2   a5 a5 a4 a2 a1 a0 9a 93 8c 85 7d 7a 77 74 73 75 76
3   a4 a5 a3 a1 9f 9d 95 8d 87 80 7a 78 76 74 74 76 74
4   a4 a5 a3 a0 9e 9a 91 89 84 7d 77 75 74 73 75 78 7b
5   a4 a5 a3 9f 9c 97 8e 85 82 7b 75 73 74 74 77 7b 81
6   a4 a4 a1 9c 98 94 8b 82 81 7a 75 74 75 76 79 7d 81
7   a2 a1 9d 98 94 90 88 7f 7f 7a 77 78 79 79 7a 7d 7e
```

图 6.13 原始图像数据

图 6.14 所示为图像第 1 行 2×2 窗口生成的 ModelSim 仿真结果，图 6.15 所示为图像第 1 行前 4 个 2×2 窗口的仿真结果，与图 6.13 所示的原始图像数据进行对比，符合预期。更多关于 2×2 窗口的仿真细节，读者可自行分析。

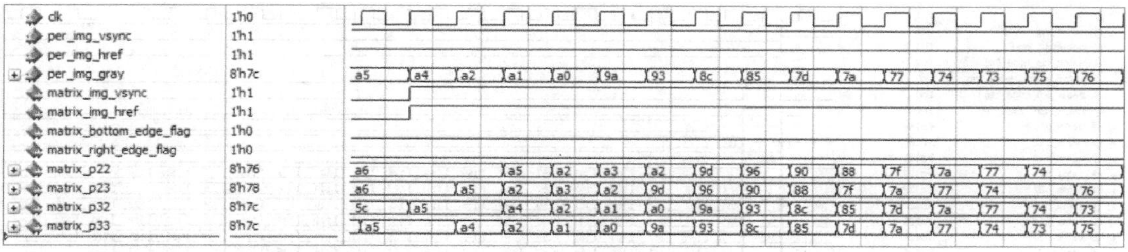

图 6.14　图像第 1 行 2×2 窗口生成的 ModelSim 仿真结果

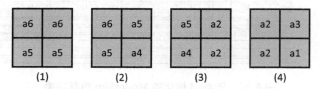

(1)	(2)	(3)	(4)
a6　a6 / a5　a5	a6　a5 / a5　a4	a5　a2 / a4　a2	a2　a3 / a2　a1

图 6.15　图像第 1 行前 4 个 2×2 窗口的仿真结果

图 6.16 所示为图像第 1 行 Robert 锐化的 ModelSim 仿真结果，图 6.17 所示为 Robert 锐化的 MATLAB 仿真结果，通过对比，符合预期。

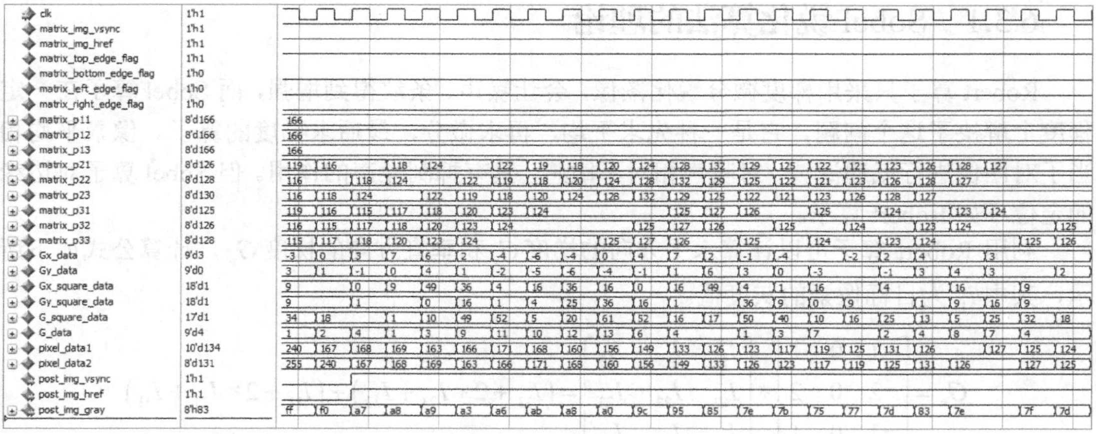

图 6.16　图像第 1 行 Robert 锐化的 ModelSim 仿真结果

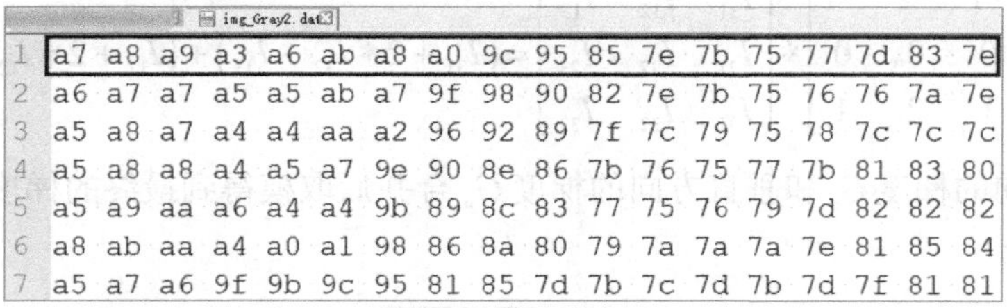

```
1  a7 a8 a9 a3 a6 ab a8 a0 9c 95 85 7e 7b 75 77 7d 83 7e
2  a6 a7 a7 a5 a5 ab a7 9f 98 90 82 7e 7b 75 76 76 7a 7e
3  a5 a8 a7 a4 a4 aa a2 96 92 89 7f 7c 79 75 78 7c 7c 7c
4  a5 a8 a8 a4 a5 a7 9e 90 8e 86 7b 76 75 77 7b 81 83 80
5  a5 a9 aa a6 a4 a4 9b 89 8c 83 77 75 76 79 7d 82 82 82
6  a8 ab aa a4 a0 a1 98 86 8a 80 79 7a 7a 7a 7e 81 85 84
7  a5 a7 a6 9f 9b 9c 95 81 85 7d 7b 7c 7d 7b 7d 7f 81 81
```

图 6.17　Robert 锐化的 MATLAB 仿真结果

此外，我们还可以分析仿真过程中的运算细节，Robert 锐化的 ModelSim 仿真结果，如图 6.18 所示。以图像第 1 行第 1 个 2×2 窗口的 Robert 锐化为例，将图中画框的数据依次代入 Robert 锐化的计算过程，可以验证仿真结果是符合预期的。更多关于 Robert 锐化的仿真细节，读者可自行分析。

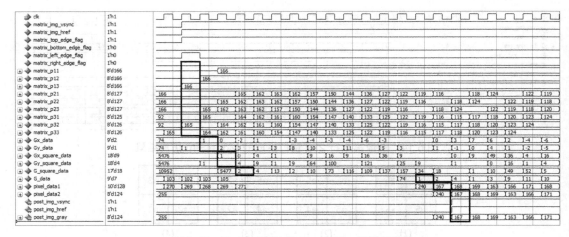

图 6.18　Robert 锐化的 ModelSim 仿真结果

6.3　Sobel 锐化算法的实现

6.3.1　Sobel 锐化算法的理论

Robert 算子只采用梯度微分锐化图像，会让噪声、条纹得到增强，而 Sobel 算子在一定程度上解决了这个问题，它是一种先求平均，再求微分，最后求梯度的算子。像素平均相当于对图像进行低通滤波，对噪声相对不敏感，具有抑制噪声的作用。但 Sobel 算子对边缘的定位不如 Robert 算子。

利用 Robert 算子可以计算水平方向的梯度 G_x 和垂直方向的梯度 G_y，计算公式如下所示，其中 I_{11} 为目标像素的灰度值。

$$G_x = \begin{bmatrix} -1 & 0 & 1 \\ -2 & 0 & 2 \\ -1 & 0 & 1 \end{bmatrix} * \begin{bmatrix} I_{11} & I_{12} & I_{13} \\ I_{21} & I_{22} & I_{23} \\ I_{31} & I_{32} & I_{33} \end{bmatrix} = (I_{13} + 2*I_{23} + I_{33}) + (I_{11} + 2*I_{21} + I_{31})$$

$$G_y = \begin{bmatrix} -1 & -2 & -1 \\ 0 & 0 & 0 \\ 1 & 2 & 1 \end{bmatrix} * \begin{bmatrix} I_{11} & I_{12} & I_{13} \\ I_{21} & I_{22} & I_{23} \\ I_{31} & I_{32} & I_{33} \end{bmatrix} = (I_{31} + 2*I_{32} + I_{33}) + (I_{11} + 2*I_{12} + I_{13})$$

将水平方向的梯度 G_x 和垂直方向的梯度 G_y 合并后取模得到最终的梯度 G，计算公式如下：

$$G = \sqrt{G_x^2 + G_y^2}$$

有时为了简化运算，可以用下面的计算公式来近似计算梯度。

$$G = |G_x| + |G_y|$$

6.3.2　Sobel 锐化的 MATLAB 实现

掌握了 Sobel 锐化的理论基础后，就可以编写 MATLAB 代码对 Sobel 锐化进行仿真了。本节创建函数 Sobel_Edge_Detector()，用于实现 Sobel 算子对图像进行边缘检测，相关代码如下所示（详见配套资料.\6.3_Sobel_Sharpen\Sobel_Edge_Detector.m）。

```
% 灰度图像 Sobel 边缘检测算法实现
% IMG 为输入的灰度图像
% Q 为输出的灰度图像
function Q = Sobel_Edge_Detector(IMG)

[h,w] = size(IMG);                  % 获取图像的高度 h 和宽度 w
Q = zeros(h,w);                     % 初始化 Q 为全 0 的 h*w 大小的图像


% ----------------------------------------------------------------
%       Wx              Wy               Pixel
% [ -1   0  +1 ]   [ -1 -2 -1]      [ P1  P2  P3]
% [ -2   0  +2 ]   [  0  0  0]      [ P4  P5  P6]
% [ -1   0  +1 ]   [ +1 +2 +1]      [ P7  P8  P9]
Wx = [-1,0,1;-2,0,2;-1,0,1];        % Weight x
Wy = [-1,-2,-1;0,0,0;1,2,1];        % Weight y

IMG = double(IMG);

for i = 1 : h
    for j = 1 : w
        if(i<2 || i>h-1 || j<2 || j>w-1)
            Q(i,j) = 0;                 % 边缘像素不处理
        else
            Gx = Wx(1,1)*IMG(i-1,j-1) + Wx(1,2)*IMG(i-1,j) + Wx(1,3)*IMG(i-1,j+1) +...
                 Wx(2,1)*IMG(i  ,j-1) + Wx(2,2)*IMG(i  ,j) + Wx(2,3)*IMG(i  ,j+1) +...
                 Wx(3,1)*IMG(i+1,j-1) + Wx(3,2)*IMG(i+1,j) + Wx(3,3)*IMG(i+1,j+1);
            Gy = Wy(1,1)*IMG(i-1,j-1) + Wy(1,2)*IMG(i-1,j) + Wy(1,3)*IMG(i-1,j+1) +...
                 Wy(2,1)*IMG(i  ,j-1) + Wy(2,2)*IMG(i  ,j) + Wy(2,3)*IMG(i  ,j+1) +...
                 Wy(3,1)*IMG(i+1,j-1) + Wy(3,2)*IMG(i+1,j) + Wy(3,3)*IMG(i+1,j+1);
            Q(i,j) = sqrt(Gx^2 + Gy^2);
        end
    end
end
Q=uint8(Q);
```

上述下画线部分为 Sobel 边缘检测的核心代码，首先获取以目标像素为中心的 3×3 窗

口像素，分别与水平方向、垂直方向的 Sobel 算子做卷积运算，得到两个方向的梯度 Gx 和 Gy；然后将梯度 Gx 和 Gy 合并取模得到最终的梯度 Q，即 Sobel 边缘检测的结果；最后，如果目标像素位于图像边界，则直接输出 0 作为 Sobel 边缘检测的结果。

另外需要注意的是，由于卷积运算结果可能存在负数，以及开方运算是浮点运算的情况，因此需要将图像 IMG 的数据类型由 uint8 转为 double；完成开方运算后，需要将图像 Q 的数据类型由 double 转为 uint8。

编写顶层 M 文件，读取 JPG 图像，将彩色图像转为灰度图像，调用 Sobel 边缘检测函数，将 Sobel 边缘检测结果与原始图像叠加得到 Sobel 锐化的图像，相关代码如下所示（详见配套资料.\6.3_Sobel_Sharpen\Sobel_Sharpen_Test.m）。

```
clear all; close all; clc;

% --------------------------------------------------------------
% Read PC image to MATLAB
IMG1 = imread('../../0_images/Lenna.jpg');    % 读取 JPG 图像
IMG1 = rgb2gray(IMG1);
h = size(IMG1,1);                             % 读取图像高度
w = size(IMG1,2);                             % 读取图像宽度
subplot(131);imshow(IMG1);title('【1】原图');

% --------------------------------------------------------------
IMG2 = Sobel_Edge_Detector(IMG1);
subplot(132);imshow(IMG2);title('【2】Sobel 边缘检测结果');

% --------------------------------------------------------------
IMG3 = IMG1 + IMG2;
subplot(133);imshow(IMG3);title('【3】Sobel 锐化图像');
```

执行顶层 M 文件可得到图 6.19 所示的 Sobel 边缘检测与锐化结果，其中图 6.19【2】是 Sobel 边缘检测的效果图，可以看出 Sobel 算子对边缘有较强的响应，与 Robert 算子相比，对边缘的响应更加强烈，得到的边缘比较粗，但边缘定位精度不够高；图 6.19【3】是原图与 Sobel 边缘检测结果叠加后的效果图，相比原图，边缘和细节更加突出，但图像有些失真。

图 6.19　Sobel 边缘检测与锐化结果

6.3.3　Sobel 锐化的 FPGA 实现

前面已经介绍了 Sobel 锐化算法的原理和 MATLAB 仿真，接下来对该算法进行 FPGA 实现。

通过在图像上进行滑窗处理可以获得以目标像素为中心的 3×3 窗口。生成 3×3 窗口的详细设计方案见 4.2.3 节。

获得 3×3 窗口后，就可以开始进行 Sobel 锐化处理了。Sobel 锐化处理分解为以下几步。

（1）分别计算水平方向梯度 Gx_data 和垂直方向梯度 Gy_data。

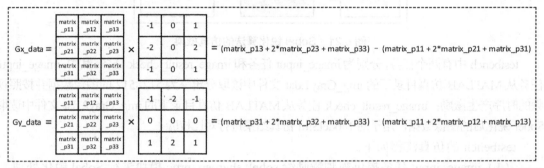

（2）将水平方向梯度 Gx_data 和垂直方向梯度 Gy_data 合并取模得到最终的梯度 G_data，即 Sobel 边缘检测的结果。

$$G\_data = \sqrt{Gx\_data^2 + Gy\_data^2}$$

（3）将梯度 G_data 与原始图像叠加得到 Sobel 锐化的图像。此外，还需要判断 3×3 窗口的中心像素是否位于图像边界。如果位于图像边界，则用 3×3 窗口的中心像素作为 Sobel 锐化的结果。

（4）Sobel 锐化图像的灰度值可能大于 255，为了防止数据溢出，如果灰度值大于 255，则令其等于 255。

根据上述描述的 Sobel 锐化的处理过程，采用流水方式对其进行设计，可以得到 Sobel 锐化在 FPGA 中的设计框图，如图 6.20 所示。Sobel 锐化实现的相关代码详见配套资料 .\6.3_Sobel_Sharpen\src\ sobel_sharpen_proc.v。

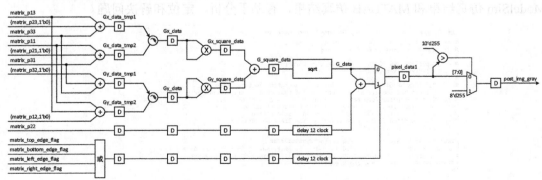

图 6.20　Sobel 锐化在 FPGA 中的设计框图

6.3.4 Sobel 锐化的 ModelSim 仿真

完成 Sobel 锐化算法的 FPGA 设计后，需要对其功能进行仿真验证，以确保设计功能与预期的一致。为了能够对设计进行仿真，需要搭建一个 testbench 仿真用例，为设计提供仿真激励和对设计的输出结果进行校验。Sobel 锐化算法的仿真框架，如图 6.21 所示。

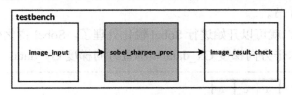

图 6.21 Sobel 锐化算法的仿真框架

testbench 中有两个任务，分别为 image_input 任务和 image_result_check 任务。其中，image_input 任务从 MATLAB 仿真目录下的 img_Gray1.dat 文件中读取分辨率为 512×512 的图像数据并按照视频的时序产生激励；image_result_check 任务从 MATLAB 仿真目录下的 img_Gray2.dat 文件中读取 Sobel 锐化后的图像数据，用于对 ModelSim 仿真结果进行对比校验。

testbench 的仿真流程如下。

（1）image_input 任务提供视频激励给 sobel_sharpen_proc 模块进行 Sobel 锐化处理。

（2）image_result_check 任务将 sobel_sharpen_proc 模块输出的 ModelSim 仿真结果与 MATLAB 仿真结果进行比较。

testbench 完整的代码详见配套资料.\6.3_Sobel_Sharpen\sim\testbench.sv。

用编辑器（如 notepad++）打开.\6.3_Sobel_Sharpen\sim\design_ver.f，添加需要进行仿真的 Verilog 设计文件，design_ver.f 添加 Verilog 设计文件，如图 6.22 所示。

```
design_ver.f
1   ../../src/Matrix_Generate_3X3_8Bit.v
2   ../../src/sobel_sharpen_proc.v
3   ../../src/sync_fifo.v
4   ../../src/sqrt.v
```

图 6.22 design_ver.f 添加 Verilog 设计文件

双击.\6.3_Sobel_Sharpen\sim\run.bat，开始执行仿真。如果仿真过程中发生错误，将出现类似于图 6.23 所示的 ModelSim 仿真打印信息，即打印错误结果的像素行位置、列位置；ModelSim 仿真结果和 MATLAB 仿真结果，有助于分析、定位和解决问题。

```
                                    \2_FPGA_Sim\6.3_Sobel_Sharpen\sim      —    □    ×
# ** Note: (vsim-3812) Design is being optimized...
# //  ModelSim SE-64 10.6d Feb 24 2018
# //
# //  Copyright 1991-2018 Mentor Graphics Corporation
# //  All Rights Reserved.
# //
# //  ModelSim SE-64 and its associated documentation contain trade
# //  secrets and commercial or financial information that are the property of
# //  Mentor Graphics Corporation and are privileged, confidential,
# //  and exempt from disclosure under the Freedom of Information Act,
# //  5 U.S.C. Section 552. Furthermore, this information
# //  is prohibited from disclosure under the Trade Secrets Act,
# //  18 U.S.C. Section 1905.
# //
###############image result check begin###############
# result error ---> row_num : 14;col_num : 11;pixel data : 89;reference data : 70
# result error ---> row_num : 40;col_num : 5;pixel data : 8d;reference data : 8e
###############image result check end###############
VSIM 2>
```

图 6.23 ModelSim 仿真打印信息

双击.\6.3_Sobel_Sharpen\sim\read_wave.bat，打开仿真波形文件，添加相关信号，可分析信号的时序及运算结果，定位问题和对设计进行修改。

图 6.24 所示为原始图像数据，即仿真输入激励源，用十六进制数表示。

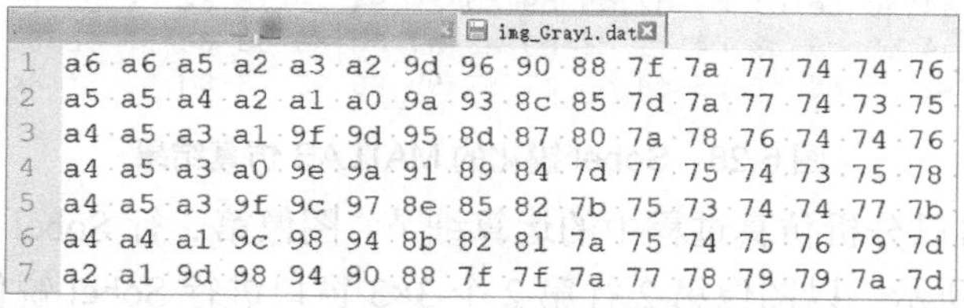

图 6.24　原始图像数据

图 6.25 所示为图像第 3 行 3×3 窗口生成的 ModelSim 仿真结果，图 6.26 所示为图像第 3 行前 3 个 3×3 窗口的仿真结果，其中阴影部分为有效数据，与图 6.24 所示的原始图像数据进行对比，符合预期。更多关于 3×3 窗口的仿真细节，读者可自行分析。

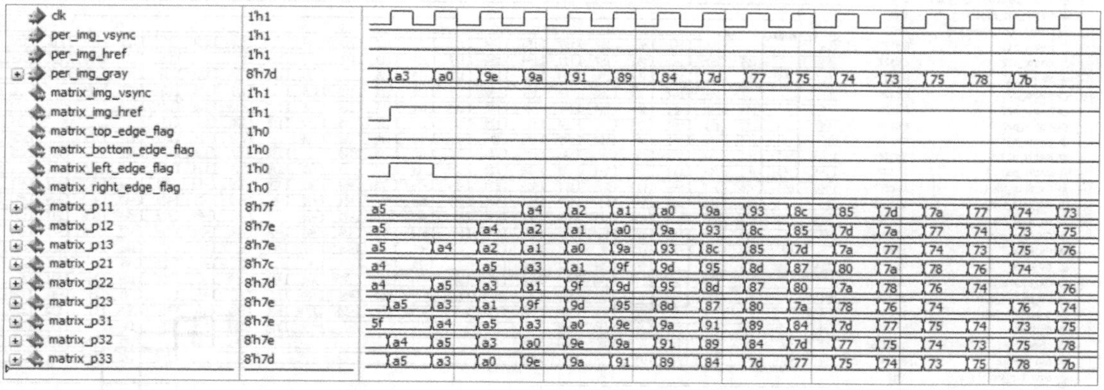

图 6.25　图像第 3 行 3×3 窗口生成的 ModelSim 仿真结果

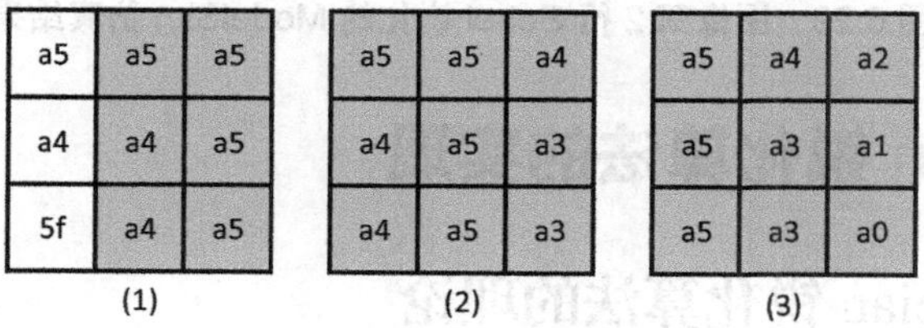

图 6.26　图像第 3 行前 3 个 3×3 窗口的仿真结果

图 6.27 所示为图像第 2 行 Sobel 锐化的 ModelSim 仿真结果，图 6.28 所示为 Sobel 锐化的 MATLAB 仿真结果，通过对比，符合预期。

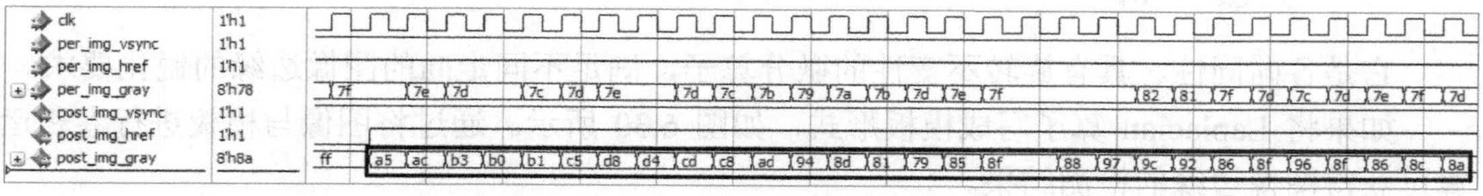

图 6.27　图像第 2 行 Sobel 锐化的 ModelSim 仿真结果

1	a6	a6	a5	a2	a3	a2	9d	96	90	88	7f	7a	77	74	74	76	7c	7c
2	a5	ac	b3	b0	b1	c5	d8	d4	cd	c8	ad	94	8d	81	79	85	8f	8f
3	a4	a9	b3	b3	b4	cc	dc	cf	c5	be	a5	91	8a	7c	80	86	86	90
4	a4	a9	b7	b6	ba	d1	db	c4	b8	b5	9d	89	7f	76	8b	9a	a5	9d
5	a4	ac	be	bf	c1	d2	d9	b9	ad	af	94	79	78	84	96	a2	9c	94
6	a4	b8	c8	c8	c4	cf	d6	b0	a3	a7	8c	85	8a	8c	95	9b	8e	8d
7	a2	bc	c8	c6	bf	c8	d0	a7	97	9b	88	92	93	8d	8c	8f	8c	93

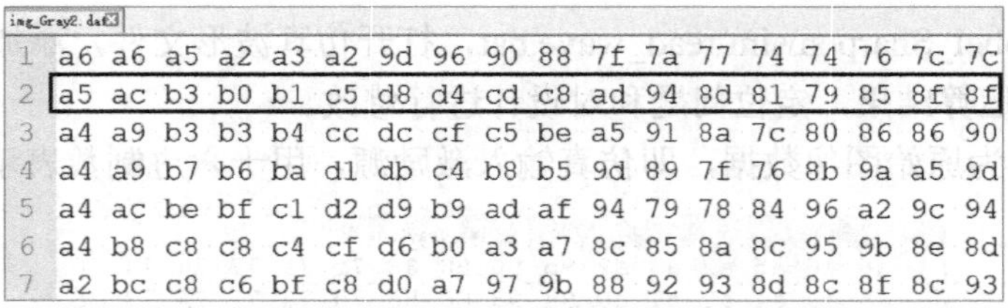

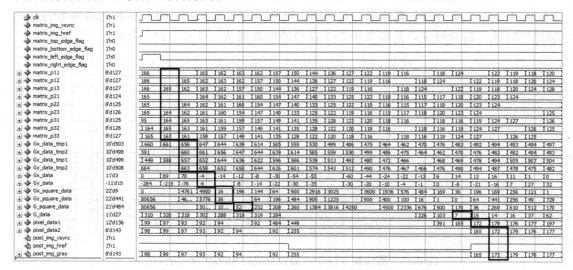

图 6.28 Sobel 锐化的 MATLAB 仿真结果

此外，我们还可以分析仿真过程中的运算细节，图像第 2 行 Sobel 锐化的 ModelSim 仿真结果，如图 6.29 所示。以图像第 2 行第 2 个 3×3 窗口进行 Sobel 锐化为例，将图中画框的数据依次代入 Sobel 锐化的计算过程，可以验证仿真结果是符合预期的。更多关于 Sobel 锐化的仿真细节，读者可自行分析。

图 6.29 图像第 2 行 Sobel 锐化的 ModelSim 仿真结果

6.4 Laplacian 锐化算法的实现

6.4.1 Laplacian 锐化算法的理论

将 Laplacian 算子定义为

$$\nabla^2 f = \frac{\partial^2 f}{\partial x^2} + \frac{\partial^2 f}{\partial y^2} = 4f(x,y) - \left[f(x-1,y) + f(x,y-1) + f(x,y+1) + f(x+1,y) \right]$$

它是各向同性、具有旋转不变性的微分算子，满足不同走向的图像边缘的锐化要求。

如果将 Laplacian 算子写成模板形式，如图 6.30 所示。通过将图像与模板进行卷积运算可获得图像边缘的检测结果。

0	-1	0
-1	4	-1
0	-1	0

图 6.30　Laplacian 算子的模板形式

有时为了改善锐化效果，可以脱离微分的计算原理，在原有算子的基础上，对模板系数进行改变，获得如图 6.31 所示的 Laplacian 变形算子的模板，它把源像素点和 8 邻域像素点都一起考虑进去了。

-1	-1	-1
-1	8	-1
-1	-1	-1

图 6.31　Laplacian 变形算子的模板

用 Laplacian 算子进行图像锐化的计算公式为

$$g(x,y) = f(x,y) + c\left[\nabla^2 f(x,y)\right]$$

式中，$f(x,y)$ 为输入图像；$g(x,y)$ 为输出图像。如果模板中心系数为正，则 c 为 1；如果模板中心系数为负，则 c 为 -1。

6.4.2　Laplacian 锐化的 MATLAB 实现

掌握了 Laplacian 锐化的理论基础后，就可以编写 MATLAB 代码对 Laplacian 锐化进行仿真了。本节创建函数 Laplacian_Edge_Detector()用于实现 Laplacian 算子对图像进行边缘检测，相关代码如下所示（详见配套资料.\6.4_Laplacian_Sharpen\Laplacian_Edge_Detector.m）。

```
% 灰度图像 Laplacian 边缘检测算法实现
% IMG 为输入的灰度图像
% Q 为输出的灰度图像
function Q = Laplacian_Edge_Detector(IMG)

[h,w] = size(IMG);              % 获取图像的高度 h 和宽度 w
Q = zeros(h,w);                 % 初始化 Q 为全 0 的 h*w 大小的图像


% ------------------------------------------------------------------
%        W                    Pixel
% [  0  -1   0 ]       [ P1  P2  P3]
% [ -1   4  -1 ]       [ P4  P5  P6]
% [  0  -1   0 ]       [ P7  P8  P9]
W = [0,-1,0;-1,4,-1;0,-1,0];    % Weight
```

```
IMG = double(IMG);

for i = 1 : h
    for j = 1 : w
        if(i<2 || i>h-1 || j<2 || j>w-1)
            Q(i,j) = 0;                          % 边缘像素不处理
        else
            Q(i,j) = W(1,1)*IMG(i-1,j-1) + W(1,2)*IMG(i-1,j) + W(1,3)*IMG(i-1,j+1) +...
                     W(2,1)*IMG(i  ,j-1) + W(2,2)*IMG(i  ,j) + W(2,3)*IMG(i  ,j+1) +...
                     W(3,1)*IMG(i+1,j-1) + W(3,2)*IMG(i+1,j) + W(3,3)*IMG(i+1,j+1);
        end
    end
end
```

上述下画线部分为 Laplacian 边缘检测的核心代码，获取以目标像素为中心的 3×3 窗口的像素，与 3×3 算子做卷积运算，得到 Laplacian 边缘检测的结果。如果目标像素位于图像的边界，则直接输出 0 作为 Laplacian 边缘检测的结果。

另外需要注意的是，由于卷积运算的结果可能存在负数，因此可以将图像 IMG 的数据类型由 uint8 转为 double；完成运算后，将图像 Q 的数据类型由 double 转为 uint8。

编写顶层 M 文件，读取 JPG 图像，将彩色图像转为灰度图像，调用 Laplacian 边缘检测函数，将边缘检测结果与原始图像叠加得到 Laplacian 锐化图像，相关代码如下所示（详见配套资料.\6.4_Laplacian_Sharpen\Laplacian_Sharpen_Test.m）。

```
clear all; close all; clc;

% --------------------------------------------------------------------
% Read PC image to MATLAB
IMG1 = imread('../../0_images/Lenna.jpg');      % 读取 JPG 图像
IMG1 = rgb2gray(IMG1);
h = size(IMG1,1);                               % 读取图像高度
w = size(IMG1,2);                               % 读取图像宽度
subplot(131);imshow(IMG1);title('【1】原图');

% --------------------------------------------------------------------
IMG2 = Laplacian_Edge_Detector(IMG1);
subplot(132);imshow(uint8(abs(IMG2)));title('【2】Laplacian 边缘检测结果');

% --------------------------------------------------------------------
IMG3 = uint8(double(IMG1) + IMG2);
subplot(133);imshow(IMG3);title('【3】Laplacian 锐化图像');
```

执行顶层 M 文件可得到图 6.32 所示的 Laplacian 边缘检测与锐化结果，其中图 6.32【2】是 Laplacian 边缘检测的效果图，利用 Laplacian 算子可以获得比较细致的边界，反映了边界的许多细节信息，但反映的边界信息不是很清晰，有时会丢失一部分边缘的方向信

息，造成不连续的检测边缘；图 6.32【3】是原图与 Laplacian 边缘检测结果叠加后的效果图，相比原图，边缘和细节更加突出、更加清晰。

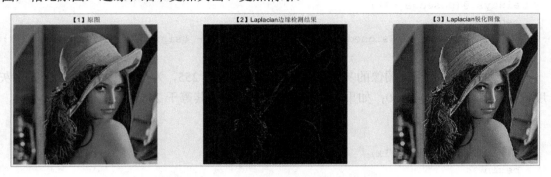

图 6.32　Laplacian 边缘检测与锐化结果

6.4.3　Laplacian 锐化的 FPGA 实现

前面已经介绍了 Laplacian 锐化算法的原理和 MATLAB 仿真，接下来对该算法进行 FPGA 实现。

通过在图像上进行滑窗处理可以获得以目标像素为中心的 3×3 窗口。生成 3×3 窗口的详细设计方案见 4.2.3 节。

获得 3×3 窗口后，就可以开始进行 Laplacian 锐化处理了。Laplacian 锐化处理分解为以下几步。

（1）将 3×3 窗口的像素与 Laplacian 算子进行卷积运算得到边缘检测结果，再与原始图像叠加得到 Laplacian 锐化的图像，如下所示。

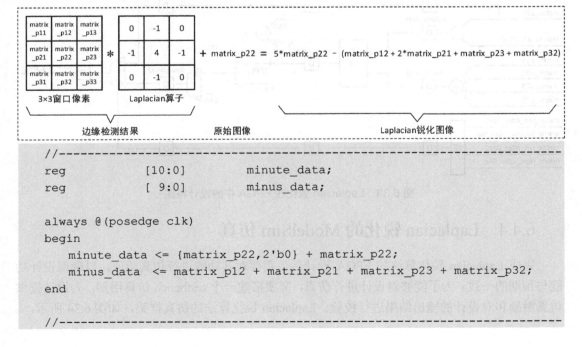

```
//--------------------------------------------------------------
reg             [10:0]        minute_data;
reg             [ 9:0]        minus_data;


always @(posedge clk)
begin
    minute_data <= {matrix_p22,2'b0} + matrix_p22;
    minus_data  <= matrix_p12 + matrix_p21 + matrix_p23 + matrix_p32;
end

//--------------------------------------------------------------
```

```
reg signed        [11:0]            pixel_data1;

always @(posedge clk)
begin
   pixel_data1 <= $signed({1'b0,minute_data}) - $signed({1'b0,minus_data});
end
```

（2）Lapalcian 锐化图像的灰度值可能小于 0 或大于 255，为了防止数据溢出，如果灰度值小于 0，则令其等于 0；如果灰度值大于 255，则令其等于 255，相关代码如下所示。

```
reg               [7:0]            pixel_data2;

always @(posedge clk)
begin
   if(pixel_data1[11] == 1'b1)
      pixel_data2 <= 8'b0;
   else if(pixel_data1[10:8] != 3'b0)
      pixel_data2 <= 8'd255;
   else
      pixel_data2 <= pixel_data1[7:0];
end
```

（3）判断 3×3 窗口的中心像素是否位于图像边界，如果位于图像边界，则用 3×3 窗口的中心像素作为 Laplacian 锐化处理的结果。

根据上述描述的 Laplacian 锐化的处理过程，采用流水方式对其进行设计，可以得到 Laplacian 锐化在 FPGA 中的设计框图，如图 6.33 所示。Laplacian 锐化实现的相关代码详见配套资料.\6.4_Laplacian_Sharpen\src\laplacian_sharpen_proc.v。

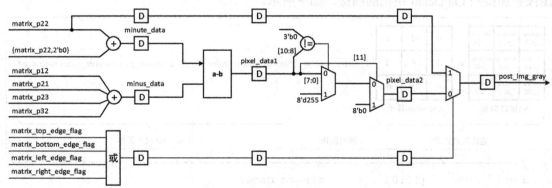

图 6.33　Laplacian 锐化在 FPGA 中的设计框图

6.4.4　Laplacian 锐化的 ModelSim 仿真

完成 Laplacian 锐化算法的 FPGA 设计后，需要对其功能进行仿真验证，以确保设计功能与预期的一致。为了能够对设计进行仿真，需要搭建一个 testbench 仿真用例，为设计提供仿真激励和对设计的输出结果进行校验。Laplacian 锐化算法的仿真框架，如图 6.34 所示。

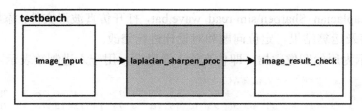

图 6.34　Laplacian 锐化算法的仿真框架

testbench 中有两个任务，分别为 image_input 任务和 image_result_check 任务。其中，image_input 任务从 MATLAB 仿真目录下的 img_Gray1.dat 文件中读取分辨率为 512×512 的图像数据并按照视频的时序产生激励；image_result_check 任务从 MATLAB 仿真目录下的 img_Gray2.dat 文件中读取 Laplacian 锐化后的图像数据，用于对 ModelSim 仿真结果进行对比校验。

testbench 的仿真流程如下。

（1）image_input 任务提供视频激励给 laplacian_sharpen_proc 模块进行 Laplacian 锐化处理。

（2）image_result_check 任务将 laplacian_sharpen_proc 模块输出的 ModelSim 仿真结果与 MATLAB 仿真结果进行比较。

testbench 完整的代码详见配套资料.\6.4_Laplacian_Sharpen\sim\testbench.sv。

用编辑器（如 notepad++）打开.\6.4_Laplacian_Sharpen\sim\design_ver.f，添加需要进行仿真的 Verilog 设计文件，design_ver.f 添加 Verilog 设计文件，如图 6.35 所示。

```
1  ../../src/laplacian_sharpen_proc.v
2  ../../src/Matrix_Generate_3X3_8Bit.v
3  ../../src/sync_fifo.v
```

图 6.35　design_ver.f 添加 Verilog 设计文件

双击.\6.4_Laplacian_Sharpen\sim\run.bat，开始执行仿真。如果仿真过程中发生错误，将出现类似于图 6.36 所示的 ModelSim 仿真打印信息，即打印错误结果的像素行位置、列位置；ModelSim 仿真结果和 MATLAB 仿真结果，有助于分析、定位和解决问题。

```
C:\...                    2_FPGA_Sim\6.4_Laplacian_Sharpen\sim          —    □    ×
# //  ModelSim SE-64 10.6d Feb 24 2018
# //
# //  Copyright 1991-2018 Mentor Graphics Corporation
# //  All Rights Reserved.
# //
# //  ModelSim SE-64 and its associated documentation contain trade
# //  secrets and commercial or financial information that are the property of
# //  Mentor Graphics Corporation and are privileged, confidential,
# //  and exempt from disclosure under the Freedom of Information Act,
# //  5 U.S.C. Section 552. Furthermore, this information
# //  is prohibited from disclosure under the Trade Secrets Act,
# //  18 U.S.C. Section 1905.
# //
##############image result check begin##############
# result error ---> row_num : 11;col_num : 10;pixel data : 74;reference data : 75
# result error ---> row_num : 26;col_num : 17;pixel data : 7f;reference data : 80
##############image result check end##############
VSIM 2>
```

图 6.36　ModelSim 仿真打印信息

双击.\6.4_Laplacian_Sharpen\sim\read_wave.bat，打开仿真波形文件，添加相关信号，可分析信号的时序及运算结果，定位问题和对设计进行修改。

图 6.37 所示为原始图像数据，即仿真输入激励源，用十六进制数表示。

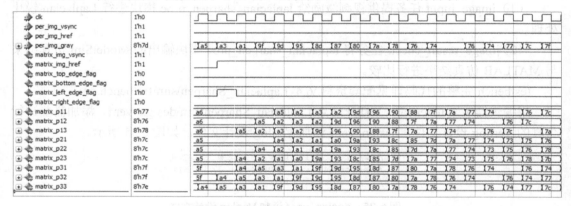

图 6.37　原始图像数据

图 6.38 所示为图像第 2 行 3×3 窗口生成的 ModelSim 仿真结果，图 6.39 所示为图像第 2 行前 3 个 3×3 窗口的仿真结果，其中阴影部分为有效数据，与图 6.37 所示的原始图像数据进行对比，符合预期。更多关于 3×3 窗口的仿真细节，读者可自行分析。

图 6.38　图像第 2 行 3×3 窗口生成的 ModelSim 仿真结果

a6	a6	a6
a5	a5	a5
5f	a4	a5

(1)

a6	a6	a5
a5	a5	a4
a4	a5	a3

(2)

a6	a5	a2
a5	a4	a2
a5	a3	a1

(3)

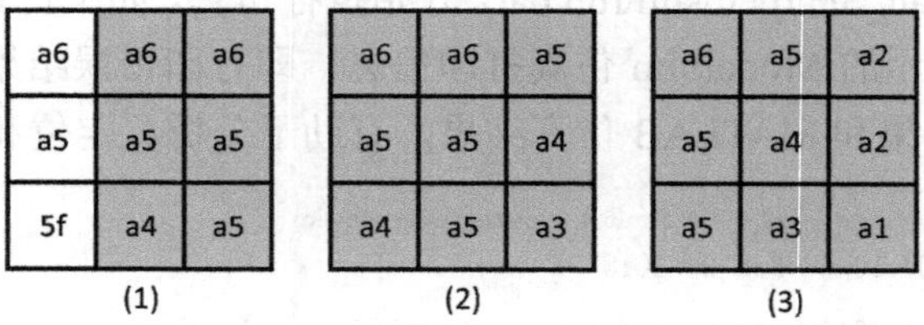

图 6.39　图像第 2 行前 3 个 3×3 窗口的仿真结果

图 6.40 所示为图像第 2 行 Laplacian 锐化的 ModelSim 仿真结果，图 6.41 所示为 Laplacian 锐化的 MATLAB 仿真结果，通过对比，符合预期。

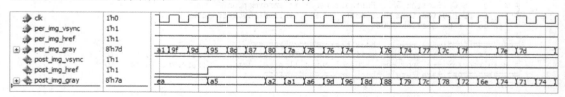

图 6.40　图像第 2 行 Laplacian 锐化的 ModelSim 仿真结果

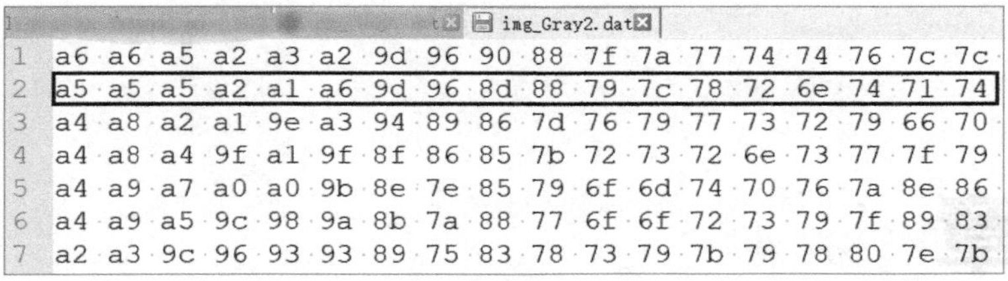

图 6.41　Laplacian 锐化的 MATLAB 仿真结果

　　此外，我们还可以分析仿真过程中的运算细节，图像第 2 行 Laplacian 锐化的 ModelSim 仿真结果，如图 6.42 所示。以图像第 2 行第 4 个 3×3 窗口进行 Laplacian 锐化为例，将图中画框的数据依次代入 Laplacian 锐化的计算过程，可以验证仿真结果是符合预期的。更多关于 Laplacian 锐化的仿真细节，读者可自行分析。

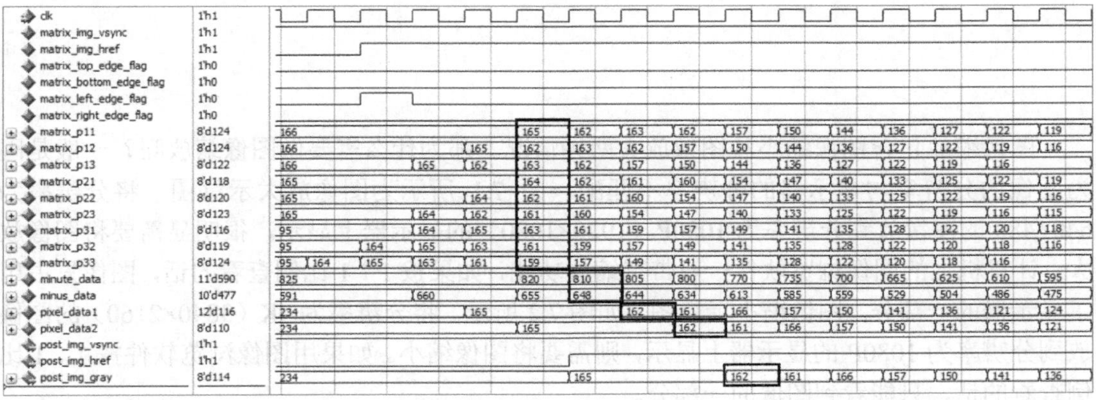

图 6.42　图像第 2 行 Laplacian 锐化的 ModelSim 仿真结果

第 7 章
常用图像缩放算法介绍及 MATLAB 与 FPGA 实现

图像缩放包含图像缩小和图像放大两种情况。那为什么需要做图像缩放呢？一般是因为图像的分辨率与显示器的分辨率不匹配。图 7.1 所示为图像放大示意图。将分辨率为 640×480 的图像放到分辨率为 1080P（1920×1080）的显示器上显示，很明显需要将图像放大。计算机上的图像浏览软件一般带有缩放功能，如果按 1∶1 比例查看的话，图像只占用了显示器的一部分。图像缩小示意图，如图 7.2 所示。将分辨率为 4K（3840×2160）的图像放到分辨率为 1080P 的显示器上显示，则需要将图像缩小。如果用图像浏览软件按 1∶1 比例查看的话，只能看到图像的一部分。

（a）按原比例显示图像

（b）放大图像并全屏显示

图 7.1　图像放大示意图

注：显示器分辨率为 1080p，图片分辨率为 640×480

（a）按原比例显示图像

（b）缩小图像并全屏显示

图 7.2　图像缩小示意图

注：显示器分辨率为 1080p，图片分辨率为 4k

　　图像缩放是指图像的尺寸变小或者变大的过程，即增加或者减少原始图像像素的个数。缩小图像的主要目的有两个：一是使图像符合显示区域的大小；二是生成对应图像的缩略图。放大图像的主要目的是放大原始图像，使其可以显示在更高分辨率的显示设备上。

　　除了适应显示区域而缩小图像外，图像缩小技术更多的是被用来产生预览图像；图像放大技术一般被用来令一个较小的图像填充一个较大的屏幕。当放大一张图像时，由于不能获得更多的细节，所以图像的质量将不可避免地下降，不过也有很多技术可以保证在放大图像时，图像的质量不变。

　　图像缩放算法种类较多，几乎都是通过图像插值算法实现的，在传统图像插值算法中，主要有最近邻插值算法、双线性插值算法和双三次插值算法。最近邻插值算法比较简单，容易实现，但该算法会在新图像中产生明显的锯齿边缘和马赛克现象；双线性插值算法具有平滑功能，能有效地克服最近邻插值算法的不足，边缘处的过渡比较自然，不会出现像素值不连续的情况。因此，缩放后的图像质量较高，但计算量较大，且会退化图像的高频部分，使图像细节变模糊。所以，在对图像边缘质量要求不是非常高的情况下，双线性插值算法是完全可以接受的；双三次插值算法计算量要比双线性插值算法大很多，但精度高，能保持较好的图像边缘细节。这些插值算法可以使插值生成的像素灰度值延续原始图像灰度变化的连续性，从而使放大图像浓淡变化、自然平滑。但在图像中，有些像素与相邻像素间的灰度值存在突变，即存在灰度变化的不连续性。这些具有灰度值突变的像素就是图像中描述对象的轮廓或纹理图像的边缘像素。在图像放大过程中，对这些具有不连续灰度特性的像素，如果采用传统的插值算法生成新增加的像素，势必会使放大图像的轮廓和纹理模糊，降低图像质量。为了提高图像质量，在本章最后介绍了基于深度学习的缩放算法。

7.1　最近邻插值算法的实现

7.1.1　最近邻插值算法的理论

　　最近邻插值算法是一种简单的插值算法，其示意图，如图 7.3 所示。计算点 $P(x,y)$ 与邻近 4 个点 $A(x_1,y_1)$、$B(x_2,y_2)$、$C(x_3,y_3)$、$D(x_4,y_4)$ 的距离，并将与点 $P(x,y)$ 最近的整数坐标点 $A(x_1,y_1)$ 的灰度值作为点 $P(x,y)$ 的灰度近似值。在点 $P(x,y)$ 各相邻像素间灰度值变化较小时，最近邻插值算法是一种简单、快速的算法，但当点 $P(x,y)$ 各相邻像素间灰度值差异较大时，这种灰度估值方法会产生较大的误差，甚至可能影响图像质量。最近邻插值算法的图像效果，如图 7.4 所示。原始图像经过 1.5 倍的最近邻插值算法后，图像的边缘锯齿明显被放大了。

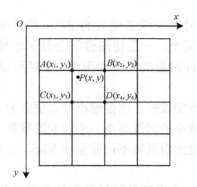

图 7.3　最近邻插值算法示意图

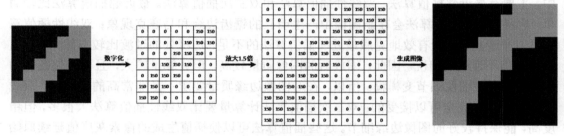

图 7.4　最近邻插值算法的图像效果

7.1.2　最近邻插值的 MATLAB 实现

基于最近邻插值算法的理论，利用 MATLAB 软件对其进行仿真，创建函数 Nearest_Interpolation()用于实现对图像的最近邻插值，即实现对图像的缩放，相关代码如下所示（详见配套资料.\7.1_Nearest_Interpolation\Nearest_Interpolation.m）。

```
function [img2] = Nearest_Interpolation(img1,h1,w1,h2,w2)

x_ratio = w1/w2;
y_ratio = h1/h2;

for i = 1 : h2
    y = 1+round((i-1)*y_ratio);
    for j = 1 : w2
        x = 1+round((j-1)*x_ratio);
        img2(i,j) = img1(y,x);
    end
end
```

上述代码中，首先，计算原始图像与放大后的图像在水平方向和垂直方向的比率（即步进）x_ratio 和 y_ratio；其次，根据比率 x_ratio 和 y_ratio，计算放大后的图像坐标(i, j)到原始图像坐标(y, x)的映射；最后，将原始图像中的灰度值 img1(y, x)作为放大后图像的近似灰度值 img2(i, j)。

为了适配后续 FPGA 对最近邻插值算法的实现，需要将浮点运算转为定点运算，即将水平方向比率 x_ratio 和垂直方向比率 y_ratio 的精度定标为 16 位小数，相关代码如下所示（详见配套资料.\7.1_Nearest_Interpolation\ Nearest_Interpolation_Int.m）。

```
x_ratio = floor(w1/w2*2^16)/2^16;
y_ratio = floor(h1/h2*2^16)/2^16;
```

编写顶层 M 文件，读取 JPG 图像，将彩色图像转为灰度图像，调用 MATLAB 自带最近邻插值函数，以及手动编写最近邻插值浮点函数和最近邻插值定点函数，相关代码如下所示（详见配套资料.\7.1_Nearest_Interpolation\ Nearest_Interpolation_Test.m）。

```
clear all; close all; clc;

% ----------------------------------------------------------------------
% Read PC image to MATLAB
IMG1= imread('../../0_images/Scart.jpg');        % 读取 JPG 图像
IMG1 = rgb2gray(IMG1);
h1 = size(IMG1,1);              % 读取图像高度
w1 = size(IMG1,2);              % 读取图像宽度
h2 = 768;                       % 放大后的图像高度
w2 = 1024;                      % 放大后的图像宽度


% ----------------------------------------------------------------------
IMG2 = imresize(IMG1,[h2 w2],'nearest');

figure
imshowpair(IMG1,IMG2,'montage');
title('左图：原图(640*480)    右图：MATLAB 自带最近邻插值放大结果(1024*768)');


% ----------------------------------------------------------------------
IMG3 = Nearest_Interpolation(IMG1,h1,w1,h2,w2);

figure
imshowpair(IMG1,IMG3,'montage');
title('左图：原图(640*480)    右图：手动编写最近邻插值放大结果(浮点)(1024*768)');


% ----------------------------------------------------------------------
IMG4 = Nearest_Interpolation_Int(IMG1,h1,w1,h2,w2);

figure
imshowpair(IMG1,IMG4,'montage');
title('左图：原图(640*480)    右图：手动编写最近邻插值放大结果(定点)(1024*768)');


% ----------------------------------------------------------------------
% Generate image Source Data and Target Data
Gray2Gray_Data_Gen(IMG1,IMG4);
```

执行顶层 M 文件，得到原图与 MATLAB 自带最近邻插值函数、手动编写最近邻插值

浮点函数、手动编写最近邻插值定点函数的放大结果对比，如图 7.5～图 7.7 所示。通过对比可以发现，MATLAB 自带最近邻插值函数、手动编写最近邻插值浮点函数和手动编写最近邻插值定点函数对图像的处理效果基本一致。

图 7.5　原图与 MATLAB 自带最近邻插值函数的放大结果对比

图 7.6　原图与手动编写最近邻插值浮点函数的放大结果对比

图 7.7　原图与手动编写最近邻插值定点函数的放大结果对比

7.1.3　最近邻插值的 FPGA 实现

前面已经介绍了最近邻插值放大算法的原理和 MATLAB 仿真，接下来对该算法进行 FPGA 实现。最近邻插值放大算法的实现分解为以下几步。

（1）对原始图像进行行缓存。

由于最近邻插值放大算法需要从原始图像的近邻 4 个像素中选择其中 1 个作为放大后图像的像素，因此至少需要缓存两行的像素。本设计使用双端口 BRAM 对原始图像进行行缓存。已知原始图像的分辨率为 640×480，即 1 行有 640 个像素，因此缓存 1 行像素至少需要 640 个 BRAM 的地址空间。为了简化 BRAM 地址的计算，BRAM 为每行像素开辟了 1024 个地址空间。从另一个角度来说，BRAM 可用于缓存行像素数量在 1024 以内的图像。最后将 BRAM 的深度定义为 4096，即 BRAM 最多可以缓存 4 行的像素。另外，因为图像像素的位宽为 8bit，所以将 BRAM 的数据位宽定义为 8bit。BRAM 的地址空间分配示意图，如图 7.8 所示。

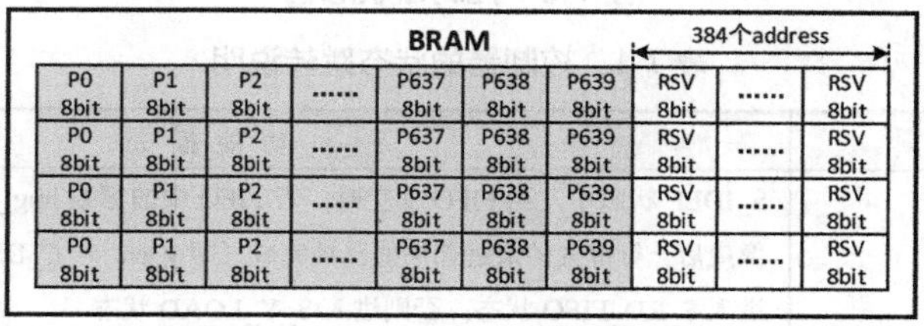

				BRAM			384个address		
P0 8bit	P1 8bit	P2 8bit	......	P637 8bit	P638 8bit	P639 8bit	RSV 8bit	......	RSV 8bit
P0 8bit	P1 8bit	P2 8bit	......	P637 8bit	P638 8bit	P639 8bit	RSV 8bit	......	RSV 8bit
P0 8bit	P1 8bit	P2 8bit	......	P637 8bit	P638 8bit	P639 8bit	RSV 8bit	......	RSV 8bit
P0 8bit	P1 8bit	P2 8bit	......	P637 8bit	P638 8bit	P639 8bit	RSV 8bit	......	RSV 8bit

图 7.8　BRAM 的地址空间分配示意图

将原始图像存入 BRAM 之前，需要产生相应的 BRAM 地址。根据原始图像的场信号 per_img_vsync 和行信号 per_img_href，对原始图像进行列统计 img_hs_cnt∈[0,C_SRC_IMG_WIDTH−1]和行统计 img_vs_cnt∈[0,C_SRC_IMG_HEIGHT−1]，其中 C_SRC_IMG_WIDTH 和 C_SRC_IMG_HEIGHT 分别表示原始图像的宽度和高度。BRAM 地址的计算公式如下所示，其中 img_hs_cnt 用于产生行内像素的地址；img_vs_cnt[1:1]用于产生不同行的基地址。

$$\text{bram\_a\_waddr} = \{\text{img\_vs\_cnt}[1:0], 10'b0\} + \text{img\_hs\_cnt}$$

（2）当每行像素缓存到 BRAM 后，将行统计 img_vs_cnt 作为标签存入异步 FIFO 中。后续进行最近邻插值放大时，会根据该标签判断 BRAM 中是否已经缓存了插值所需要的两行像素。

（3）在进行最近邻插值放大之前，需要计算原始图像与目标图像在水平方向和垂直方向上的比率（即目标图像映射到原始图像的坐标步进）C_X_RATIO 和 C_Y_RATIO。已知原始图像的分辨率为 640×480、目标图像的分辨率为 1024×768，且要求将比率定标为 16 位小数，故 C_X_RATIO 和 C_Y_RATIO 的计算结果如下：

$$\text{C\_X\_RATIO} = \text{floor}\left(\frac{\text{C\_SRC\_IMG\_WIDTH}}{\text{C\_DST\_IMG\_WIDTH}} \times 2^{16}\right) = \text{floor}\left(\frac{640}{1024} \times 2^{16}\right) = 40960$$

$$\text{C\_Y\_RATIO} = \text{floor}\left(\frac{\text{C\_SRC\_IMG\_HEIGHT}}{\text{C\_DST\_IMG\_HEIGHT}} \times 2^{16}\right) = \text{floor}\left(\frac{480}{768} \times 2^{16}\right) = 40960$$

（4）目标图像的坐标(y_cnt, x_cnt)及目标图像映射到原始图像的坐标(y_dec, x_dec)均由控制器负责完成。图 7.9 所示为控制器状态机，控制器的状态跳转说明，如表 7.1 所示。

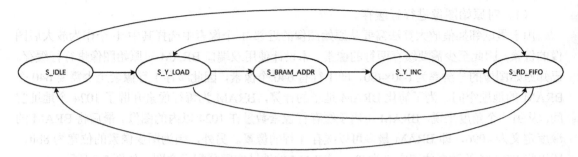

图 7.9　控制器状态机

表 7.1　控制器的状态跳转说明

状 态 名	功 能 描 述
S_IDLE	S_IDLE 状态中，当 FIFO 非空时，若 FIFO 中的标签 img_vs_cnt 不为 0，且目标图像最后一行像素的最近邻插值已经完成（即 y_cnt == C_DST_IMG_HEIGHT），则进入 S_RD_FIFO 状态；否则进入 S_Y_LOAD 状态
S_Y_LOAD	S_Y_LOAD 状态中，对目标图像映射到原始图像的 Y 坐标 y_dec 进行四舍五入计算。由于 y_dec[26:16] 是整数部分，y_dec[15:0] 是小数部分，故四舍五入结果为 y_dec[26:16]+ y_dec[15:0]。若结果小于等于 img_vs_cnt，则说明 BRAM 已经缓存了插值所需要的两行像素，进入 S_BRAM_ADDR 状态；否则进入 S_RD_FIFO 状态
S_BRAM_ADDR	S_BRAM_ADDR 状态中，生成目标图像的 X 坐标 x_cnt、目标图像映射到原始图像的 X 坐标 x_dec，完成后进入 S_Y_INC 状态
S_Y_INC	S_Y_INC 状态中，生成目标图像的 Y 坐标 y_cnt、目标图像映射到原始图像的 Y 坐标 y_dec，若 y_cnt 等于目标图像最后一行 C_DST_IMG_HEIGHT−1 时，则进入 S_RD_FIFO 状态；否则，进入 S_Y_LOAD 状态
S_RD_FIFO	S_RD_FIFO 状态中，将 FIFO 中的标签读出，进入 S_IDLE 状态

（5）对 y_dec 和 x_dec 进行四舍五入运算，得到距离近邻 4 个像素中最近的像素的坐标(y_int_c1, x_int_c1)，如下所示。

```
reg              [10:0]         x_int_c1;
reg              [10:0]         y_int_c1;

always @(posedge clk_in2)
begin
    x_int_c1 <= x_dec[26:16] + x_dec[15];
    y_int_c1 <= y_dec[26:16] + y_dec[15];
end
```

（6）将最近邻像素的坐标(y_int_c1, x_int_c1)转为 BRAM 的读地址，如下所示，从 BRAM 中读取该坐标的灰度值，作为目标图像坐标(y_cnt, x_cnt)的灰度值。

```
always @(posedge clk_in2)
begin
    bram_b_raddr <= {y_int_c1[1:0],10'b0} + x_int_c1;
end
```

根据上述描述的最近邻插值放大算法的处理过程，可以得到最近邻插值放大算法在 FPGA 中的设计框图，如图 7.10 所示。最近邻插值模块实现的相关代码详见配套资料.\7.1_Nearest_Interpolation\src\ nearest_interpolation.v。

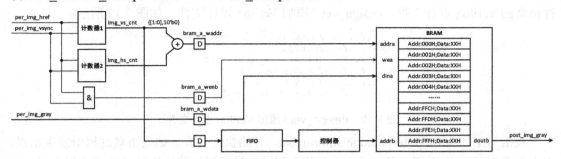

图 7.10　最近邻插值放大算法在 FPGA 中的设计框图

最后有一点需要说明的是，原始图像的时钟频率 F1 与目标图像的时钟频率 F2 必须满足以下关系，才能确保实时处理，否则将导致 BRAM 中的旧数据被新数据覆盖，以及 FIFO 溢出等错误或异常情况。

$$\frac{1}{F1} \cdot C\_SRC\_IMG\_WIDTH \cdot C\_SRC\_IMG\_HEIGHT \geqslant \frac{1}{F2} \cdot C\_DST\_IMG\_WIDTH \cdot C\_DST\_IMG\_HEIGHT$$

7.1.4　最近邻插值的 ModelSim 仿真

完成最近邻插值算法的 FPGA 设计后，需要对其功能进行仿真验证，以确保设计功能与预期的一致。为了能够对设计进行仿真，需要搭建一个 testbench 仿真用例，为设计提供仿真激励和对设计的输出结果进行校验。最近邻插值算法的仿真框架，如图 7.11 所示。

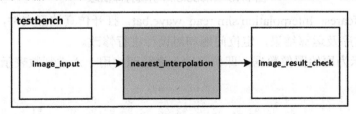

图 7.11　最近邻插值算法的仿真框架

testbench 中有两个任务，分别为 image_input 任务和 image_result_check 任务。其中，image_input 任务从 MATLAB 仿真目录下的 img_Gray1.dat 文件中读取分辨率为 640×480 的图像数据并按照视频的时序产生激励；image_result_check 任务从 MATLAB 仿真目录下的 img_Gray2.dat 文件中读取分辨率为 1024×768 的最近邻插值后的图像数据，用于对 ModelSim 仿真结果进行对比校验。

testbench 的仿真流程如下。

（1）image_input 任务提供视频激励给 nearest_interpolation 模块进行最近邻插值计算。

（2）image_result_check 任务将 nearest_interpolation 模块输出的 ModelSim 仿真结果与

MATLAB 仿真结果进行比较。

testbench 完整的代码详见配套资料.\7.1_Nearest_Interpolation\sim\testbench.sv。

用编辑器（如 notepad++）打开.\7.1_Nearest_Interpolation\sim\design_ver.f，添加需要进行仿真的 Verilog 设计文件，design_ver.f 添加 Verilog 设计文件，如图 7.12 所示。

```
1  ../../src/asyn_fifo.v
2  ../../src/bin2gray.v
3  ../../src/bram_ture_dual_port.v
4  ../../src/double_syn_ff.v
5  ../../src/gray2bin.v
6  ../../src/nearest_interpolation.v
```

图 7.12   design_ver.f 添加 Verilog 设计文件

双击.\7.1_Nearest_Interpolation\sim\run.bat，开始执行仿真。如果仿真过程中发生错误，将出现类似于图 7.13 所示的 ModelSim 仿真打印信息，即打印错误结果的像素行位置、列位置；ModelSim 仿真结果和 MATLAB 仿真结果，有助于分析、定位和解决问题。

```
C:\                                    \2_FPGA_Sim\7.1_Nearest_Interpolation\sim        —    □    ×
# //
# //   ModelSim SE-64 10.6d Feb 24 2018
# //
# //   Copyright 1991-2018 Mentor Graphics Corporation
# //   All Rights Reserved.
# //
# //   ModelSim SE-64 and its associated documentation contain trade
# //   secrets and commercial or financial information that are the property of
# //   Mentor Graphics Corporation and are privileged, confidential,
# //   and exempt from disclosure under the Freedom of Information Act,
# //   5 U.S.C. Section 552. Furthermore, this information
# //   is prohibited from disclosure under the Trade Secrets Act,
# //   18 U.S.C. Section 1905.
# //
###############image result check begin###############
# result error ---> row_num : 18;col_num : 12;pixel data : 93;reference data : 94
# result error ---> row_num : 58;col_num : 26;pixel data : 97;reference data : 87
###############image result check end###############
VSIM 2>
```

图 7.13   ModelSim 仿真打印信息

双击.\7.1_Nearest_Interpolation\sim\read_wave.bat，打开仿真波形文件，添加相关信号，可分析信号的时序及运算结果，定位问题和对设计进行修改。

图 7.14 所示为原始图像数据，即仿真输入激励源，用十六进制数表示。

```
                                      img_Gray1.dat
1  94 94 93 94 94 94 93 92 92 92 92 92 92 92 92 92 92 92 92 91 90 8d 8b 8a
2  94 94 93 94 94 94 93 92 92 92 92 92 92 92 92 92 92 92 92 91 90 8d 8b 8a
3  94 94 93 94 94 94 92 92 92 92 92 92 92 92 92 92 92 92 91 90 8e 8c 8a
4  95 94 94 94 94 93 92 92 92 92 92 92 92 92 92 92 92 91 8f 8e 8c 8b
5  95 94 94 94 94 92 92 92 92 92 92 92 92 92 92 91 91 8f 8e 8d 8c
6  95 94 94 94 94 92 91 92 92 92 92 92 92 92 91 90 8f 8e 8d 8d
7  95 94 94 94 94 92 92 92 92 92 92 92 93 92 91 90 8f 8e 8e 8e
8  95 94 94 94 94 92 92 92 92 92 92 92 93 92 91 90 8f 8e 8e 8e
```

图 7.14   原始图像数据

图 7.15 所示为原始图像存入 BRAM 的过程。BRAM 写地址由公式 $bram\_a\_waddr = \{img\_vs\_cnt[1:0],10'b0\} + img\_hs\_cnt$ 计算得到，对仿真结果进行验证，符合预期。

图 7.15　原始图像存入 BRAM 的过程

当每行像素写入 BRAM 时，将行统计 img_vs_cnt 作为标签写入 FIFO，如图 7.16 所示。

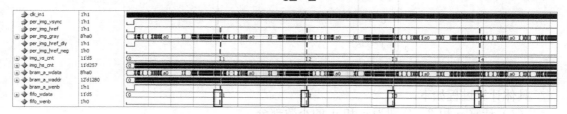

图 7.16　行统计作为标签写入 FIFO

图 7.17 所示为最近邻插值的 ModelSim 仿真结果，例如，目标图像第 2 行第 4 列映射到原始图像的亚像素级坐标为 $(y\_dec/2^{16}, x\_dec/2^{16}) = (40960/2^{16}, 122880/2^{16}) = (0.625, 1.875)$，将其转为像素坐标为 $(y\_int\_cl, x\_int\_c1) = [round(0.625), round(1.875)] = (1, 2)$（对应原始图像的第 2 行第 3 列），转为 BRAM 读地址为 $bram\_b\_raddr = \{y\_int\_c1[1:0], 10'b0\} + x\_int\_c1 = 1026$，从 BRAM 的 1026 地址读取的数据为 93(h)，由图 7.17 可以看到第 2 行第 3 列的像素灰度值为 93(h)，符合预期。更多关于最近邻插值的仿真细节，读者可自行分析。

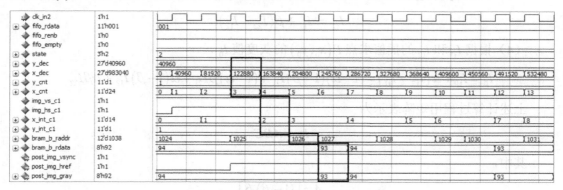

图 7.17　最近邻插值的 ModelSim 仿真结果

7.2　双线性插值算法的实现

7.2.1　双线性插值算法的理论

双线性插值算法常用来对图像进行缩放，其核心思想是在水平和垂直两个方向上分别进行一次线性插值。

双线性插值算法根据点 $P(x_0, y_0)$ 的 4 个相邻点 (x, y)、$(x+1, y)$、$(x, y+1)$、$(x+1, y+1)$

的灰度值 I_{11}、I_{12}、I_{21}、I_{22}，通过两次插值计算得出点 $P(x_0,y_0)$ 的灰度值 I_0，双线性插值示意图，如图 7.18 所示。

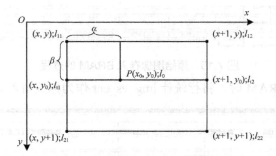

图 7.18 双线性插值示意图

具体计算过程如下：

（1）计算 α 和 β，分别为 x_0 和 y_0 的小数部分。

$$\alpha = x_0 - x$$

$$\beta = y_0 - y$$

（2）根据 I_{11} 和 I_{21} 的插值求点 (x,y_0) 的灰度值 I_{t1}。

$$I_{t1} = I_{11} + \beta(I_{21} - I_{11})$$

（3）根据 I_{12} 和 I_{22} 的插值求点 $(x+1,y_0)$ 的灰度值 I_{t2}。

$$I_{t2} = I_{12} + \beta(I_{22} - I_{12})$$

（4）根据 I_{t1} 和 I_{t2} 的插值求点 $P(x_0,y_0)$ 的灰度值 I_0。

$$I_0 = I_{t1} + \alpha(I_{t2} - I_{t1}) = (1-\alpha)(1-\beta)I_{11} + (1-\alpha)\beta I_{21} + \alpha(1-\beta)I_{12} + \alpha\beta I_{22}$$

上述计算过程用矩阵表示为

$$I_0 = ABC$$

其中，

$$A = \begin{bmatrix}(1-\beta) & \beta\end{bmatrix}$$

$$B = \begin{bmatrix} I_{11} & I_{12} \\ I_{21} & I_{22} \end{bmatrix}$$

$$C = \begin{bmatrix}(1-\alpha) & \alpha\end{bmatrix}^{\mathrm{T}}$$

双线性插值算法由于已经考虑到了点 $P(x_0,y_0)$ 的 4 个近邻点对它的影响，因此一般可以得到令人满意的插值效果。但这种算法具有低通滤波性质，使高频分量受到损失，图像细节退化而变得轮廓模糊。双线性插值算法的图像效果，如图 7.19 所示。原始图像经过 1.5 倍的双线性插值放大后的图像边缘过渡比较自然，但变得有点模糊。

· 200 ·

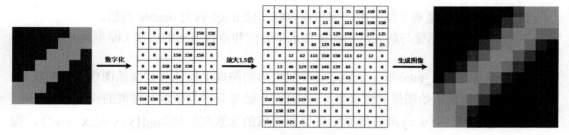

图 7.19　双线性插值算法的图像效果

7.2.2　双线性插值的 MATLAB 实现

基于双线性插值算法的原理，利用 MATLAB 软件对双线性插值算法进行仿真，创建函数 Bilinear_Interpolation()，用于实现对图像的双线性插值，即实现对图像的缩放，相关代码如下所示（详见配套资料.\7.2_Bilinear_Interpolation\Bilinear_Interpolation.m）。

```
function [img2] = Bilinear_Interpolation(img1,row_num1,col_num1,
row_num2,col_num2)

% 扩展图像是为了后面插值时避免越界
img1 = [img1;img1(row_num1,:)];    %  底部扩展一行，直接拷贝最后一行
img1 = [img1,img1(:,col_num1)];    %  右侧扩展一列，直接拷贝最后一列

img1 = double(img1);

x_ratio = col_num1/col_num2;
y_ratio = row_num1/row_num2;

for i = 1 : row_num2
    y = fix((i-1)*y_ratio) + 1;
    dv = (i-1)*y_ratio - fix((i-1)*y_ratio);
    A = [1-dv,dv];
    for j = 1 : col_num2
        x  = fix((j-1)*x_ratio) + 1;
        du = (j-1)*x_ratio - fix((j-1)*x_ratio);
        C = [1-du;du];
        B = img1(y:y+1,x:x+1);
        img2(i,j) = A*B*C;
    end
end
img2 = uint8(img2);
```

上述代码中，主要执行了以下几个关键步骤。

（1）为了避免后续插值的坐标超出原始图像的边界，对原始图像底部扩展一行、右侧扩展一列。

（2）由于计算是基于浮点的，因此需要将图像 img1 转为 double 类型。

（3）计算原始图像与放大后的图像在水平方向和垂直方向的比率（即步进）x_ratio 和 y_ratio。

（4）根据比率 x_ratio 和 y_ratio，计算放大后的图像坐标 (i,j) 到原始图像坐标的映射，其中整数部分作为原始图像的像素坐标 (y,x)，小数部分作为像素灰度值的权重 dv 和 du。

（5）根据坐标 (y,x) 可获得原始图像四邻域的像素灰度值 $img1(y:y+1,x:x+1)$，根据 du 可获得四邻域水平方向的像素权重 $1-du$、du，根据 dv 可获得四邻域垂直方向的像素权重 $1-dv$、dv，四邻域像素与权重的乘累加和，作为放大后图像的近似灰度值 $img2(i,j)$。

为了适配后续 FPGA 对双线性插值算法的实现，需要将浮点运算转为定点运算，即将水平方向比率 x_ratio 和垂直方向比率 y_ratio 的精度定标为 16 位小数，相关代码（详见配套资料.\7.2_Bilinear_Interpolation\ Bilinear_Interpolation_Int.m）如下所示。

```
x_ratio = floor(col_num1/col_num2*2^16)/2^16;
y_ratio = floor(row_num1/row_num2*2^16)/2^16;
```

编写顶层 M 文件，读取 JPG 图像，将彩色图像转为灰度图像，调用 MATLAB 自带双线性插值函数，调用手动编写双线性插值浮点函数和双线性插值定点函数，相关代码如下所示（详见配套资料.\7.2_Bilinear_Interpolation\Bilinear_Interpolation_Test.m）。

```
clear all; close all; clc;

% -------------------------------------------------------------------
% Read PC image to MATLAB
IMG1= imread('../../0_images/Scart.jpg');        % 读取 JPG 图像
IMG1 = rgb2gray(IMG1);
h1 = size(IMG1,1);            % 读取图像高度
w1 = size(IMG1,2);            % 读取图像宽度
h2 = 768;                     % 放大后的图像高度
w2 = 1024;                    % 放大后的图像宽度

% -------------------------------------------------------------------
IMG2 = imresize(IMG1,[h2 w2],'bilinear');

figure
imshowpair(IMG1,IMG2,'montage');
title('左图：原图(640*480)    右图：MATLAB 自带双线性插值放大结果(1024*768)');

% -------------------------------------------------------------------
IMG3 = Bilinear_Interpolation(IMG1,h1,w1,h2,w2);

figure
imshowpair(IMG1,IMG3,'montage');
title('左图：原图(640*480)    右图：手动编写双线性插值放大结果（浮点）(1024*768)');
```

```
% -----------------------------------------------------------------------
IMG4 = Bilinear_Interpolation_Int(IMG1,h1,w1,h2,w2);

figure
imshowpair(IMG1,IMG3,'montage');
title('左图：原图(640*480)    右图：手动编写双线性插值放大结果（定点）(1024*768)');

% -----------------------------------------------------------------------
% Generate image Source Data and Target Data
Gray2Gray_Data_Gen(IMG1,IMG3);
```

执行顶层 M 文件，得到原图与 MATLAB 自带双线性插值函数、手动编写双线性插值浮点函数、手动编写双线性插值定点函数的放大结果对比，如图 7.20~图 7.22 所示。通过对比可以发现，MATLAB 自带双线性插值函数、手动编写双线性插值浮点函数和手动编写双线性插值定点函数对图像的处理效果基本一致。

图 7.20　原图与 MATLAB 自带双线性插值函数的放大结果对比

图 7.21　原图与手动编写双线性插值浮点函数的放大结果对比

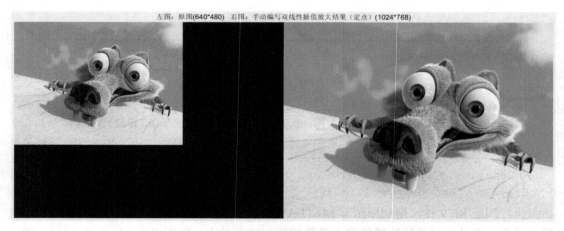

左图: 原图(640*480)　右图: 手动编写双线性插值放大结果（定点)(1024*768)

图 7.22　原图与手动编写双线性插值定点函数的放大结果对比

7.2.3　双线性插值的 FPGA 实现

前面已经介绍了双线性插值放大算法的原理和 MATLAB 仿真，接下来对该算法进行 FPGA 实现。双线性插值放大算法的实现分解为以下几步。

（1）对原始图像进行行缓存。

由于双线性插值放大算法需要利用近邻 4 个像素进行计算并获得目标像素，所以至少需要缓存两行的像素。本设计使用双端口 BRAM 对原始图像进行行缓存。已知原始图像的分辨率为 640×480，即 1 行有 640 个像素，因此缓存 1 行像素至少需要 640 个 BRAM 的地址空间。为了简化 BRAM 地址的计算，BRAM 为每行像素开辟了 1024 个地址空间。从另一个角度来说，BRAM 可用于缓存行像素数量在 1024 以内的图像。最后将 BRAM 的深度定义为 4096，即 BRAM 最多可以缓存 4 行的像素。另外，因为图像像素位宽为 8bit，所以将 BRAM 的数据位宽定义为 8bit。BRAM 的地址空间分配示意图，如图 7.23 所示。

BRAM							384个address	
P0	P1	P2	......	P637	P638	P639	RSV	......	RSV
8bit	8bit	8bit		8bit	8bit	8bit	8bit		8bit
P0	P1	P2	......	P637	P638	P639	RSV	......	RSV
8bit	8bit	8bit		8bit	8bit	8bit	8bit		8bit
P0	P1	P2	......	P637	P638	P639	RSV	......	RSV
8bit	8bit	8bit		8bit	8bit	8bit	8bit		8bit
P0	P1	P2	......	P637	P638	P639	RSV	......	RSV
8bit	8bit	8bit		8bit	8bit	8bit	8bit		8bit

图 7.23　BRAM 的地址空间分配示意图

双线性插值放大时需要同时从 BRAM 中读出近邻 4 个像素，为了降低设计难度，本节采用 4 个 BRAM 对图像进行行缓存，每个 BRAM 分别输出近邻 4 个像素中的其中 1 个。图 7.24 所示为 BRAM 的行存储结构。其中图像奇数行像素同时存于 BRAM0 和 BRAM1 中，偶数行像素同时存于 BRAM2 和 BRAM3 中。

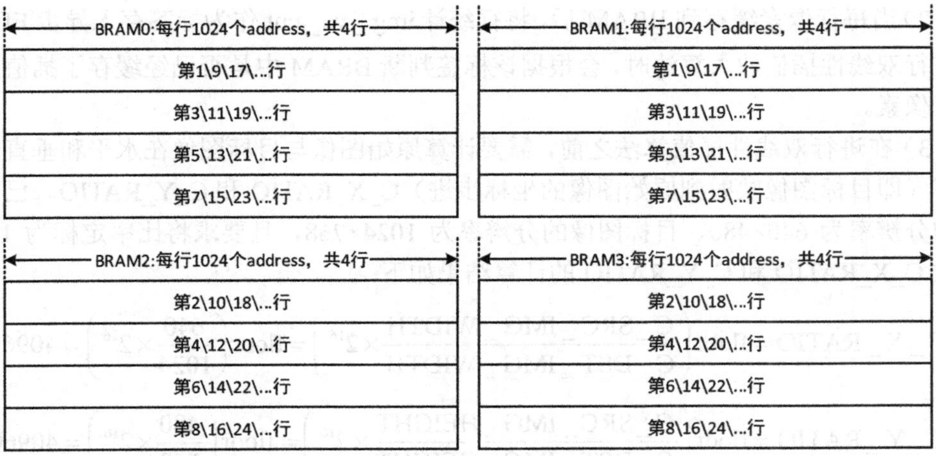

BRAM0：每行1024个address，共4行
第1\9\17\...行
第3\11\19\...行
第5\13\21\...行
第7\15\23\...行

BRAM1：每行1024个address，共4行
第1\9\17\...行
第3\11\19\...行
第5\13\21\...行
第7\15\23\...行

BRAM2：每行1024个address，共4行
第2\10\18\...行
第4\12\20\...行
第6\14\22\...行
第8\16\24\...行

BRAM3：每行1024个address，共4行
第2\10\18\...行
第4\12\20\...行
第6\14\22\...行
第8\16\24\...行

图 7.24　BRAM 的行存储结构

将原始图像存入 BRAM 之前，需要产生相应的 BRAM 地址。根据原始图像的场信号 per_img_vsync 和行信号 per_img_href，对原始图像进行列统计 img_hs_cnt ∈ [0,C_SRC_IMG_WIDTH-1] 和行统计 img_vs_cnt ∈ [0,C_SRC_IMG_HEIGHT-1]，其中 C_SRC_IMG_WIDTH 和 C_SRC_IMG_HEIGHT 分别表示原始图像的宽度和高度。BRAM 地址的计算公式如下所示，其中 img_hs_cnt 用于产生行内像素的地址、img_vs_cnt[2:1]用于产生不同行的基地址。

$$bram\_a\_waddr = \{img\_vs\_cnt[2:1],10'b0\} + img\_hs\_cnt$$

关于 BRAM 写使能的生成代码如下所示，其中 bram1_a_wenb 为 BRAM0 和 BRAM1 的写使能，bram2_a_wenb 为 BRAM2 和 BRAM3 的写使能。

```
reg                          bram1_a_wenb;

always @(posedge clk_in1)
begin
    if(rst_n == 1'b0)
        bram1_a_wenb <= 1'b0;
    else
        bram1_a_wenb <= per_img_vsync & per_img_href & ~img_vs_cnt[0];
end

reg                          bram2_a_wenb;

always @(posedge clk_in1)
begin
    if(rst_n == 1'b0)
        bram2_a_wenb <= 1'b0;
    else
        bram2_a_wenb <= per_img_vsync & per_img_href & img_vs_cnt[0];
end
```

（2）当每行像素缓存到 BRAM 后，将行统计 img_vs_cnt 作为标签存入异步 FIFO 中。后续进行双线性插值放大算法时，会根据该标签判断 BRAM 中是否已经缓存了插值所需要的两行像素。

（3）在进行双线性插值算法之前，需要计算原始图像与目标图像在水平和垂直方向上的比率（即目标图像映射到原始图像的坐标步进）C_X_RATIO 和 C_Y_RATIO。已知原始图像的分辨率为 640×480、目标图像的分辨率为 1024×768，且要求将比率定标为 16 位小数，故 C_X_RATIO 和 C_Y_RATIO 的计算结果如下：

$$C\_X\_RATIO = floor\left(\frac{C\_SRC\_IMG\_WIDTH}{C\_DST\_IMG\_WIDTH} \times 2^{16}\right) = floor\left(\frac{640}{1024} \times 2^{16}\right) = 40960$$

$$C\_Y\_RATIO = floor\left(\frac{C\_SRC\_IMG\_HEIGHT}{C\_DST\_IMG\_HEIGHT} \times 2^{16}\right) = floor\left(\frac{480}{768} \times 2^{16}\right) = 40960$$

（4）目标图像的坐标(y_cnt, x_cnt)及目标图像映射到原始图像的坐标(y_dec, x_dec)均由控制器负责完成。图 7.25 所示为控制器状态机，控制器状态跳转的说明，如表 7.2 所示。

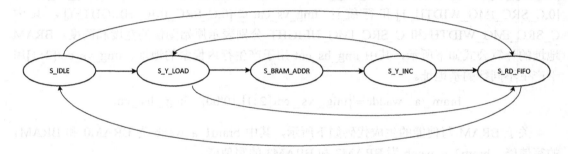

图 7.25　控制器状态机

表 7.2　控制器状态跳转的说明

状 态 名	功 能 描 述
S_IDLE	S_IDLE 状态中，当 FIFO 非空时，若 FIFO 中的标签 img_vs_cnt 不为 0，且目标图像最后一行像素的最近邻插值已经完成（即 y_cnt＝C_DST_IMG_HEIGHT），则进入 S_RD_FIFO 状态；否则进入 S_Y_LOAD 状态
S_Y_LOAD	S_Y_LOAD 状态中，对目标图像映射到原始图像的 Y 坐标 y_dec 进行四舍五入计算。由于 y_dec[26:16]是整数部分、y_dec[15:0]是小数部分，故四舍五入结果为 y_dec[26:16]+ y_dec[15:0]。若结果小于等于 img_vs_cnt，则说明 BRAM 已经缓存了插值所需要的两行像素，进入 S_BRAM_ADDR 状态；否则进入 S_RD_FIFO 状态
S_BRAM_ADDR	S_BRAM_ADDR 状态中，生成目标图像的 X 坐标 x_cnt、目标图像映射到原始图像的 X 坐标 x_dec，完成后进入 S_Y_INC 状态
S_Y_INC	S_Y_INC 状态中，生成目标图像的 Y 坐标 y_cnt、目标图像映射到原始图像的 Y 坐标 y_dec，若 y_cnt 等于目标图像最后一行 C_DST_IMG_HEIGHT－1 时，则进入 S_RD_FIFO 状态；否则，进入 S_Y_LOAD 状态
S_RD_FIFO	S_RD_FIFO 状态中，将 FIFO 中的标签读出，进入 S_IDLE 状态

（5）根据(y_dec, x_dec)可以得到近邻 4 个像素中左上角像素的像素级坐标(y_int_c1, x_int_c1)，以及(y_dec, x_dec)与近邻 4 个像素的水平和垂直距离 x_fra_c1、inv_x_fra_c1、y_fra_c1、inv_y_fra_c1，如下所示。

```
always @(posedge clk_in2)
begin
    x_int_c1     <= x_dec[25:16];
    y_int_c1     <= y_dec[25:16];
    x_fra_c1     <= {1'b0,x_dec[15:0]};
    inv_x_fra_c1 <= 17'h10000 - {1'b0,x_dec[15:0]};
    y_fra_c1     <= {1'b0,y_dec[15:0]};
    inv_y_fra_c1 <= 17'h10000 - {1'b0,y_dec[15:0]};
end
```

（6）将(y_int_c1, x_int_c1)转为 BRAM 的读地址 bram_addr_c2，以及根据 x_fra_c1、inv_x_fra_c1、y_fra_c1、inv_y_fra_c1 计算近邻 4 个像素的权重 frac_00_c2、frac_01_c2、frac_10_c2、frac_11_c2，如下所示，其中 bram_mode_c2 用于指示左上角像素位于图像奇数行或偶数行，其值为 0 时表示奇数行，为 1 时表示偶数行。

```
always @(posedge clk_in2)
begin
    bram_addr_c2 <= {y_int_c1[2:1],10'b0} + x_int_c1;
    frac_00_c2   <= inv_x_fra_c1 * inv_y_fra_c1;
    frac_01_c2   <= x_fra_c1 * inv_y_fra_c1;
    frac_10_c2   <= inv_x_fra_c1 * y_fra_c1;
    frac_11_c2   <= x_fra_c1 * y_fra_c1;
    bram_mode_c2 <= y_int_c1[0];
end
```

（7）根据 bram_mode_c2 产生近邻 4 个像素在 4 个 BRAM 中的读地址，如下所示。

```
always @(posedge clk_in2)
begin
    if(bram_mode_c2 == 1'b0)
    begin
        even_bram1_b_raddr <= bram_addr_c2;
        odd_bram1_b_raddr  <= bram_addr_c2 + 1'b1;
        even_bram2_b_raddr <= bram_addr_c2;
        odd_bram2_b_raddr  <= bram_addr_c2 + 1'b1;
    end
    else
    begin
        even_bram1_b_raddr <= bram_addr_c2 + 11'd1024;
        odd_bram1_b_raddr  <= bram_addr_c2 + 11'd1025;
        even_bram2_b_raddr <= bram_addr_c2;
        odd_bram2_b_raddr  <= bram_addr_c2 + 1'b1;
    end
end
```

（8）根据 4 个 BRAM 的读地址从 BRAM 中读出 4 个像素并映射到近邻 4 个像素的位置上，如下所示。

```verilog
always @(posedge clk_in2)
begin
    if(bram_mode_c4 == 1'b0)
    begin
        pixel_data00_c5 <= even_bram1_b_rdata;
        pixel_data01_c5 <= odd_bram1_b_rdata;
        pixel_data10_c5 <= even_bram2_b_rdata;
        pixel_data11_c5 <= odd_bram2_b_rdata;
    end
    else
    begin
        pixel_data00_c5 <= even_bram2_b_rdata;
        pixel_data01_c5 <= odd_bram2_b_rdata;
        pixel_data10_c5 <= even_bram1_b_rdata;
        pixel_data11_c5 <= odd_bram1_b_rdata;
    end
end
```

（9）得到的近邻 4 个像素中可能存在像素超出图像边界的情况，需要进行像素的边界复制，像素越界处理，如图 7.26 所示，其中阴影部分为有效数据。

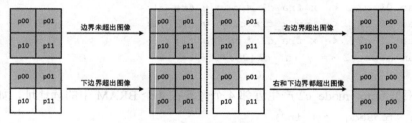

图 7.26　像素越界处理

（10）将近邻 4 个像素与各自的权重相乘后累加，得到目标像素的灰度值，如图 7.27 所示。

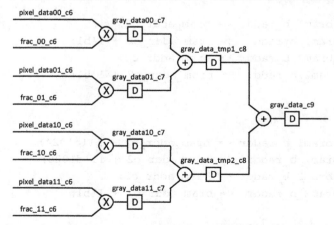

图 7.27　近邻 4 个像素与各自的权重进行乘累加运算

（11）目标像素的灰度值可能大于 255，为了避免像素值越界，将灰度值大于 255 的像素，直接输出 255，灰度值越界处理，如图 7.28 所示。

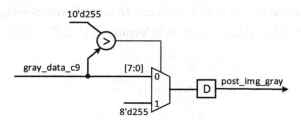

图 7.28　灰度值越界处理

双线性插值模块实现的相关代码详见配套资料 .\7.2_Bilinear_Interpolation\src\bilinear_interpolation.v。

最后有一点需要说明的是，原始图像的时钟频率 F1 与目标图像的时钟频率 F2 必须满足以下关系，才能确保实时处理，否则将导致 BRAM 中的旧数据被新数据覆盖，以及 FIFO 溢出等错误或异常情况。

$$\frac{1}{F1} \cdot C\_SRC\_IMG\_WIDTH \cdot C\_SRC\_IMG\_HEIGHT \geqslant \frac{1}{F2} \cdot C\_DST\_IMG\_WIDTH \cdot C\_DST\_IMG\_HEIGHT$$

7.2.4　双线性插值的 ModelSim 仿真

完成双线性插值算法的 FPGA 设计后，需要对其功能进行仿真验证，以确保设计功能与预期的一致。为了能够对设计进行仿真，需要搭建一个 testbench 仿真用例，为设计提供仿真激励和对设计的输出结果进行校验。双线性插值算法的仿真框架，如图 7.29 所示。

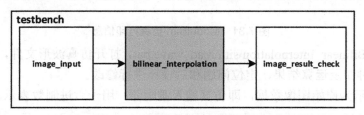

图 7.29　双线性插值算法的仿真框架

testbench 中有两个任务，分别为 image_input 任务和 image_result_check 任务。其中，image_input 任务从 MATLAB 仿真目录下的 img_Gray1.dat 文件中读取分辨率为 640×480 的图像数据并按照视频的时序产生激励；image_result_check 任务从 MATLAB 仿真目录下的 img_Gray2.dat 文件中读取分辨率为 1024×768 的双线性插值后的图像数据，用于对 ModelSim 仿真结果进行对比校验。

testbench 的仿真流程如下。

（1）image_input 任务提供视频激励给 bilinear_interpolation 模块进行双线性插值处理。

（2）image_result_check 任务将 bilinear_interpolation 模块输出的 ModelSim 仿真结果

与 MATLAB 仿真结果进行比较。

testbench 完整的代码详见配套资料.\7.2_Bilinear_Interpolation\sim\testbench.sv。

用编辑器（如 notepad++）打开.\7.2_Bilinear_Interpolation\sim\design_ver.f，添加需要进行仿真的 Verilog 设计文件，design_ver.f 添加 Verilog 设计文件，如图 7.30 所示。

```
1  ../../src/asyn_fifo.v
2  ../../src/bin2gray.v
3  ../../src/bram_ture_dual_port.v
4  ../../src/double_syn_ff.v
5  ../../src/gray2bin.v
6  ../../src/bilinear_interpolation.v
```

图 7.30   design_ver.f 添加 Verilog 设计文件

双击.\7.2_Bilinear_Interpolation\sim\run.bat，开始执行仿真。如果仿真过程中发生错误，将出现类似于图 7.31 所示的 ModelSim 仿真打印信息，即打印错误结果的像素行位置、列位置；ModelSim 仿真结果和 MATLAB 仿真结果，有助于分析、定位和解决问题。

```
# //  ModelSim SE-64 10.6d Feb 24 2018
# //
# //  Copyright 1991-2018 Mentor Graphics Corporation
# //  All Rights Reserved.
# //
# //  ModelSim SE-64 and its associated documentation contain trade
# //  secrets and commercial or financial information that are the property of
# //  Mentor Graphics Corporation and are privileged, confidential,
# //  and exempt from disclosure under the Freedom of Information Act,
# //  5 U.S.C. Section 552. Furthermore, this information
# //  is prohibited from disclosure under the Trade Secrets Act,
# //  18 U.S.C. Section 1905.
# //
#############image result check begin#############
# result error ---> row_num : 16;col_num : 16;pixel data : 93;reference data : 99
# result error ---> row_num : 41;col_num : 9;pixel data : 97;reference data : 98
# result error ---> row_num : 493;col_num : 420;pixel data : 19;reference data : 18
#############image result check end#############
VSIM 2>
```

图 7.31   ModelSim 仿真打印信息

双击.\7.2_Bilinear_Interpolation\sim\read_wave.bat，打开仿真波形文件，添加相关信号，可分析信号的时序及运算结果，定位问题和对设计进行修改。

图 7.32 所示为原始图像数据，即仿真输入激励源，用十六进制数表示。

```
                    img_Gray1.dat
1  94 94 93 94 94 94 93 92 92 92 92 92 92 92 92 92 92 92 92 92 91
2  94 94 94 94 94 94 93 92 92 92 92 92 92 92 92 92 92 92 92 92 91
3  94 94 94 94 94 94 93 92 92 92 92 92 92 92 92 92 92 92 92 92 91
4  95 94 94 94 94 94 93 91 92 92 92 92 92 92 92 92 92 92 92 92 91
5  95 94 94 94 94 94 93 91 92 92 92 92 92 92 92 92 92 92 92 91 91
6  95 94 94 94 94 94 94 92 92 92 92 92 92 92 92 92 92 92 92 91 90
7  95 94 94 94 94 94 94 92 92 92 92 92 92 92 92 92 92 92 93 91 90
8  95 94 94 94 94 94 94 92 92 92 92 92 92 92 92 92 92 92 91 91 90
```

图 7.32   原始图像数据

图 7.33 所示为原始图像第 2 行存入 BRAM 的过程。4 个 BRAM 的写数据端口均接信号 bram_a_wdata、写地址端口均接信号 bram_a_waddr，BRAM0 和 BRAM1 的写使能端口接信号 bram1_a_wenb，BRAM2 和 BRAM3 的写使能端口接信号 bram2_a_wenb，其中 BRAM

的写地址由公式 $bram\_a\_waddr = \{img\_vs\_cnt[2:1],10'b0\} + img\_hs\_cnt$ 计算得到。由于第 2 行像素属于偶数行，所以信号 bram2_a_wenb 有效，像素写入 BRAM2 和 BRAM3。对仿真结果进行验证，符合预期。

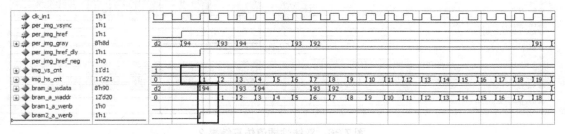

图 7.33　原始图像第 2 行存入 BRAM 的过程

当每行像素写入 BRAM 时，将行统计 img_vs_cnt 作为标签写入 FIFO，如图 7.34 所示。

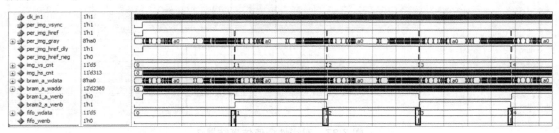

图 7.34　行统计 img_vs_cnt 作为标签写入 FIFO

图 7.35~图 7.38 所示为目标图像第 2 行的双线性插值仿真结果。以目标图像第 2 行第 3 列的双线性插值为例，已知 C_X_RATIO 为 16'd40960，C_Y_RATIO 为 16'd40960，对仿真过程进行验证，如下所示。

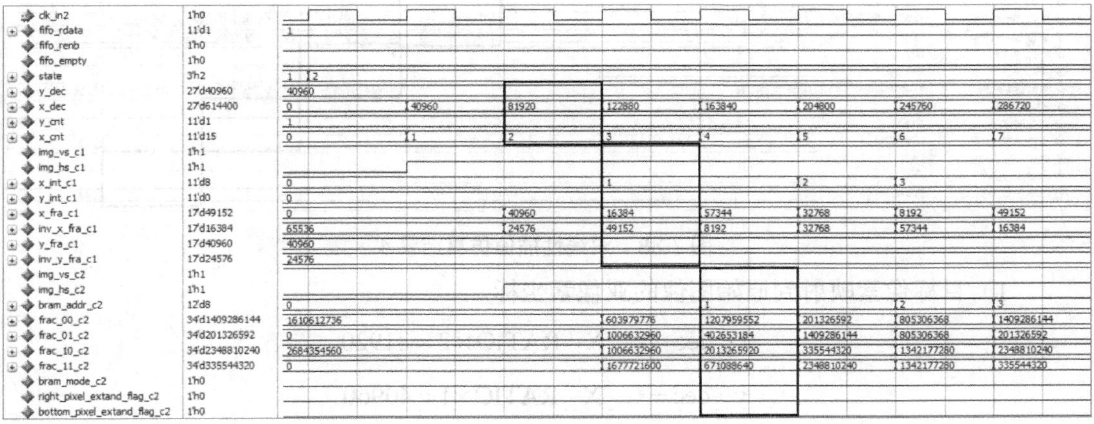

图 7.35　双线性插值仿真结果 1

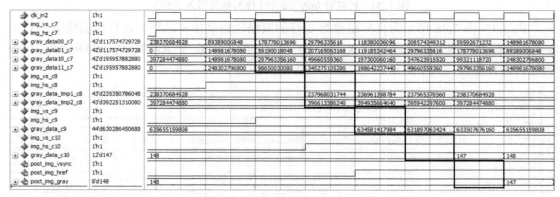

图 7.36　双线性插值仿真结果 2

图 7.37　双线性插值仿真结果 3

图 7.38　双线性插值仿真结果 4

（1）目标像素映射到原始图像的亚像素坐标。

$$x\_dec = C\_X\_RATIO \times 2 = 81920$$

$$y\_dec = C\_X\_RATIO \times 1 = 40960$$

（2）近邻 4 个像素中左上角像素的坐标。

$$x\_int = floor\left(\frac{x\_dec}{2^{16}}\right) = floor\left(\frac{81920}{2^{16}}\right) = 1$$

$$y\_int = floor\left(\frac{y\_dec}{2^{16}}\right) = floor\left(\frac{40960}{2^{16}}\right) = 0$$

（3）目标像素到近邻 4 个像素的距离。

$$x\_fra = x\_dec - x\_int \times 2^{16} = 81920 - 1 \times 2^{16} = 16384$$

$$inv\_x\_fra = 2^{16} - x\_fra = 2^{16} - 16384 = 49152$$

$$y\_fra = y\_dec - y\_int \times 2^{16} = 40960 - 0 \times 2^{16} = 40960$$

$$inv\_y\_fra = 2^{16} - y\_fra = 2^{16} - 40960 = 24576$$

（4）左上角像素的 BRAM 地址。

$$bram\_addr = y\_int[2:1] \times 1024 + x\_int = 0 \times 1024 + 1 = 1$$

（5）近邻 4 个像素的权重。

$$frac\_00 = inv\_x\_fra \cdot inv\_y\_fra = 49152 \times 24576 = 1207959552$$

$$frac\_01 = x\_fra \cdot inv\_y\_fra = 16384 \times 24576 = 402653184$$

$$frac\_10 = inv\_x\_fra \cdot y\_fra = 49152 \times 40960 = 2013265920$$

$$frac\_11 = x\_fra \cdot y\_fra = 16384 \times 40960 = 671088640$$

（6）由于左上角像素的坐标为(0,1)，位于源图像的第 1 行，所以 4 个 BRAM 的读地址为

$$even\_bram1\_b\_raddr = bram\_addr = 1$$

$$odd\_bram1\_b\_raddr = bram\_addr + 1 = 2$$

$$even\_bram2\_b\_raddr = bram\_addr = 1$$

$$odd\_bram2\_b\_raddr = bram\_addr + 1 = 2$$

（7）由于左上角像素的坐标为(0,1)，位于源图像第 1 行第 2 列，所以由图 7.33 可以得到近邻 4 个像素的灰度值分别为左上角 94(h)、右上角 93(h)、左下角 94(h)、右下角 93(h)；而由图 7.32 可以得到近邻 4 个像素的灰度值的仿真结果，分别为 pixel_data00=148=94(h)、pixel_data01=147=93(h)、pixel_data10=148=94(h)、pixel_data01=147=93(h)，通过对比，符合预期。

（8）近邻 4 个像素与各自的权重相乘后累加，计算公式如下：

$$gray\_data00 = frac\_00 \cdot pixel\_data00 = 1207959552 \times 148 = 178778013696$$

$$gray\_data01 = frac\_01 \cdot pixel\_data01 = 402653184 \times 147 = 59190018048$$

$$gray\_data10 = frac\_10 \cdot pixel\_data10 = 2013265920 \times 148 = 297963356160$$

$$gray\_data11 = frac\_11 \cdot pixel\_data11 = 671088640 \times 147 = 98650030080$$

$$gray\_data\_tmp1\_c8 = gray\_data00 + gray\_data01 = 237968031744$$

$$gray\_data\_tmp2\_c8 = gray\_data10 + gray\_data11 = 396613386240$$

$$gray\_data\_c9 = gray\_data\_tmp1\_c8 + gray\_data\_tmp2\_c8 = 634581417984$$

（9）对 gray_data_c9（无符号数，12 位整数，32 位小数）进行四舍五入计算得到双线性插值的结果如下：

$$gray\_data\_c10 = round\left(\frac{gray\_data\_c9}{2^{32}}\right) = round(147.75) = 148$$

（10）双线性插值的结果可能存在大于 255 的情况，为了避免数据越界，将大于 255 的灰度值，直接输出 255 作为结果。由于 gray_data_c10 的双线性插值结果为 148，小于 255，所以符合预期。

7.3 双三次插值算法的实现

7.3.1 双三次插值算法的理论

为得到更精确的点 $P(x_0, y_0)$ 的灰度值，在更高程度上保证几何变换后的图像质量，实现更精确的灰度插值效果，可采用双三次插值等更高阶的插值算法。这时既要考虑点 $P(x_0, y_0)$ 的直接邻点对它的影响，也要考虑该点周围 16 个邻点的灰度值对它的影响，双三次插值示意图，如图 7.39 所示。其中 α 为 x_0 的小数部分，β 为 y_0 的小数部分。双三次插值算法需要找出这 16 个像素对于点 P 像素值的影响因子，并根据影响因子计算目标点的像素值，从而达到图像缩放的目的。

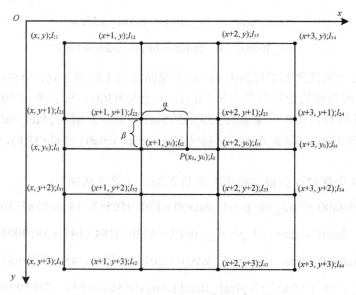

图 7.39 双三次插值示意图

本次要介绍的双三次插值算法基于 BiCubic 基函数，函数形式如下所示，对应的函数形状，如图 7.40 所示。

$$w(x) = \begin{cases} (a+2)|x|^3 - (a+3)|x|^2 + 1, & |x| \leqslant 1 \\ a|x|^3 - 5a|x|^2 + 8a|x| - 4a, & 1 < |x| < 2 \\ 0, & |x| \geqslant 2 \end{cases}$$

式中，a 为一个自由参数，取 $a = -0.5$。

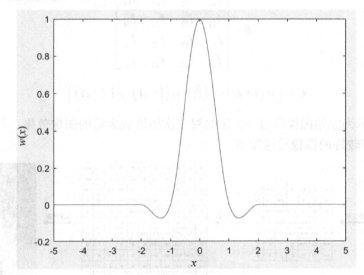

图 7.40　BiCubic 基函数形状

按照下列步骤可计算出点 $P(x_0, y_0)$ 的灰度值 I_0：

（1）计算 $w(1+\alpha)$、$w(\alpha)$、$w(1-\alpha)$、$w(2-\alpha)$，以及 $w(1+\beta)$、$w(\beta)$、$w(1-\beta)$、$w(2-\beta)$。

（2）根据 I_{11}、I_{21}、I_{31}、I_{41} 的插值求点 (x, y_0) 的灰度值 I_{t1}。

$$I_{t1} = w(1+\beta)I_{11} + w(\beta)I_{21} + w(1-\beta)I_{31} + w(2-\beta)I_{41}$$

（3）根据 I_{12}、I_{22}、I_{32}、I_{42} 的插值求点 $(x+1, y_0)$ 的灰度值 I_{t2}。

$$I_{t2} = w(1+\beta)I_{12} + w(\beta)I_{22} + w(1-\beta)I_{32} + w(2-\beta)I_{42}$$

（4）根据 I_{13}、I_{23}、I_{33}、I_{43} 的插值求点 $(x+2, y_0)$ 的灰度值 I_{t3}。

$$I_{t3} = w(1+\beta)I_{13} + w(\beta)I_{23} + w(1-\beta)I_{33} + w(2-\beta)I_{43}$$

（5）根据 I_{14}、I_{24}、I_{34}、I_{44} 的插值求点 $(x+4, y_0)$ 的灰度值 I_{t4}。

$$I_{t4} = w(1+\beta)I_{14} + w(\beta)I_{24} + w(1-\beta)I_{34} + w(2-\beta)I_{44}$$

（6）根据 I_{t1}、I_{t2}、I_{t3}、I_{t4} 的插值求点 (x_0, y_0) 的灰度值 I_0。

$$I_0 = w(1+\alpha)I_{t1} + w(\alpha)I_{t2} + w(1-\alpha)I_{t3} + w(2-\alpha)I_{t4}$$

上述计算过程可用矩阵表示为

$$I_0 = ABC$$

其中，

$$A = \begin{bmatrix} w(1+\beta) \cdot w(\beta) \cdot w(1-\beta) \cdot w(2-\beta) \end{bmatrix}$$

$$B = \begin{bmatrix} I_{11} & I_{12} & I_{13} & I_{14} \\ I_{21} & I_{22} & I_{23} & I_{24} \\ I_{31} & I_{32} & I_{33} & I_{34} \\ I_{41} & I_{42} & I_{43} & I_{44} \end{bmatrix}$$

$$C = \begin{bmatrix} w(1+\alpha) \cdot w(\alpha) \cdot w(1-\alpha) \cdot w(2-\alpha) \end{bmatrix}^{\mathrm{T}}$$

图 7.41 所示为原始图像经过 1.5 倍的双三次插值放大后的图像效果，与双线性插值放大相比，能保持较好的图像边缘细节。

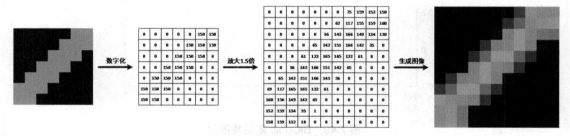

图 7.41 双三次插值图像效果

7.3.2 双三次插值的 MATLAB 实现

基于双三次插值算法的原理，利用 MATLAB 软件对其进行实现，创建函数 Bicubic_Interpolation()，用于实现对图像的双三次插值，即实现对图像的缩放，相关代码如下所示（详见配套资料.\7.3_Bicubic_Interpolation\Bicubic_Interpolation.m）。

```
function [img2] = Bicubic_Interpolation(img1,row_num1,col_num1,
row_num2,col_num2)

    % 扩展图像是为了后面插值时避免越界
    img1 = [img1;img1(row_num1,:);img1(row_num1,:)];        %底部扩展两行，直接拷贝最后一行
    img1 = [img1(1,:);img1];                                %顶部扩展一行，直接拷贝第一行
    img1 = [img1,img1(:,col_num1),img1(:,col_num1)];        %右侧扩展两列，直接拷贝最后一列
    img1 = [img1(:,1),img1];                                %左侧扩展一列，直接拷贝第一列

    img1 = double(img1);
```

```
x_ratio = col_num1/col_num2;
y_ratio = row_num1/row_num2;

for i = 1 : row_num2
    y  = fix((i-1)*y_ratio) + 2;
    dv = (i-1)*y_ratio - fix((i-1)*y_ratio);
    A  = [Weight(1+dv),Weight(dv),Weight(1-dv),Weight(2-dv)];
    for j = 1 : col_num2
        x  = fix((j-1)*x_ratio) + 2;
        du = (j-1)*x_ratio - fix((j-1)*x_ratio);
        C  = [Weight(1+du);Weight(du);Weight(1-du);Weight(2-du)];
        B  = img1(y-1:y+2,x-1:x+2);
        img2(i,j) = A*B*C;
    end
end
img2 = uint8(img2);
```

上述代码中，主要执行了以下几个关键步骤。

（1）为了避免后续插值的坐标超出原始图像的边界，对原始图像底部扩展两行、顶部扩展一行、右侧扩展两列、左侧扩展一列。

（2）由于计算是基于浮点的，所以需要将图像 img1 转为 double 类型。

（3）计算原始图像与放大后的图像在水平方向和垂直方向的比率（即步进）x_ratio 和 y_ratio。

（4）根据比率 x_ratio 和 y_ratio，计算放大后的图像坐标(i, j)到原始图像坐标的映射，其中整数部分作为原始图像的像素坐标(y, x)，小数部分作为像素灰度值的权重 dv 和 du。

（5）根据坐标(y,x)可获得原始图像十六邻域的像素灰度值 img1(y-1:y+2,x-1:x+2)，根据 du 可获得十六邻域水平方向的像素权重 Weight(1+du)、Weight(du)、Weight(1-du)、Weight(2-du)，根据 dv 可获得十六邻域垂直方向的像素权重 Weight(1+dv)、Weight(dv)、Weight(1-dv)、Weight(2-dv)，十六邻域像素与权重的乘累加和作为放大后图像的近似灰度值 img2(i, j)。

其中，Weight 是根据插值坐标的小数部分计算十六邻域像素权重的函数，相关代码如下所示（详见配套资料.\7.3_Bicubic_Interpolation\Weight.m）。

```
function [B] = Weight(A)

A = abs(A);
a = -0.5;

if (A <= 1)
    B = (a+2)*A^3 - (a+3)*A^2 + 1;
elseif (A < 2)
    B = a*A^3 - 5*a*A^2 + 8*a*A - 4*a;
else
```

```
        B = 0;
    end
```

编写顶层 M 文件，读取 JPG 图像，将彩色图像转为灰度图像，调用 MATLAB 自带双三次插值函数，调用手动编写双三次插值浮点函数，相关代码如下所示（详见配套资料.\7.3_Bicubic_Interpolation\Bicubic_Interpolation_Test.m）。

```
clear all; close all; clc;

% --------------------------------------------------------------------
% Read PC image to MATLAB
IMG1= imread('../../0_images/Scart.jpg');        % 读取 JPG 图像
IMG1 = rgb2gray(IMG1);
h1 = size(IMG1,1);              % 读取图像高度
w1 = size(IMG1,2);              % 读取图像宽度
h2 = 768;                       % 放大后的图像高度
w2 = 1024;                      % 放大后的图像宽度

% --------------------------------------------------------------------
IMG2 = imresize(IMG1,[h2 w2],'bicubic');

figure
imshowpair(IMG1,IMG2,'montage');
title('左图：原图(640*480)    右图：MATLAB 自带双三次插值函数的放大结果(1024*768)');

% --------------------------------------------------------------------
IMG3 = Bicubic_Interpolation(IMG1,h1,w1,h2,w2);

figure
imshowpair(IMG1,IMG3,'montage');
title('左图：原图(640*480)    右图：手动编写双三次插值函数的放大结果(1024*768)');
```

执行顶层 M 文件，得到原图与 MATLAB 自带双三次插值函数及手动编写双三次插值函数的放大结果对比，如图 7.42 和图 7.43 所示。通过对比可以发现，MATLAB 自带双三次插值函数和手动编写双三次插值函数对图像的处理效果基本一致。

图 7.42　原图与 MATLAB 自带双三次插值函数的放大结果对比

图 7.43　原图与手动编写双三次插值函数的放大结果对比

7.3.3　双三次插值的 FPGA 实现

关于缩放的硬件加速实现，我们重点关注 7.2 节的双线性插值算法。

双三次插值算法的实现稍复杂，因此，书中仅限于理论及 MATLAB 实现的介绍，本节暂不介绍 FPGA 实现，有兴趣的读者可自行研究。

7.4　浅谈基于深度学习的缩放算法

缩放算法，尤其是放大算法，将原先没有的像素通过一定的算法计算出来。常用的算法有最近邻域算法、双线性插值算法、双三次线性插值算法等。基于插值的算法可以有效地考虑插值范围内的信息，易于硬件实现，通过合理设计定点化可以实现充分的硬件并行。但是欧式邻域信息，同样限制了大部分插值算法，使其不能充分考虑原始图像的"高层语义信息"，本节的语义信息是指图像含有的纹理模式，如交叠、弯曲等。

本节将介绍基于深度学习（Deep learning，DL）的缩放（超分辨率）（DL-SR）算法，可以借助模型更大的参数映射能力、感知野与反向传播，实现对低分辨率和高分辨率的关联强化。同时，考虑训练目标和结构差异，DL-SR 算法还可以实现在分辨率提升的同时，提高转换显示效果。但是基于 DL-SR 算法也存在存储与硬件资源消耗都比基于插值算法的更大的优势，该优势在对效果的不懈追求中越发明显。

虽然 DL 算法呈现模块化和集成化趋势，但是 DL-SR 算法与其他基于 DL 算法的 CV 任务还是有明显区别的。DL-SR 算法一方面在效果上展现了比经典插值算法更大的改进；另一方面也拓展了 SR 的应用领域。目前，DL-SR 算法仍然是一个开放课题，诸多大型科技公司投入了资源进行研究。

7.4.1　DL-SR 算法的理论

考虑到图像纹理和变化的多样性，基于插值的缩放算法多采用基于欧氏距离生成的权重，其模板仍有提升的空间。在 DL 模块化后，Dong 等人通过建模发现 DL 的算子通过组合，可以形成对经典方法的近似（见延伸阅读[1]）。通过通道扩展实现对浅层特征的提取，利用卷积与非线性算子（relu、leaky relu 等）实现对特征的重映射，最后叠加上采样层实现对特征的融合重构，DL-based 方法与稀疏编码超分辨率在原理上的相似示意图，如图 7.44 所示。

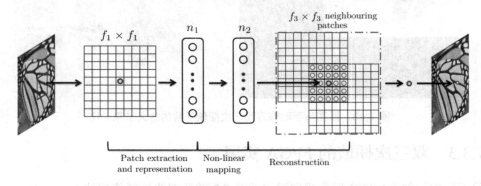

图 7.44　DL-based 方法与稀疏编码超分辨率在原理上的相似示意图

其中特征提取与非线性映射正是 DL 擅长的领域，DL 的通道数可以简单扩展到 256 通道，在压缩特征尺寸（Feature Size）的情况下，部分可以达到 1024。特征重映射在 DL 模块化后通过重复实现，并且在前期 DL 任务中已经展现了正相关的能力。经过前两步的充分"膨胀"与"扭曲"，重构过程在 DL-SR 算法中通过特征折叠或者反卷积等操作即可实现。

构造 DL-SR 算法的网络结构即完成了 DL-SR 算法的第一步，下一步是确定训练数据集。前期基于 SRCNN/FSRCNN/VDSR 等算法都是基于通用数据集的实现方案，如采用 BSD100，后续随着 DL-SR 研究的深入，出现了 SR 专用的一些数据集（如 NTIRE、realSR 等）。如何确定 DL-SR 的目标，DL-SR 算法是一种基于学习的模式识别算法，确定学习目标也是一个核心项。最直接的方法是引入有监督学习，通过构建低分辨率与高分辨率的图对 DL-SR 网络进行训练，通过不同目标函数使网络具备不同的重建特性。如计算公式（7.1）为基于范数的重建目标函数，意在构建和目标高分辨率一致的输出。目标在于获取映射网络结构 f，使 f 处理低分辨率输入 x 得到的结果与高分辨率源具有最小的误差。同时出现了基于重建主观质量的网络结构（见延伸阅读[2]），如计算公式（7.2）。公式（7.2）包含两部分模块，第一部分为内容损失，详细描述如计算公式（7.3），类似于计算公式（7.1）为了实现像素级的对齐（区别在于计算公式（7.3）采用了 MSE 损失函数）。

$$f:\| X - f(x) \|_1 \tag{7.1}$$

$$l^{SR} = l_X^{SR} + 10^{-3} l_{Gen}^{SR} \tag{7.2}$$

$$l_{MSE}^{SR} = \frac{1}{r^2 WH} \sum_{x=1}^{rW} \sum_{y=1}^{rH} \left[I_{x,y}^{HR} - G_{\theta G} \left(I^{LR} \right)_{x,y} \right]^2 \tag{7.3}$$

$$l_{VGG/i,j}^{SR} = \frac{1}{W_{i,j} H_{i,j}} \sum_{x=1}^{W_{i,j}} \sum_{y=1}^{H_{i,j}} \left\{ \phi_{i,j} \left(I^{HR} \right)_{x,y} - \phi_{i,j} \left[G_{\theta G} \left(I^{LR} \right) \right]_{x,y} \right\}^2 \tag{7.4}$$

第二部分采用特征对齐，即对抗损失。将重构图像与源高分辨率图像通过同一深度网络映射后，获取的特征仍具有一致性。一方面这种映射可以强化图像的高层语义特征，例如，图像的纹理丰富程度而非单点的纹理相似性；另一方面弱化每个像素点赋值的一致性，因为这种对应在大数据集的情况下通常会收敛各类失真的均值，这种缺陷在处理弱纹理时尤为明显。两种训练目标下的重建效果对比，如图 7.45 所示，可以看出相比 SRResNet（第一列，采用基于计算公式（7.1）的目标函数的训练结果），基于对抗训练的网络（第 2~4 列）在纹理清晰程度上有显著提升。

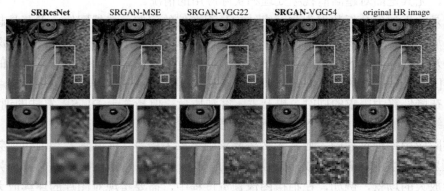

Figure 6: **SRResNet** (left: a,b), SRGAN-MSE (middle left: c,d), SRGAN-VGG2.2 (middle: e,f) and **SRGAN**-VGG54 (middle right: g,h) reconstruction results and corresponding reference HR image (right: i,j). [4× upscaling]

图 7.45　两种训练目标下的重建效果对比（见延伸阅读[1]）

借助训练目标函数的引导，DL-SR 算法会产生不同的效果，如图 7.45 所示，其展示了几种不同算法的测试效果，可以看出在采用了更深层语义特征之后，图像的细腻程度得到了提升，尤其在弱纹理区域的主观质量更好。另外，需要注意的是，此类纹理性能提升并非基于点对点的逼近。实际上，在采用基于逐点匹配的指标中，添加特征一致性通常会导致 PSNR 的下降。这个结论在表 7.3 所示的使用感知损失对主客观评价指标的影响也可以得到证实。

表 7.3　使用感知损失对主客观评价指标的影响（见延伸阅读[2]）

Table 2: Comparison of NN, bicubic, SRCNN [9], SelfExSR [31], DRCN [34], ESPCN [48], **SRResNet**, SRGAN-VGG54 and the original HR on benchmark data. Highest measures (PSNR [dB], SSIM, MOS) in bold. [4× upscaling]

Set5	nearest	bicubic	SRCNN	SelfExSR	DRCN	ESPCN	SRResNet	SRGAN	HR
PSNR	26.26	28.43	30.07	30.33	31.52	30.76	**32.05**	29.40	∞
SSIM	0.7552	0.8211	0.8627	0.872	0.8938	0.8784	**0.9019**	0.8472	1
MOS	1.28	1.97	2.57	2.65	3.26	2.89	3.37	**3.58**	4.32
Set14									
PSNR	24.64	25.99	27.18	27.45	28.02	27.66	**28.49**	26.02	∞
SSIM	0.7100	0.7486	0.7861	0.7972	0.8074	0.8004	**0.8184**	0.7397	1
MOS	1.20	1.80	2.26	2.34	2.84	2.52	2.98	**3.72**	4.32
BSD100									
PSNR	25.02	25.94	26.68	26.83	27.21	27.02	**27.58**	25.16	∞
SSIM	0.6606	0.6935	0.7291	0.7387	0.7493	0.7442	**0.7620**	0.6688	1
MOS	1.11	1.47	1.87	1.89	2.12	2.01	2.29	**3.56**	4.46

DL-SR 算法在性能上的提升是有代价的，主要体现在两个方面。一方面是模型训练和数据获取对应的模型生成资源需求；另一方面是部署资源需求，包括计算资源和存储资源。经典插值算法一经确定抽头系数 $m \times n$ 和插值范围，$m \times n$ 的乘加资源与 m 行的存储资源即可实现流水处理，但是 DL-SR 算法通常需要更大的资源，以 EDSR 为例，做"4×"放大至

4K 分辨率，需要超出 100TFlops 的算力，模型参数大小超过 100MB，同时由于全卷积需要重复读取特征数据，带宽需求将达到 GB 量级。

7.4.2　DL-SR 算法的性能提升

虽然 DL-SR 算法有着对经典算法在主、客观性能上的优势，但这些优势尚存相当大的提升空间，尤其是面对超高清视频处理和实际应用的情况。

首先是关于如何分析数据集与网络结构是否有偏的问题。自然图像，尤其是超高分辨率图像，通常包含大面积的平滑区域，导致纹理信息的分布不均匀，此外，考虑深层图像在提升感知野的同时会压缩相邻像素空间的关联性，这些均会导致图像恢复效果的退化。延伸阅读[3]提出了均衡网络，尝试从训练数据提取、网络结构设计等方面提升 DL-SR 算法的性能，在降低算力需求的同时，提升主、客观质量。但是关于 DL-SR 算法的训练 Patch 获取与网络结构的设计，在学界仍不断有新思路迸发。

在实际应用处理过程中，通常无法按要求确定放大倍率，尤其涉及当前短视频和异形屏的处理显示需求中，需要完成非整数倍率的方法。另外，考虑目前的强交互趋势，也出现了连续放大的场景，例如，在拍摄图像预览过程中，需要实现对图片的连续放大。基于无极放大的 DL-SR 处理，如图 7.46 所示。目前常用的上采样算法有两种，一种是采用空间深度转换，另一种是采用反卷积算子。这两种算法都使用相同卷积核处理全部图像，通常只能实现整数倍率放大。

图 7.46　基于无极放大的 DL-SR 处理（见延伸阅读[4]）

旷世等提出了采用基于输出的像素卷积核生成方法以处理无极放大的问题，这种方法虽然解决了高倍率像素的生成问题，但是面临感知野和算力需求，有着与输出分辨率强相关的缺陷。有效地实现了基于无极放大的 DL-SR 算法是充分释放其性能的重要课题（见延伸阅读[4]）。

另外，对特征融合方法的改进也是众多学者关注的核心要素，从最初的级联型卷积叠加到后续引入残差块，以及近期的多重残差块和多尺度残差模型，都寄希望于提出可以满足所有场景的特征映射模型。但是在优化提升过程中，部署过程需要关注的信息必须包括算力因素，超过 100 个卷积层的深度网络，几乎难以在移动端实现实时 2.5K 视频的 SR 处理。

最后，提升 DL-SR 算法的性能还涉及对评估方式的改进。比较明显的是对主客观质量的差异分析，通常以 PSNR 或 MSE 为导向的主观指标，在处理弱纹理区域难以获得理想的效果。而引入主观质量的方式包括引入 GAN 网络或者主观指标，如 LPIPS 等算子。另外，近期用 DL 进行无参考图像质量评价也为重建目标提供了思路，但是考虑其通用性，本书不再过多介绍。

7.4.3　DL-SR 与 High-level CV 的区别

基于 DL-SR 算法的提出落后于 High-level 的 CV 任务，一方面可以让基于识别或者分类的 DL 骨干网络可以快速进入 DL-SR 算法的研究，极大提升了 DL-SR 算法的性能；另一方面在前期也导致了对二者差异性的忽略，最直接的差异体现在 High level 任务中起作用的方法，在 DL-SR 算法中效果并不十分明显。例如，叠加深度映射与效果提升并无直接对应关系，BN 层对特征空间充分映射和效果出现负相关等。这些差异体现在超解析输出更关注图像的区域信息，深度网络必须引入更多的跳连层，以保证浅层语义的有效性，同时为保证训练的稳定性，目前主流算法开始从直接训练输出变为训练 SR 输出与 bicubic 等的插值。BN 层可以映射为对特征空间的归一化，等效为对特征空间的自适应尺度与偏移，这与 SR 像素的一致性发生背离，所以简单套用 High-level 的经验在 DL-SR 算法中并不可行。

另外，随着如何实现像素级的精确，而非使用 FC 对信息进行融合也是一种典型差异，体现为对 SR 任务而言，整体相似性并不能满足用户需求，而对大部分分类任务，保证分类概率超出同类，并达到一定置信度即可实现目标。所以，并非 low-level 任务可以等价为易实现。

7.4.4　DL-SR 的几点思考与未来

从 SRCNN 提出，到现在 DL-SR 算法已经成为浅层 CV 任务的典型代表，在 CVPR 和 ECCV 都提出了对应的竞赛单元，包括 NTIRE 和 PIRM。两者具有不同的侧重，但都为 DL-SR 算法性能的提升和落地加速。目前 DL-SR 算法的发展方兴未艾，对未来趋势，此处做一些推测，以飨读者。

首先，如何获取实际关联的有监督训练数据。目前基于 DL-SR 算法的有监督数据集基本来自 NTIRE，该数据集的低分辨率来自 Bicubic 下采样，虽然 Bicubic 类似于点扩散函数（PSF），可以模拟部分低分辨率数据的生成方式，但是实际低分辨率数据的质量退化，通常包含更多退化因素，如 CCD 响应缺陷，电子噪声和图像前、后处理等。后期学界也提出了 real-SR 采用变焦获取实拍数据集，但是此类数据集一方面仅限于室内，难以处理室外的运动场景；另一方面考虑 SR 任务需要像素级对齐，所以 LR 与 HR 的对齐问题限制了其推广。

其次，效率与效果的平衡，如算力问题一致困扰了 DL-SR 算法的落地，目前已有的高效算法通常伴随性能的明显退化，使当前在终端仅能部署有限的处理能力。

最后，需要指出的是，随着 DL-SR 算法的性能提升，对多媒体处理也起到了明显的正面效果。举两个例子，第一个是将 SR 引入 codec，在相同码率下，低分辨率视频质量明显优于直接编码的高分辨率源。采用基于 SR+codec 的处理思路，可以在数据供给端编码低分辨率视频，在解码端或者使用端叠加 DL-SR 算法以提供更好的视觉体验。这种基于 SR-codec 的变化，带来了编、解码思路的优化，并在 H.267/AVS 等新一代编码标准的制定中引起了诸多学者的关注；第二个是基于视觉 SR 的提升，优化了 SOC 的负载。Nvidia 通过采用 DLSS 实现了 DL-SR 算法，使高分辨率需求迁移至 CuDa 侧，降低了 Shader 的负载，实现了更高帧率。

　　本书主要介绍了传统 CV 图像加速算法的实现，本节针对传统插值放大算法扩展进行了基于深度学习的缩放算法介绍。至于进一步，对 DL-SR 算法的研究与落地，还请读者自行研究。

第 8 章

基于 LeNet5 的深度学习算法介绍及 MATLAB 与 FPGA 实现

前几个章节介绍了一些传统的计算机视觉算法，包括降噪滤波、二值化、缩放、锐化算法等，本章在 MATLAB 和 FPGA 上实现了实时的运动目标跟踪算法。近些年基于神经网络的机器学习算法已经成熟应用于很多商业、工业领域，包括自动驾驶、自动生产、智能医疗等。

那么，作为一本数字图像处理的入门教材，除了介绍传统计算机视觉的算法与对应的硬件实现，我们也希望引入最近很流行的神经网络的相关介绍。本章将简单介绍卷积神经网络和基于 LeNet5 实现的手写字符识别，并且在 FPGA 上实现实时识别的 Demo。

8.1 神经网络的介绍

8.1.1 人工神经网络

人工神经网络（Artificial Neural Networks，简称 ANN），是受生物神经网络所启发而构建的数学模型，去模拟神经元的动作和神经元之间的联结（见延伸阅读[1]）。1 个简单的人工神经网络的计算模型，如图 8.1 所示。通常 1 个人工神经网络包含 1 个输入层，不少于 1 个的隐藏层和 1 个输出层。输入层是由一系列的神经元来接受不同的输入的；隐藏层是介于输入层和输出层之间，由一层或者多层神经元连接组成的，通常隐藏层的数量决定了人工神经网络的学习和泛化能力；输出层是输入经由整个神经网络学习和分析得到的高层语义结果，如目标类型等。

图 8.1（a）所示为展示了 1 个有 8 个输入神经元，1 个隐藏层和 1 个输出神经元的人工神经网络，也称为感知机（Perceptron），含有多层隐藏层的人工神经网络为多层感知机（Multi-Layer Perceptron）。

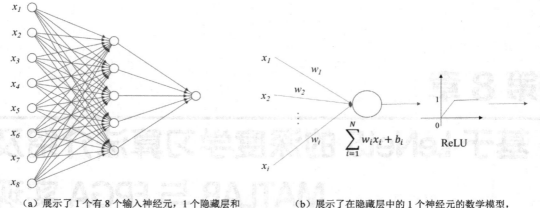

（a）展示了 1 个有 8 个输入神经元，1 个隐藏层和　　　　　（b）展示了在隐藏层中的 1 个神经元的数学模型，
1 个输出神经元的人工神经网络　　　　　　　　　　　　　　包含累积和激活函数

图 8.1　1 个简单的人工神经网络的计算模型

图 8.1（b）所示为展示了在隐藏层中的 1 个神经元的数学模型，包含累积和激活函数，隐藏层对所有的输入做加权累积，权重 w_i 反映了不同神经元之间连接的强弱程度，而偏置 b_i 反映了神经元被激活的难易程度。人工神经网络中的激活函数模拟了生物神经网络中神经元的调节器，用来控制神经元的兴奋和静息状态。单个神经元的数学模型 h_n 如下：

$$h_n = \varphi\left(\sum_{i=1}^{N} w_{ni} x_i + b_n\right)$$

式中，x_i 为第 n 个神经元的输入；w_{ni} 为第 i 个输入 x_i 对应连接的权重；b_n 为第 n 个神经元的偏置；$\varphi()$ 为激活函数，如图 8.1（b）所示，本节用线性整流函数（Rectified Linear Unit）作为激活函数。

8.1.2　卷积神经网络

卷积神经网络的起源可以追溯到对猫大脑的视觉系统的研究。1962 年，Hubel 和 Wiesel 对猫的视觉神经区域进行研究，发现了单个神经元对特定区域的视觉刺激的反应。从而提出了感受野（Receptive Fields）的概念（见延伸阅读[2]）。1980 年，日本科学家 Fukushima 首次提出了一个包含卷积和池化算子的神经网络模型——新认知机（Neocognitron）（见延伸阅读[3]），可以认为是卷积神经网络的雏形。卷积神经网络（Convolutional Neural Networks，简称 CNN）相比人工神经网络有了更多、更复杂的部件，比如卷积层（Convolutional Layer）、池化层（Pooling Layer）、批正则化（Batch Normalization）、激活函数（Activation Function）等。比起人工神经网络的输入（一维向量），卷积神经网络在另一个维度上进行了拓展，将神经元变成了二维，这样就可以对输入图像的一片区域产生响应。

（1）**卷积层**是由一系列并行的卷积核（Convolution Kernel）组成的，通过对输入图像以一定的步长进行滑动卷积计算，产生对应的特征图（Feature Map），供下一层计算使用。卷积核通常是二维的，也有单个点，一维或者三维的。一个典型的卷积核计算公式如下：

$$O_{x,y,k} = \left(\sum_{k=1}^{C} \sum_{i=1}^{H} \sum_{j=1}^{W} w_{i,j,k} I_{x+i-1,y+j-1} + b_k \right)$$

式中，$I_{x+i,y+j-1}$ 为第 k 个卷积核的输入；$w_{ij,k}$ 为第 k 个输入 $x_{x,y}$ 对应连接的权重；b_k 为第 k 个卷积核的偏置；x, y 分别为输入图像像素点水平和竖直方向上的位置；i, j 分别为权重在水平和竖直方向上的索引（Index）。

（2）**池化层**是一个在卷积神经网络中常见的操作层，主要有两个作用，一是用来降低维度和计算量。一般卷积计算（步长为 1）并不减少维度，而池化层主要是对一定的区域求取最大值或者平均值，其操作分别为最大池化（Max Pooling）和平均池化（Average Pooling），图 8.2 所示为一个示例，展示了平均池化和最大池化分别作用于 2×2 的区域以 2 的步长滑动。左边的平均池化是对 2×2 块内计算平均值，右边的最大池化是对 2×2 块内寻找最大值。

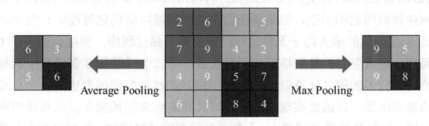

图 8.2　平均池化和最大池化分别作用于 2×2 的区域以 2 的步长滑动

池化层的另一个作用是尽可能多地保存有效信息。因为经过卷积计算，图像中的物体特征可以被精确地提取出来，但是并非所有的物体特征都是有效的，池化操作可以保留最有效的信息，同时降低了卷积神经网络对精确特征的敏感度。

（3）**批正则化**是由 Loffe 和 Szegedy 2015 年提出的（见延伸阅读[4]），目的是为了加速模型收敛，解决内部协变量平移（Internal Covariate Shift），以及对模型引入正则化。在训练卷积神经网络的过程中，由于数据集太大，我们通常只会将小批量数据（mini-batch）放到 CPU 或者 GPU 上。批正则化是对 mini-batch 的数据都做正则化，转换为均值为 0，标准差为 1 的正态分布。批正则化的具体算法，如图 8.3 所示。批正则化的核心思想是将数据分布变得比较均匀，这样可以稳定梯度，而且让每层的学习率变化没那么大。卷积神经网络每层的均值和标准差都是不一样的，这样可以等效为引入一定的噪声，增加了卷积神经网络的正则化效果。

Algorithm 1 Batch Normalization

Input: : Values of x over a mini-batch: $\mathcal{B} = \{x_{1 \cdots m}\}$;
　　　　　Parameters to be learned: γ, β
Output: $\{y_i = BN_{\gamma,\beta}(x_i)\}$

$\mu_{\mathcal{B}} \leftarrow \frac{1}{m} \sum_{i=1}^{m} x_i$ 　　　　　　　　// mini-batch mean

$\sigma_{\mathcal{B}}^2 \leftarrow \frac{1}{m} \sum_{i=1}^{m} (x_i - \mu_{\mathcal{B}})^2$ 　　　　　// mini-batch variance

$\hat{x}_i \leftarrow \frac{x_i - \mu_{\mathcal{B}}}{\sqrt{\sigma_{\mathcal{B}}^2 + \epsilon}}$ 　　　　　　　　// normalize

$y_i \leftarrow \gamma \hat{x}_i + \beta \equiv BN_{\gamma,\beta}(x_i)$ 　　　　// scale and shift
---

图 8.3　批正则化的具体算法（见延伸阅读[4]）

（4）在人工神经网络中提到的**激活函数**，是作为一个部件来决定在神经元内的信息通路的。从生物学上来说，神经元之间通常由电化学来进行信息传递。一般神经元会接收不同来源的电势。如果一个神经元达到了兴奋电势，那么这个神经元将会产生动作电位，把信息通过神经传递给物质或者电势传递给其相邻的神经元；反之，如果一个神经元没有达到兴奋电势，那么它将不能激活也不能传递信息。许多种数学模型用来模拟这个生物特征。S 型函数（Sigmoid function）是一个比较常见的激活函数，在人工神经网络和卷积神经网络中使用的比较多，计算公式如下：

$$f(x) = \frac{1}{1+e^{-x}}$$

式中，x 为激活函数的输入；$f()$ 为 S 型函数，将输出限制在 0 到 1 之间（0,1）。S 型函数通常用在卷积神经网络的输出层，但是该函数在卷积神经网络优化过程中有两个问题。第一个问题是当 S 型函数的输入趋于无穷大时，在反向传播过程中，梯度会趋近于 0，产生了梯度弥散问题，导致卷积神经网络无法正常收敛；第二个问题是 S 型函数中的指数和除法运算都会消耗比较多的硬件计算资源。8.1.1 节提到的线性整流函数也是一个在卷积神经网络中常用的激活函数。该函数实现简单，同时又能避免 S 型函数在反向传播中容易出现的梯度消失问题。它的导数是 0 或者 1，不会消耗较多的计算资源，同时也很容易收敛。计算公式如下：

$$f(x) = \begin{cases} 0, & x < 0 \\ x, & x \geq 0 \end{cases}$$

在神经网络发展的几十年内，有非常多的理论和应用涌现。本文受限于篇幅，只对基本概念和基础知识做简单介绍。本文介绍了标准卷积和常用的激活函数，除此之外，还有很多其他卷积类型，比如深度卷积（Depthwise Convolution）、分组卷积（Group Convolution）、空洞卷积（Dilated Convolution）、可变形卷积（Deformable Convolution）等。激活函数除了 S 型函数和线性整流函数，还有 tanh 函数、Leaky ReLU 函数、Swish 函数等。在卷积神经网络中，卷积层主要是用来做特征提取的，池化层和激活函数增强了卷积神经网络非线性特征的提取能力。这些基础组件可以构成各种各样的特征提取器（Feature Extractor），也称为主干网络（Backbone Network）。主干网络中除了基础组件还有很多其他的算子，比如直连（shortcut）、随机失活（dropout）、逐点运算（Element-wise）、分割（Split）、组合（Concatenate）算子等。各种不同组件的不同组合是为了在各种各样的应用场景下达到比较好的效果，本节不做详细介绍了。接下来，笔者会介绍一个基础且经典的卷积神经网络 LeNet5 在手写字符识别中的具体应用，以及 MATLAB 与 FPGA 软、硬件的实现。

8.2　基于 LeNet5 卷积神经网络的 MATLAB 实现

8.2.1　LeNet5 卷积神经网络的简介

LeNet5 卷积神经网络最早出现在由 Yann LeCun 等人于 1998 年发表在 Proceedings of The IEEE 学术期刊上的 "Graident-based Learning Applied to Document Recognition" 这篇文章里（见延伸阅读[5]），用于做手写数字识别（Handwritten digit recognition）。LeNet5 卷积神经网络的结构非常简单，其架构，如图 8.4 所示。其中，图中的每个灰色方块代表了一个特征图。

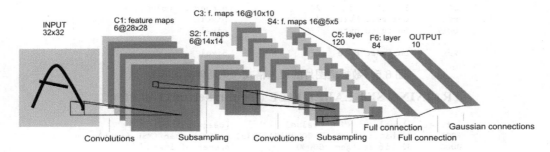

图 8.4　LeNet5 卷积神经网络的架构（见延伸阅读[5]）

LeNet5 卷积神经网络有 3 个卷积层（C1，C3，C5），两个池化层（S2，S4）和两个全连接层（F6 和 OUTPUT）。LeNet5 卷积神经网络的输入是分辨率为 32×32 的灰度图，所以通道（Channel）数是 1。第一层卷积层是由 5×5×6 个卷积核组成的，与输入层进行卷积操作，我们得到了 28×28×6 的特征图，即图 8.4 所示的 C1。经过 2×2 的平均池化，我们得到了 14×14×6 的特征图，即图 8.4 所示的 S2。对 S2 的特征图进行 5×5×16 的卷积计算，我们得到了 10×10×16 的特征图，即图 8.4 所示的 C3。继续进行池化操作，我们得到了 5×5×16 的特征图，即图 8.4 所示的 S4。最后一层卷积层有 5×5×120 个卷积核。经卷积计算，我们得到了 1×1×120 的特征图，即图 8.4 所示的 C5。经过两个全连接层，我们最终得到 1×1×10 的输出，分别对应 0~9 每个数字的置信度。LeNet5 卷积神经网络的结构，如表 8.1 所示。LeNet5 卷积神经网络的参数量大约为 60,000。

表 8.1　LeNet5 卷积神经网络的结构

层	通 道 数	滤波器大小	步 长	特征图大小	参 数 量
输入层	1	—	—	32×32×1	—
卷积层 1	6	5×5	1	28×28×6	5×5×6 + 6
池化层 1	—	2×2	2	14×14×6	—
卷积层 2	16	5×5	1	10×10×16	5×5×6×16 + 16
池化层 2	—	2×2	2	5×5×16	—
卷积层 3	120	5×5	1	1×1×120	5×5×16×120 + 120
全连接层 1	84	1×1	—	1×1×84	1×1×120×84 + 84
全连接层 2	10	1×1	—	1×1×10	1×1×84×10 + 10

8.2.2　LeNet5 卷积神经网络的 MATLAB 实现

　　首先，我们需要准备 MNIST 的手写数字数据集，从延伸阅读[6]上下载。该数据集中有 60000 个训练数据和对应的标签（Label），还有 10000 个测试数据和对应的标签。数据集图片和标签的读入格式，如图 8.5 和图 8.6 所示。数据集图片的像素是按照逐行排列的，像素点值是 0~255，0 代表白色，255 代表黑色，标签是 0~9。

TRAINING SET IMAGE FILE (train-images-idx3-ubyte):

```
[offset] [type]          [value]             [description]
0000     32 bit integer  0x00000803(2051)    magic number
0004     32 bit integer  60000               number of images
0008     32 bit integer  28                  number of rows
0012     32 bit integer  28                  number of columns
0016     unsigned byte   ??                  pixel
0017     unsigned byte   ??                  pixel
........
xxxx     unsigned byte   ??                  pixel
```

图 8.5　数据集图片的读入格式（见延伸阅读[6]）

TRAINING SET LABEL FILE (train-labels-idx1-ubyte):

```
[offset] [type]          [value]             [description]
0000     32 bit integer  0x00000801(2049)    magic number (MSB first)
0004     32 bit integer  60000               number of items
0008     unsigned byte   ??                  label
0009     unsigned byte   ??                  label
........
xxxx     unsigned byte   ??                  label
```

图 8.6　标签的读入格式（见延伸阅读[6]）

　　在 MATLAB 中，我们将编写读 MNIST 的函数来准备好训练集和测试集图片及对应的标签，具体代码参考配套资料.\8.2_LeNet5\loadMNIST.m。图 8.7（a）所示为 MINST 中的一张手写数字图，图 8.7（b）所示为 MATLAB 中读出的对应数值。

```matlab
function [images, labels] = loadMNIST (imagefile, labelfile)
% loadMNIST returns paired images and labels
fp_image = fopen (imagefile, 'rb'); %Open image dataset file
fp_label = fopen (labelfile, 'rb'); %Open label file

image_magic = fread (fp_image, 1, 'int32', 0, 'ieee-be');    %Read magic number
image_num = fread (fp_image, 1, 'int32', 0, 'ieee-be');      %Read image number
image_h = fread (fp_image, 1, 'int32', 0, 'ieee-be');        %Read image height
image_w = fread (fp_image, 1, 'int32', 0, 'ieee-be');        %Read image width
images = zeros (image_w, image_h, image_num);        %Create an array to
store images

label_magic = fread (fp_label, 1, 'int32', 0, 'ieee-be');    %Read magic number
label_num = fread (fp_label, 1, 'int32', 0, 'ieee-be');      %Read label number
labels = zeros (1, label_num);                       %Create an array to
store labels
```

```
% Only image number equals to label number
if image_num == label_num
  data = fread(fp_image, image_w*image_h*image_num, 'unsigned char');
  images = reshape(data, [image_w, image_h, image_num]);
  images = permute(images, [2 1 3]); % 矩阵转置，调正图片方向
  labels = fread(fp_label, label_num, 'unsigned char');
else
  print ('The number of images do not match with that of labels');
end

fclose (fp_image);
fclose (fp_label);

% Convert to double and rescale to [0,1]
images = double (images) / 255;

end
```

 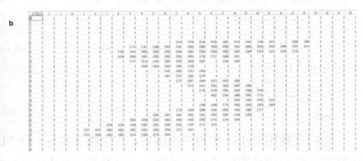

（a）MINST 中的一张手写数字图　　　　　　　（b）MATLAB 中读出的对应数值

图 8.7　MINST 中的一张手写数字图和 MATLAB 中读出的对应数值

接下来，我们将继续构建 LeNet5 卷积神经网络所需的其他部件，如卷积层、池化层、激活函数和全连接层。卷积层的输入为 hwc 大小的图像，卷积核为 $nh_{in}w_{in}c$ 的一组滤波器，输出为 $h_{out}w_{out}n$ 的图像，卷积层还有一个步长参数 stride。具体实现代码（参考配套资料.\8.2_LeNet5\Conv2D.m）如下。

```
function dst=Conv2D (src, kernel, stride)
  [src_h, src_w, src_c]=size (src);
  [ker_n, ker_h, ker_w, ker_c]=size (kernel);
  dst_h= (src_h-ker_h) /stride+1;
  dst_w= (src_w-ker_w) /stride+1;
  dst=zeros (dst_h, dst_w, ker_n);
  for n=1:ker_n
    for c=1:ker_c
      for i=1:dst_h
        for j=1:dst_w
          dst(i,j,n)=sum(sum(kernel(:,:,n).*src(i:stride:i+ker_h-
```

```
1,j:stride:j+ker_w-1,c)));
                end
            end
        end
    end
end
```

对于池化层，没有实现延伸阅读[5]中的平均池化，本节用最大池化来介绍，平均池化的实现比较类似，有兴趣的读者可以自己实现。池化层的输入为 hwc 大小的特征图，输出为 h/stride·w/stride·c 大小的特征图，只有一个步长参数。具体实现代码（Maxpool.m）如下。

```
function dst=Maxpool (src, stride)
    [src_h, src_w, src_c]=size (src);
    dst_h=src_h/stride;
    dst_w=src_w/stride;
    dst_c=src_c;
    dst=zeros (dst_h,dst_w,dst_c);
    for i=1:stride:dst_h
        for j=1:stride:dst_w
            dst (i,j,:) =max ( max ( src ( stride*i-1:stride*i,stride*j-
1:stride*j,:))));
        end
    end
end
```

我们选择用 ReLU 作为激活函数，方便硬件实现。在 MATLAB 中，我们也利用其向量运算的特性来快速实现 ReLU 函数，具体代码（ReLU.m）如下。

```
function dst=ReLU (src)
    [src_h, src_w, src_c]=size (src);
    dst_h=src_h;
    dst_w=src_w;
    dst_c=src_c;
    dst=zeros (dst_h,dst_w,dst_c);
    dst=src.* (src>0);
end
```

全连接层是特殊的卷积层，其卷积核的 h 和 w 为 1，且输入的 h 和 w 为 1。所以本节复用了 Conv2D 的代码，不再具体展示了。

现在有非常多好用的平台进行神经网络的训练和部署，笔者参考了 MATLAB 中训练 LeNet5 卷积神经网络的例子（此部分包含误差的计算和反向传递，权值的更新），有兴趣的读者可以在网上搜索相关资料进一步了解。本节我们将 MATLAB 训练的模型导出，对测试集进行推理。LeNet5 MATLAB 实现中对应的每层特征图，如图 8.8 所示，其将每层的结果展示了出来，方便我们理解 LeNet5 卷积神经网络的特征提取过程。

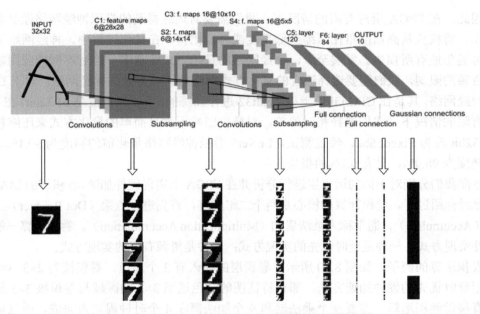

图 8.8　LeNet5 MATLAB 实现中对应的每层特征图

8.2.3　基于 LeNet5 卷积神经网络的 FPGA 实现

介绍了 LeNet5 卷积神经网络的 MATLAB 实现，现在我们将整个 LeNet5 卷积神经网络放在 FPGA 上进行硬件加速。经介绍可知，LeNet5 卷积神经网络除去输入层，有 7 个运算层，包含 3 个卷积层，两个池化层，两个全连接层，还有激活函数。每层的参数量如表 8.1 所示。在正式介绍 LeNet5 卷积神经网络硬件加速实现之前，我们先思考一下如何把我们训练得到的权重放到 FPGA 上。一般情况下，我们会在 CPU 或者 GPU 这类相对通用的处理器上以 32bit 浮点或者更高的精度训练我们的卷积神经网络。那么训练之后的权重就是 Float 32。CPU 或者 GPU 有对应的 ALU 或者 FPU 来进行高精度的算术运算，但是 FPGA 上并没有直接的 ALU 或者 FPU 来进行高精度的算术运算。FPGA 通过对已有的硬核 DSP 的组合来实现不同精度的运算。不同数据位宽下乘法器和加法器在 FPGA 中资源消耗的对比，如图 8.9 所示，32 位定点乘法的资源消耗是 8 位定点乘法资源消耗的 14 倍（见延伸阅读[7]）。

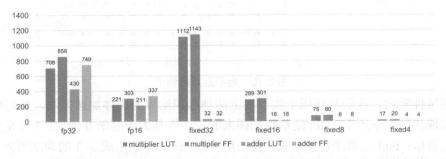

图 8.9　不同数据位宽下乘法器和加法器在 FPGA 中资源消耗的对比（见延伸阅读[7]）

　　因此，在 FPGA 资源有限的情况下，我们需要对训练得到的卷积神经网络做必要的量化操作，将权重从高精度量化压缩到低精度或者低比特。在量化过程中，神经网络的精度也不可避免地有所损失。发展至今，神经网络的量化方式非常多，针对不同的应用需求和硬件资源的限制，我们需要选择适合的量化方式来压缩训练得到的神经网络。对于 LeNet5 卷积神经网络，其是在 CPU/GPU 上以 Float32 进行训练的，所以权重值是 FP32bit。在 FPGA 资源有限的情况下，我们选择相对简单，对精度影响不大且简单的量化方式来压缩权重，将 FP32bit 转为 Fixed16bit。经过测试，LeNet5 卷积神经网络量化前的精度为 99.1%，量化后的精度为 98.9%，只有 0.2% 的损失。

　　下面我们分别对不同的运算层进行分析并在 FPGA 上实现硬件加速。卷积层的 MATLAB 实现已经介绍过了。卷积计算的核心是两个二维矩阵，首先进行点乘（Dot Product），然后累加（Accumulate），通常称为乘法累加（Multiplication Accumulation）。卷积运算一般有两种硬件实现方式，一种是延时优先的实现方式；一种是资源有限的实现方式。

　　卷积运算的例子，如图 8.10 所示，卷积层的输入有 3 个通道，卷积核为 2×3×3×3。如果使用延时优先的硬件加速方法，那么特征图的灰色通道 3×3 的区域与卷积核 3×3 的灰色区域直接做卷积运算，需要 9 个乘法器和 9 个加法器在 4 个时钟周期内完成，而且输入流水化以后，延时优先的硬件加速方法只有 4 个时钟周期，如图 8.10（b）所示；如果使用资源有限的硬件加速方法，那么只使用 1 个乘法器，在时间维度上对输入特征图的区域进行展开，需要 11 个时钟周期才能完成 1 次运算。这样虽然资源消耗变少了，但是整个卷积的执行周期变长。对于卷积运算的两种硬件加速方法，没有绝对的好或者不好，可以根据 FPGA 的硬件资源和应用的具体需求来进行选择。

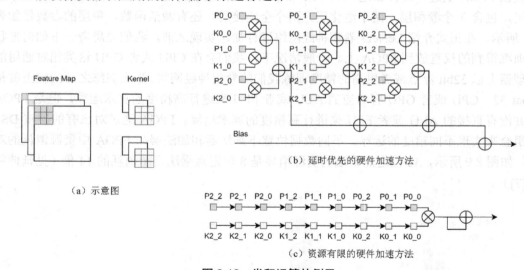

（a）示意图

（b）延时优先的硬件加速方法

（c）资源有限的硬件加速方法

图 8.10　卷积运算的例子

　　根据硬件架构，我们从代码上实现以上两种卷积运算的硬件加速方法。延时优先的硬件加速实现代码如下所示。din 是从特征图来的，一般是大于等于 0 的值；kin 是卷积核，可以为任意值；mul 是乘法器的结果。我们用 1 个 for 循环来生成 3×3 的乘法器阵列，并且每个乘法器在 1 个时钟周期内完成 2 个 Fixed16bit 值的乘法计算。后面的加法树也是用类似的方法生成的，在 1 个时钟周期内完成乘法累加器的累积。

```verilog
wire [IN_BW:0]      din[0:KH-1][0:KW-1];
wire [K_BW:0]       kin[0:KH-1][0:KW-1];
reg [OUT_BW-1:0]    mul[0:KH-1][0:KW-1];
generate
  for (i = 0; i < KH; i = i + 1) begin: multiply_h
    for (j = 0; j < KW; j = j + 1) begin: multiply_w
      always @ (posedge clk or negedge rstn) begin
        if (!rstn) begin
          mul[i][j]   <= 'b0;
        end else begin
          mul[i][j]   <= $signed (din[i][j]) * $signed (kin[i][j]);
        end
      end
    end
  end
endgenerate
```

资源有限的硬件加速实现代码如下所示。与延时优先的硬件加速实现方法的区别是把 3×3 的乘法器阵列压缩为 1 个乘法器，din 和 kin 都是每个时钟周期内更新的，直到执行完 1 个卷积核 3×3 大小的区域。累积运算也是一直进行的，有 1 个 acc_cnt 是用来记录乘法器的输入数据个数的，当完成 1 个 3×3 区域的乘法累积运算后会加上 1 个 bias。

```verilog
wire [IN_BW:0]      din;
wire [K_BW:0]       kin;
reg [OUT_BW-1:0]    mul;
always @ (posedge clk or negedge rstn) begin
  if (!rstn) begin
    mul   <= 'b0;
  end else begin
    mul   <= $signed (din) * $signed (kin);
  end
end

wire [B_BW-1:0]  bias;
reg [ACC_BW-1:0]  sum;

always @ (posedge clk or negedge rstn) begin
  if (!rstn) begin
    sum   <= 'b0;
  end else if (acc_cnt == K_BW*K_BW-1) begin
    sum   <= mul + bias;
  end else begin
    sum   <= mul + sum;
  end
end
```

对于池化层，同样也有两种硬件加速方式，跟卷积运算类似。本节选择最大池化作为例子，如图 8.11 所示。延时优先的硬件加速方法是用两个行缓存，每次取 4 个点（池化步长为 2），用 3 个比较器在 1 个时钟周期内完成池化的，如图 8.11（b）所示。图 8.11（c）所示为资源有限的硬件加速方法，展示了用 1 个比较器在 4~5 个时钟周期内完成 1 个 2×2 区域的池化。

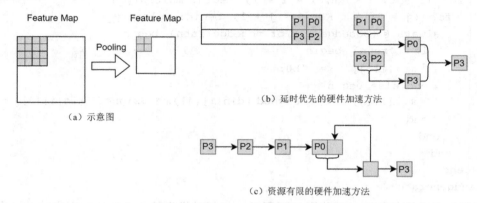

（a）示意图　　（b）延时优先的硬件加速方法

（c）资源有限的硬件加速方法

图 8.11　最大池化的例子

对于池化操作来说，硬件实现并没有很大难点，主要是对池化模块的接口时序和内存读写有一定的要求。以下代码作为池化延时优先的硬件加速简单实现的参考。省去了从行缓存读取数据的过程。在 1 个时钟周期内，用 3 个比较器完成在 2×2 区域内找最大值的操作。

```verilog
wire [IN_BW-1:0]     din [0:S**2-1];
wire [OUT_BW-1:0]    cmp_tmp[0:S-1];
reg [OUT_BW-1:0]     cmp;

generate
  for (i = 0; i < S; i = i + 1) begin: pooling
    assign  cmp_tmp[i]  = din[i*S] > din[(i+1)*S-1] ? din[i*S] : din[(i+1)*S-1];
  end
endgenerate

always @ (posedge clk or negedge rstn) begin
  if (!rstn) begin
    cmp    <= 'b0;
  end else begin
    cmp    <= cmp_tmp[0] > cmp_tmp[1] ? cmp_tmp[0] : cmp_tmp[1];
  end
end
```

资源有限的硬件加速实现代码如下所示。用 1 个比较器一直比较输入和输出的值，对于 S=2 的情况，需要 4 个时钟周期来完成 2×2 区域内找最大值的操作。

```verilog
always @ (posedge clk or negedge rstn) begin
  if (!rstn) begin
```

```
    cmp    <=   'b0;
  end else if (cmp < din) begin
    cmp    <=   din;
  end
end
```

我们对 LeNet5 卷积神经网络的最后一个计算模块（激活函数）进行介绍。通常卷积神经网络中有一种或者多种激活函数在卷积层之后，通用的卷积神经网络加速器一般用查找表来实现激活函数，这样做的好处是激活函数可以动态配置，还可以支持多种激活函数，但是劣势也比较明显，其占用了较大的存储资源，功耗相对来说会大一些。既然我们选择了 LeNet5 卷积神经网络作为案例，那么就实现一个专用的卷积神经网络加速器。本节选择比较简单的 ReLU 作为 LeNet5 卷积神经网络的激活函数。ReLU 激活函数的硬件实现代码如下。

```
wire [IN_BW:0]    din;
reg [OUT_BW:0]   dout;

always @ (posedge clk or negedge rstn) begin
  if (!rstn) begin
    dout    <=   'b0;
  end else if (din[IN_BW]) begin
    dout    <=   'b0;
  end else begin
    dout    <=   din;
  end
end
```

以上就是对 LeNet5 卷积神经网络的各个计算模块的硬件实现介绍。除了计算模块，我们还需要存储模块来缓存权重和中间的特征图。一般用 ROM 来缓存权重，因为权重不需要每次都更新，只需要在计算的时候读出来。我们可以直接调用 FPGA 的 ROM IP 或者直接写一个 ROM 出来，代码如下所示。MATLAB 中保存的权重值经过脚本处理以后生成 16 位定点的数值直接导入到 Verilog 代码中，作为 ROM 的初始化数据。

```
module bias_conv1_rom (
  input               clk,
  input               rstn,
  input [10:0]        aa,
  input               cena,
  output reg[15:0]    qa
  );

logic [0:2][0:2][0:10][15:0] weights    = {
  -16'd1154,  -16'd3918,  -16'd7826,
  16'd3699,  -16'd3577,  -16'd5770,
  -16'd3293,  -16'd229,  16'd7292,
```

```
    16'd3310,  -16'd4647,  16'd7568,
    16'd5539,  -16'd5807,  -16'd4270,
    16'd5956,  -16'd2179,  16'd509,

    -16'd1603,  -16'd3725,  -16'd1570,
    -16'd3297,  -16'd3725,  -16'd7028,
    16'd1807,  -16'd1021,  -16'd1419,
    ......
};


    always @ (posedge clk or negedge rstn) begin
      if (!rstn) begin
      qa    <= 'b0;
      end else if (!cena) begin
        qa    <= weights[aa];
      end
    end
endmodule
```

对于中间计算的特征图，我们需要用双口的内存来缓存，因为数据读出来做运算的同时，也有计算结果写入到内存中。每层特征图大小在表 8.1 中已经列出，我们只需要例化不小于表中所列的内存大小即可，LeNet5 卷积神经网络的架构和每层所需的内存大小，如表 8.2 所示。本节的双口 SRAM 是用 FPGA 提供的 IP 的。

表 8.2　LeNet5 卷积神经网络的架构和每层所需的内存大小

层	通 道 数	滤波器大小	步 长	特征图大小	内 存 大 小
输入层	1			32×32×1	1024×8
卷积层 1	6	5×5	1	28×28×6	1024×6×16
池化层 1		2×2	2	14×14×6	256×6×16
卷积层 2	16	5×5	1	10×10×16	128×6×16
池化层 2		2×2	2	5×5×16	32×16×16
卷积层 3	120	5×5	1	1×1×120	128×16
全连接层 1	84	1×1		1×1×84	
全连接层 2	10	1×1		1×1×10	

LeNet5 卷积神经网络所有组件的硬件实现都介绍完了，还有一些层与层之间的胶水（Glue）模块就不做详细介绍了。胶水模块一般是用来做各个模块之间的接口时序的，控制数据流向和使能不同的功能。图 8.12 所示为延时优先的 LeNet5 卷积神经网络的仿真代码结构，展示了基于延时优先的硬件加速工程，在仿真中运行完整个 LeNet5 卷积神经网络，可以看到从最后一个像素点进 LeNet5 硬件加速器，到最终的结果输出，延时只有 243个时钟周期，延时优先的 LeNet5 卷积神经网络的仿真结果，如图 8.13 所示。基于资源有限的硬件加速方法，整个硬件加速器的延时大约为 15000 个时钟周期。虽然延时优先的硬

件加速方法是资源有限的硬件加速方法的 70 倍,但是资源消耗只是资源有限的硬件加速方法的 1/30。

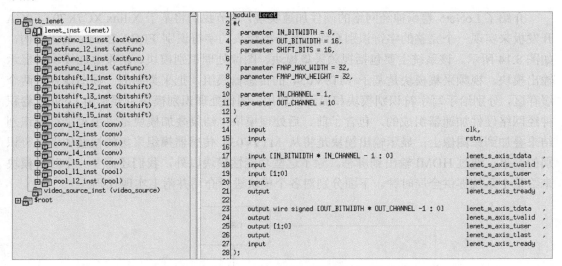

图 8.12　延时优先的 LeNet5 卷积神经网络的仿真代码结构

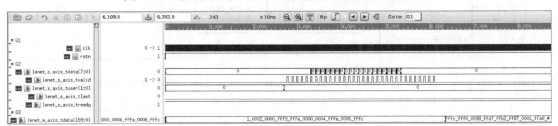

图 8.13　延时优先的 LeNet5 卷积神经网络的仿真结果

　　最终,笔者对 LeNet5 卷积神经网络用了两个硬件加速方法分别实现,也进行了对比,受限于 FPGA 板的资源,选择了资源有限的硬件加速方法,实现把 LeNet5 卷积神经网络放在 Xilinx 的 XC7K70T FPGA 开发板上,并实现了摄像头采集数据和基于 HDMI 的手写字符识别结果的显示,整套系统将在 8.3 节具体介绍。FPGA 中的可用 DSP、BRAM 资源对比,如表 8.3 所示。

表 8.3　FPGA 中的可用 DSP、BRAM 资源对比

系　　列	型　　号	DSP	BRAM (Mbit)
Sparten 7	XC7S50	120	2.7
Kintex 7	XC7K70T	240	4.9
ZYNQ	XC7Z020	220	4.9
ZYNQ	XC7Z035	900	17.6
Kintex UltraScale	KU060	2760	38
Kintex UltraScale	KU115	5520	75.9
Virtex UltraScale+	VU9P	6840	75.9+270

8.3 基于摄像头的字符识别 FPGA Demo 的搭建与实现

介绍了 LeNet5 卷积神经网络的硬件加速实现，本节我们将基于 Xilinx XC7K70T FPGA 开发板来实现一个完整的字符识别系统，基于摄像头的字符识别 FPGA Demo 系统架构，如图 8.14 所示。该系统主要包括视频采集模块、图像处理识别模块、结果叠加模块和显示输出模块。视频采集模块是基于 MT9V034 的传感器模组，把采集到的一帧图像存入两个缓存区，分别给手写字符识别模块和显示模块用；图像处理识别模块主要是由 LeNet5 卷积神经网络硬件加速器组成的，包含了前、后处理模块；结果叠加模块是将手写字符的识别结果叠加到原图像上；显示输出模块是将从 MT9V034 传感器模组采集的帧叠加上字符识别的结果，通过 HDMI 输出到屏幕。除了这些功能性模块以外，我们还需要一个时钟模块来给整个系统提供全局时钟。下面分别对各个模块进行介绍并附上实现代码。

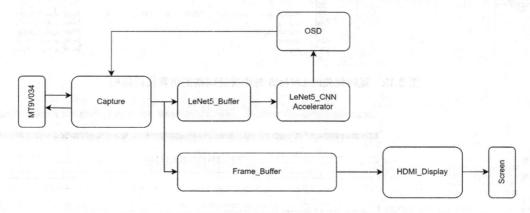

图 8.14 基于摄像头的字符识别 FPGA Demo 系统架构

MT9V034 是一个 Wide-VGA 分辨率（752×480）的 CMOS 图像传感器，可以选择的输出数据格式为 RGB Bayer 或者 Monochrome。图像传感器接口可以配置为传统的并口（DVP）或者串行低电压差分信号（LVDS），MT9V034 图像传感器的系统框图，如图 8.15 所示。本节采用 MT9V034 图像传感器的 Monochrome 数据格式，省去了 RGB 数据转黑白数据的过程。

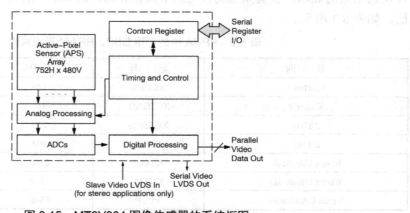

图 8.15 MT9V034 图像传感器的系统框图

　　视频采集模块主要包含 MT9V034 图像传感器的配置模块（I2C_MT9V034_Gray_Config.v）和 MT9V034 图像传感器的数据采集模块（CMOS_Capture_RAW_Gray.v）。MT9V034 图像传感器的配置模块比较简单，只需要通过 I2C 接口对图像传感器的寄存器配置所需要的值就可以得到我们所需要的输出数据格式和时序。本节采用的是查找表来存储所需要的配置，具体配置代码如下所示。

```verilog
//////////////////////  Config Data LUT  //////////////////////
always@(*)
begin
  case(LUT_INDEX)
    //MT9V034 Register
    //Read Data Index
    0 : LUT_DATA = {8'hFE, 16'hBEEF}; //Register Lock Code(0xBEEF:
unlocked, 0xDEAD: locked)
    1 : LUT_DATA = {8'h00, 16'h1313}; //Chip Verision (Read only)
    //Write Data Index
    //[Reset Registers]
    2 : LUT_DATA = {8'h0C, 16'h0001}; // BIT[1:0]-Reset the Registers, At
least 15 clocks
    3 : LUT_DATA = {8'h0C, 16'h0000}; // BIT[1:0]-Reset the Registers
    //[Vertical/Hortical Mirror]
    4 : LUT_DATA = {8'h0D, 16'h0320}; // BIT[4] : ROW Flip; BIT[5]: Column Flip
    default: LUT_DATA = {8'h00, 16'h1313}; //Chip Verision (Read only)
  endcase
end
```

　　在 MT9V034 图像传感器的数据采集模块中，我们主要是做一些滤波和同步操作，比如过滤掉错误帧和对输入的信号和数据做同步处理，具体实现见 CMOS_Capture_RAW_Gray.v。另外还有一个 Capture 模块负责将接收的图像传感器数据缓存到 Frame_Buffer，给字符识别模块和显示模块使用。该模块同时还会接收字符识别的结果，并叠加到原图像中。接口定义及具体实现代码如下（CAPTURE.v）。

```verilog
module CAPTURE (
  input             rst, pclk , href , vsync,
  input [7:0]       din ,

  output [7:0]      osd_aa,
  output            osd_cena,
  input  [7:0]      osd_qa,

  output reg [7:0]  buff_dout,
  output reg        buff_wr,
  output reg [18:0] buff_addr,

  output reg [7:0]   db_src,
  output reg         cenb_src,
```

```
  output reg [9:0]    ab_src
);

parameter    IMG_WID = 640;
parameter    IMG_LEN = 480;
parameter    X_VALID = 32;
parameter    Y_VALID = 32;
parameter    X_START = (IMG_WID - X_VALID) / 2;
parameter    Y_START = (IMG_LEN - Y_VALID) / 2;

parameter    DIS_X_VALID   = 16;
parameter    DIS_Y_VALID   = 16;
parameter    DIS_X_START   = IMG_WID - DIS_X_VALID;
parameter    DIS_Y_START   = IMG_LEN - DIS_Y_VALID;

    wire  [7:0] data8 = din ;
    wire  wr8 = href ;

    reg [7:0] t8 ;
    reg t8_valid ;

    always @ (posedge pclk)
      if (wr8)
        t8 <= data8;

    always @ (posedge pclk)
      if (rst | vsync)
        t8_valid <= 0;
      else
        t8_valid <= wr8;

reg[$clog2(IMG_WID)-1:0]    xcnt;
reg[$clog2(IMG_LEN)-1:0]    ycnt;

wire  xdone = (xcnt == IMG_WID - 'd1) && t8_valid;
wire  ydone = (ycnt == IMG_LEN - 'd1) && xdone;

always @(posedge pclk) begin
    if (rst | vsync)
    xcnt <= 'h0;
    else if(xdone)
    xcnt <= 'h0;
    else if(t8_valid)
    xcnt <= xcnt + 'h1;
end
```

```
always @ (posedge pclk) begin
  if (rst | vsync)
    ycnt <= 'h0;
  else if(ydone)
    ycnt <= 'h0;
  else if(xdone)
    ycnt <= ycnt + 'h1;
end

  wire  roi_xvalid = t8_valid && (xcnt >= X_START) && (xcnt < X_START +
X_VALID);
  wire  roi_yvalid = t8_valid && (ycnt >= Y_START) && (ycnt < Y_START +
Y_VALID);
  wire  roi_valid = roi_xvalid && roi_yvalid && t8_valid;

  wire  dis_roi_xvalid = t8_valid && (xcnt >= DIS_X_START) && (xcnt <
DIS_X_START + DIS_X_VALID);
  wire  dis_roi_yvalid = t8_valid && (ycnt >= DIS_Y_START) && (ycnt <
DIS_Y_START + DIS_Y_VALID);
  wire dis_roi_valid = dis_roi_xvalid && dis_roi_yvalid && t8_valid;

  assign osd_aa = (xcnt - DIS_X_START) + (ycnt - DIS_Y_START) * 'd16;
  assign osd_cena = dis_roi_valid;
  reg osd_cena_d1;
  always@ (posedge pclk)
    osd_cena_d1<= osd_cena;

reg [7:0]  buff_dout_tmp;
reg     buff_wr_tmp;

  always@ (posedge pclk)
    buff_wr_tmp<= t8_valid; //roi_valid;

  always@ (posedge pclk)
  if(roi_valid)
    buff_dout_tmp<= t8;
  else
    buff_dout_tmp<= t8;

reg vsyncr ;
always@(posedge pclk)
  vsyncr<=vsync ;

always@ (posedge pclk)
  cenb_src <= roi_valid;
```

```
always@ (posedge pclk)
  db_src <= t8;

always@ (posedge pclk)
    if ( vsyncr | rst )
      ab_src<=0;
    else if (cenb_src)
      ab_src<=ab_src+1;

always @(posedge pclk) begin
  buff_wr <= buff_wr_tmp;
    if (osd_cena_d1)
      buff_dout <= osd_qa;
    else
      buff_dout <= buff_dout_tmp;
end

    always@ (posedge pclk)
      if ( vsyncr | rst )
        buff_addr <= 'd0;
      else if (buff_wr)
        buff_addr <= buff_addr + 'd1;

endmodule
```

图像处理识别模块主要是由 LeNet5 卷积神经网络硬件加速器组成的，各个模块已经详细介绍过，本节就不展开说明了，加速器模块的顶层实现见 lenet.v 文件。视频采集模块的输出会存入一个双口 SRAM 中，作为硬件加速器的输入。图像处理识别模块的输出为 4bit，对应 0~9 表示字符识别的结果。

字符识别的结果输出到 OSD 模块，该模块相对比较简单，主要是由一个存储显示字符的 ROM 组成，包含了 0~9 数字对应 16×16 大小的像素值，具体代码如下（osd.v）。

```
//16 x 16
module osd_digit_rom (
  input           clk,
  input           rstn,
  input   [3:0]   digit,
  input   [7:0]   aa,
  input           cena,
  output reg [7:0]  qa
);

reg [0:255][0:7] rom[0:9];

always @ (posedge clk)
```

```
      if (cena)
        qa <= #0.1 rom[digit][aa];

    initial begin
        rom[0] = {8'hF7, 8'h67, 8'h0B, 8'h00, 8'h00, 8'h00, 8'h00, 8'h00,
8'h00, ......, 8'hF7};
        rom[1] = {8'hF7, 8'h67, 8'h0B, 8'h00, 8'h00, 8'h00, 8'h00, 8'h00,
8'h00, ......, 8'hF7};
        rom[2] = {8'hF7, 8'h67, 8'h0B, 8'h00, 8'h00, 8'h00, 8'h00, 8'h00,
8'h00, ......, 8'hF7};
        rom[3] = {8'hF7, 8'h67, 8'h0B, 8'h00, 8'h00, 8'h00, 8'h00, 8'h00,
8'h00, ......, 8'hF7};
        rom[4] = {8'hF7, 8'h67, 8'h0B, 8'h00, 8'h00, 8'h00, 8'h00, 8'h00,
8'h00, ......, 8'hF7};
        rom[5] = {8'hF7, 8'h67, 8'h0B, 8'h00, 8'h00, 8'h00, 8'h00, 8'h00,
8'h00, ......, 8'hF7};
        rom[6] = {8'hF7, 8'h67, 8'h0B, 8'h00, 8'h00, 8'h00, 8'h00, 8'h00,
8'h00, ......, 8'hF7};
        rom[7] = {8'hF7, 8'h67, 8'h0B, 8'h00, 8'h00, 8'h00, 8'h00, 8'h00,
8'h00, ......, 8'hF7};
        rom[8] = {8'hF7, 8'h67, 8'h0B, 8'h00, 8'h00, 8'h00, 8'h00, 8'h00,
8'h00, ......, 8'hF7};
        rom[9] = {8'hF7, 8'h67, 8'h0B, 8'h00, 8'h00, 8'h00, 8'h00, 8'h00,
8'h00, ......, 8'hF7};
    end

    endmodule
```

HDMI 显示模块，首先将叠加过字符识别结果的图像数据从 Frame_Buffer 中取出，然后显示分辨率和帧率做出对应的时序，具体实现可参考 lcd_driver.v 文件。

整个字符识别的 FPGA Demo 系统就介绍完了，具体实现可以参考本书附带的工程。该工程在 XC7K70T FPGA 板上综合后的资源利用率，如图 8.16 所示，可以看到 DSP 的资源利用率相对比较高，达到了 50%，使用了 121 个 DSP。做完布局布线（Place & Route）之后，资源利用率（Utilization）发生了比较大的变化，FPGA Demo 布局布线后的资源利用率，如图 8.17 所示。DSP 的利用率没有改变，BRAM 和 LUT 的资源利用率，增加的比较多，这是由于①我们将权重值直接固化在代码中了；②中间的特征图都存储在被优化为 BRAM 的内存中。

FPGA Demo 的演示效果，如图 8.18 所示。上图是 MATLAB 生成的手写字符，并显示在屏幕上，1 组 5 个，30ms 更新 1 次。MT9V034 图像传感器的摄像头对着屏幕，LeNet5 卷积神经网络硬件加速器只对中间的手写字符进行识别，实时识别的结果叠加在中间的手写字符下方，下图为 FPGA Demo 的实时识别结果。

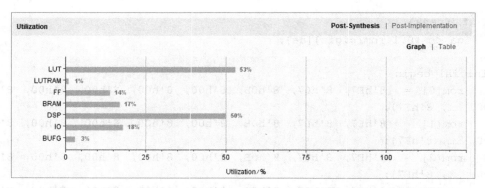

图 8.16　FPGA Demo 工程在 XC7K70T FPGA 板上综合后的资源利用率

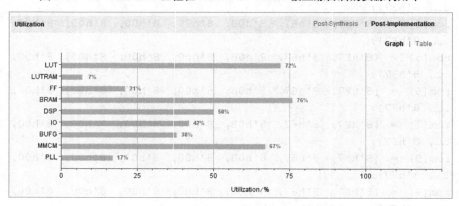

图 8.17　FPGA Demo 布局布线后的资源利用率

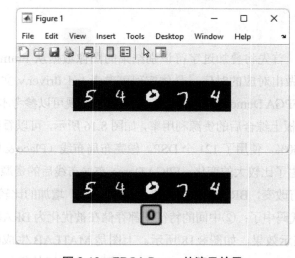

图 8.18　FPGA Demo 的演示效果

本章小结

本章首先简要介绍了不同的神经网络及其发展，然后选择了一个比较经典的手写字符识别 LeNet5 卷积神经网络作为案例，结合 FPGA 硬件实现。本章从 LeNet5 卷积神经网络的 MATLAB 实现分析了卷积神经网络中的基础算子，针对不同的算子提出了两种硬件加速方法并实现，最后将 LeNet5 卷积神经网络硬件加速器集成到 FPGA 系统上，加入了视频采集和显示模块，实现了一个完整的手写字符识别 FPGA Demo 系统，该系统给卷积神经网络的硬件加速提供了一个相对简单但通俗易懂的案例。在真实场景的应用中，还有很多需要考虑的，比如算法精度、量化方法，在资源和延时之间的平衡等软、硬件上的各种问题。FPGA 在搭建 Demo 系统上有其独有的优势，但是在很多大规模应用场景上，又有无法避免的劣势。卷积神经网络加速器在最近十年得到了极快的发展，在软、硬件深度融合的方向上愈行愈远。本章内容仅作抛砖引玉之用，有兴趣的读者可以继续深入探索。

上半页顶部有被遮挡的正文内容，难以辨识。

第 9 章
传统 ISP 及 AISP 的图像处理硬件加速引擎介绍

9.1　ISP 介绍

9.1.1　ISP 简介

图像信号处理器（Image Signal Processor，ISP），其历史可以追溯到 20 世纪 60 年代。1959 年贝尔实验室发明了金属氧化物半导体场效应晶体管（MOSFET），对整个电子行业的发展有着深远的意义，也奠定了图像传感器的基础。贝尔实验室在 1969 年发明了基于 MOS 结构的电荷耦合器件（Charge-Coupled Device, CCD）传感器，可以将光信号转变成电荷，并在电容中存储起来以便读出。真正的 CCD 图像传感器到 1973 年才由仙童（Fairchild）半导体公司开发出来商用，索尼公司同年也实现了第 1 颗 8×8 分辨率的 CCD 传感器。随着技术的发展，索尼公司在 1980 年发布了第 1 款商业化量产的 11 万像素的彩色 CCD 摄像机，CCD 图像传感器及基于 CCD 图像传感器的相机系统，如图 9.1 所示。这算是数码摄像机的开端，推动了整个摄像机行业的进步，并且逐步取代光学摄像机。20 世纪 90 年代初，互补金属氧化物半导体（CMOS）图像传感器由 Eric Fossum 团队开发出来，CMOS 工艺制程一直按照"摩尔定律"所预测的方向飞速发展，器件尺寸不断缩小，让 CMOS 图像传感器的性能逐步达到并超越了 CCD 图像传感器。

CCD 或者 CMOS 图像传感器是将光信号转

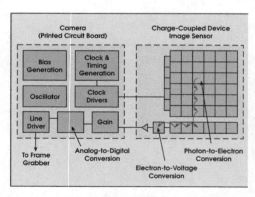

图 9.1　CCD 图像传感器及基于 CCD 图像传感器的相机系统（见延伸阅读[1]）

换为模拟信号，最后经模拟数字转换器（Analog to Digital Converter，ADC）转为数字信号，传输到下一级处理器。这个时候就需要用到数字信号处理器（Digital Signal Processor，DSP），也就是 ISP 的超集。随着图像传感器的快速发展，市场对图像质量的要求越来越高，虽然通用处理器（CPU）和 DSP 发展迅速，但是也满足不了所有对图像进行实时处理应用的需求。这时候 ISP 应运而生，一个典型的数字成像系统，比如数码相机或者数字摄像机等，典型的数字成像系统框图，如图 9.2 所示，包含镜头（Lens）、快门/光圈（Shutter Iris）、图像传感器（Image Sensor）、模拟信号处理器（Analog Signal Processer，ASP）、模数转换器（ADC）、DSP/ISP 和外围存储或者显示设备（Storage/Display/Other Interface）。

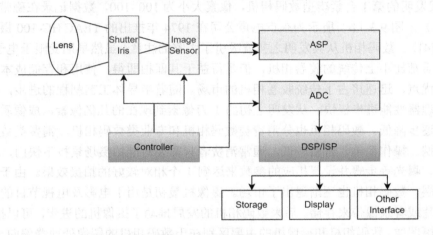

图 9.2　典型的数字成像系统框图（见延伸阅读[2]）

数字成像系统的前端主要是由光学系统和成像系统组成的，即图 9.2 所示的灰色模块。光学系统主要包含镜头、光圈和滤波器。因为 CCD 或者 CMOS 图像传感器对红外波段的光线有比较高的灵敏度，如果不加入红外线滤光片会导致图像质量整体偏色，不能完全还原真实的场景。除此以外，图像传感器前侧还会加上一块光学低通滤波器（OLPF）来减轻图像摩尔纹的产生。通常在图像处理器中也会用数字抗混叠滤波器（Anti-aliasing filter）来达到 OLPF 的效果，此做法也会损失一定的图像细节。成像系统通常包含光电转换模块、模拟预处理模块和模数转换模块。光电转换模块主要通过光电二极管将光信号转换为电荷，并存储在 MOS 电容器内。模拟预处理模块负责采样读取、自动增益控制（Automatic Gain Control，AGC）、电平钳制等。模数转换模块是将像素阵列中读取的模拟量转换为数字信号，通常是 10bit 精度以上。

数字成像系统的后处理部分主要包括 ISP 和控制器，即图 9.2 所示的深色模块，以及外围的存储和显示设备。ISP 内通常包含一个控制器和一系列的图像处理算法专用硬件模块。控制器是用来控制整个成像系统的工作顺序的，包含自动曝光、自动白平衡、自动对焦，以及各个图像处理算法。数字成像系统的后处理部分负责将图像传感器输出的原始像素值还原为人眼可读的彩色图像，并且还原的彩色图像质量相对较好，尽可能地接近真实世界的场景。

9.1.2　ISP 的应用

ISP 从发明之初到现在，经历了飞速的发展，已经应用到我们生活中的方方面面。本节主要介绍几种主流的应用场景，包括数码相机、摄像机等传统的应用和最近 30 年兴起的手机和运动相机等小型便携式的应用，还有安防、工业、医疗、车载等行业的应用。

9.1.2.1　传统应用

ISP 的传统应用主要包括数码相机和摄像机，如图 9.3 所示。图 9.3（a）所示为 20 世纪 70 年代发明的第 1 台紧凑型数码相机，像素大小为 100×100，数据记录在磁带上（见延伸阅读[3]）；图 9.3（b）所示为东京电声公司在 1974 年推出的 TEAC HC-100 摄像机（见延伸阅读[4]）。数码相机从其发明之初就吸引了大家的注意，虽然早期受限于电子元器件，像素和画质都比不上传统的胶卷相机，但是得益于其即拍即得，使用和存储成本低，可后期修改等优点，迅速挤占了传统胶卷相机的市场。随着半导体工艺制程的进步，数码相机的图像处理器性能进步极快，从发明之初的 1 万像素到现在的几亿像素，成像质量越来越好，成本逐步降低。数码相机也分消费类数码相机和专业类数码相机。消费类数码相机的特点是便携、操作简单、价格较低。通常消费者只需要对准拍摄场景按下快门，相机自动完成对焦、曝光等步骤并设置相应的参数来达到 1 个相对较好的拍摄效果。由于手机相机的快速发展，数码相机也逐渐退出了市场。摄像机最初是用于电影及电视节目的制作的，需要用底片或者录像带来存储。后来数码相机的发展推动了摄像机的进步，可以拍摄视频，也可以拍摄图像。数码相机和摄像机的主要区别在于数码相机的图像处理器偏向于功能性，可以完成很多自动化的操作，对于图像的分辨率、帧率和还原质量要求没有摄像机高。摄像机的图像处理器更偏重于图像和视频的成像效果，当然也会兼顾一定的功能性以减轻摄像师的工作量。

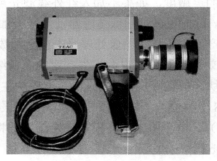

（a）数码相机　　　　　　　　　　　（b）摄像机

图 9.3　数码相机和摄像机示意图

9.1.2.2　新兴应用

区别于传统的拍照或者拍摄应用，图像处理器跟随相机的发展被加入手机里面，手机 1 个摄像头模组的基本构成，如图 9.4 所示。2000 年 9 月，首款搭载 11 万像素相机的手机夏普 J-SH04 横空出世，开启了手机相机的序幕。2000—2006 年，手机相机完成了从 11 万级像素到 1000 万级像素的跃迁。虽然像素数上有量的提升，但是手机相机并没有给用户体验带来质的变化。直到 2012 年，随着智能手机的普及，手机上的拍照功能逐渐得到重视，手机相机也出现了百花齐放式的发展，有堆像素数的（诺基亚 808）；有增加像素尺寸的（松下 CM1）；也有在拍照功能上下功夫的，比如加入光学防抖（Lumia 920）、变焦拍摄（Galaxy S4 Zoom）等。相应的图像处理器也得到了飞速地发展，向着高分辨率、高帧率、多功能的方向演进，为后续的多摄像头和超宽动态成像打下了坚实的基础。图像处理器的另一个新兴便携式应用就是运动相机，运动相机是用来拍摄高速运动的相机，通常主打的是拍摄视频而不是静态图像。运动相机领域最具代表性的公司就是 GoPro 公司。他们推出了一系列产品来覆盖全运动场景，包括高空跳伞、深海潜水等。不同于数码相机可以被手机相机取代，运动相机以其相对较高的技术门槛保住了一定的市场。运动相机中的图像处理器更侧重于满足运动场景的需求，比如在水下需要保持清晰的拍摄效果；在高空跳伞中需要广角和宽动态成像；在越野摩托车赛中需要支持防抖功能。另外，运动相机一般要固定在运动器械或者佩戴在运动者身上，具备体积小、重量轻等特点。

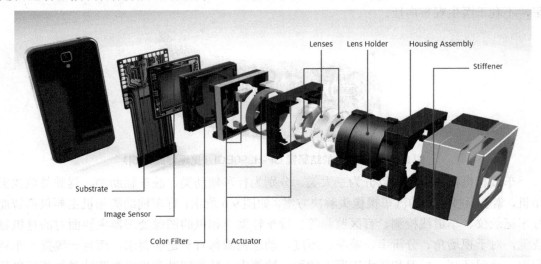

图 9.4　手机 1 个摄像头模组的基本构成（见延伸阅读[5]）

9.1.2.3　行业应用

除了传统应用和新兴应用，图像处理器能广泛地应用于各种行业，如安防监控行业、工业生产行业、医疗器械行业和车载相机行业。安防监控相机的种类很多，按照用途来分，有家用监控相机，还有普通安防监控相机；按照视频传输介质来分，有无线监控相机和有线监控相机；按照视频信号格式来分，有网络监控相机、模拟监控相机和数字监控相机。虽然安防监控行业的标准很多，面对的场景多种多样，但其核心的图像处理器并没有比手机或者运动相机更复杂。一般的图像处理器足以应付 95% 的场景，另外 5% 的长尾场景对图像处理器的要求更高，如星光夜视全彩成像，电池供电可待机一年等。图像处理器不仅对成像质量有要求，还对整颗芯片的功耗和性能有要求。当然正是因为长尾场景，才有了各种各样的图像处理器，来满足日益增长的需求。

工业生产行业也需要相机来检测生产流水线上的产品质量，如果产品有瑕疵需要标注出来，这种场景下，主要要求图像处理器在限定的环境中进行高速成像，不能给生产流水线带来额外的时间开销，从而影响整条生产线的效率。

内窥镜是图像处理器在医疗行业中应用比较广泛的产品，奥林巴斯的结肠镜 CF-H290ECI，如图 9.5 所示。内窥镜主要指经过各种管道或者创口进入到人体内，以观察人体各个器官的状态或者寻找各种病变的医疗仪器。按照内窥镜作用的不同部位，可以分为耳鼻喉内窥镜、腹腔镜、胃镜、肠镜等；按照镜体材质，可以分为硬式内镜（Rigid endoscope）和软式内镜（Flexible endoscope）。内窥镜图像处理器的发展是相对滞后于整个图像处理器行业的发展的，主要是受限于医疗行业的特点，对安全性、稳定性的要求极高。内窥镜对于成像质量的要求并没有很高，因为一般在腔内，是有光源进行补光的，但是对处理速度有相对较高的要求，比如帧率最低不低于 50Hz，延迟最大不大于 150ms。所以内窥镜的图像处理器架构会与普通的图像处理器架构有一定的区别，例如，安防监控图像处理器中的 3D 降噪或者 HDR 在内窥镜的图像处理器中并不是必需的，相反会引入更多的延迟或者拖影，不利于医生观察病灶。

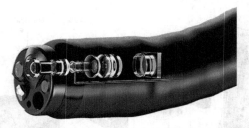

图 9.5　奥林巴斯的结肠镜 CF-H290ECI（见延伸阅读[6]）

车载相机按照功能可以分为三大类，分别为行车辅助类、驻车辅助类、驾驶员监控类相机，索喜科技提供的汽车摄像头解决方案，如图 9.6 所示。行车辅助类相机主要包括智能行车记录仪、车道线检测、盲区监测等。行车辅助类相机的图像处理器主要面对的是机器视觉，对于视场角、分辨率、帧率、照度、动态范围都有一定的要求，而且一般置于车辆四周，要保证高、低温和防水工况下的稳定性要求；驻车辅助类相机主要针对低速行驶场景，包括倒车影像和 360°环视等；驾驶员监控类相机主要面向车内环境，对驾驶员或者车内的情况进行智能监控，对于驾驶员的疲劳、分神及车内其他异常情况进行预警。车载相机如果想在出厂前就安装上还需要通过车规级认证，要保证在各种极其恶劣的环境下有足够长的使用寿命。

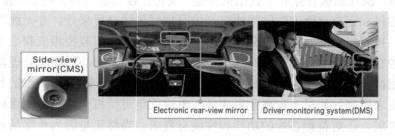

图 9.6　索喜科技提供的汽车摄像头解决方案（见延伸阅读[7]）

9.1.3　ISP 基础算法及流水线

ISP 的主要功能是使用一些特定的图像处理算法来一步步地将 CMOS 图像传感器输出的原始（RAW）数据还原成 RGB 或者 YUV 数据，以便进一步处理或者显示。ISP 按照数据域可以简单地分为三部分，Bayer 域、RGB 域、YUV 域图像处理算法模块，如图 9.7 所示。

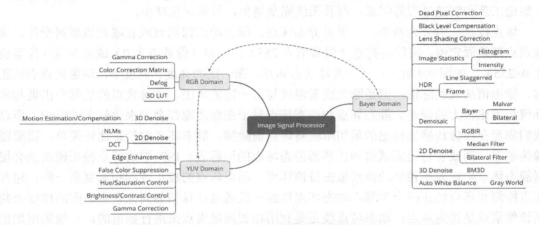

图 9.7　ISP 的 Bayer 域、RGB 域、YUV 域图像处理算法模块（见延伸阅读[8]）

本节主要介绍 ISP 中各部分的基础图像处理算法，HDR、3D 降噪、3D LUT 等算法不包含在本节内容中。一个包含基础图像处理算法的 ISP，其各个图像处理算法模块和流水线，如图 9.8 所示。Bayer 域图像处理算法主要包括坏点校正（Dead Pixel Correction）、黑电平补偿（Black Level Compensation）、镜头阴影校正（Lens Shading Correction）、自动白平衡增益控制（Auto White Balance Gain Control）、去马赛克（Demosaic）也可以被称为色彩滤波阵列插值（CFA Interpolation）；RGB 域图像处理算法主要包括伽马校正（Gamma Correction）、色彩校正矩阵（Color Correction Matrix）、色彩空间转换（Color Space Conversion）算法。YUV 域图像处理算法主要包括空间降噪（Spatial Denoise）、包含亮度和色度降噪（Noise Filter for Luma/Chroma）、边缘增强（Edge Enhancement）、伪彩抑制（False Color Suppression）、色彩和亮度控制（Hue/Brightness Control）算法。

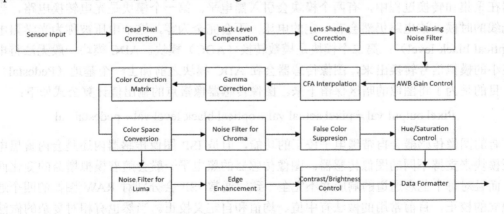

图 9.8　ISP 各个图像处理算法模块和流水线（见延伸阅读[8]）

9.1.4 Bayer 域的图像处理算法

从图像传感器制造的角度来看，感光器件阵列中的每个像素点都有可能存在工艺缺陷，或者制造过程中引入瑕疵，导致最终输出的像素值不能真实还原当前像素的实际值，这些像素点即被称为坏点（Dead pixel）。所以图像传感器出现坏点是一个概率问题，完全取决于制造工艺和制造过程等因素，而且无法完全避免，只能尽量减少。

坏点校正一般分为两类，一类是静态坏点，即无论成像场景或者曝光值如何变化，该像素点都是固定值，可能是亮点（像素值为 255）、暗点（像素值为 0）或者灰点（像素值在 0~255），如图 9.9 所示；另一类是动态坏点，在一定的亮度、温度下，该像素点表现正常，输出值接近实际值，但是曝光或者温度超出一定的范围，该像素点的值就会出现与实际值相差比较大的误差。静态坏点和动态坏点对于图像还原都会带来比较大的影响，所以我们需要在图像传感器输出的最初阶段将坏点消除掉。静态坏点的校正比较简单，需要图像传感器厂商或者自己测试得到传感器静态坏点的坐标表。ISP 中的坏点校正模块就会根据静态坏点坐标表用相邻的像素值去替换坏点。动态坏点的校正过程相对复杂一些，包含坏点检测和坏点校正两个步骤。动态坏点检测一般通过计算相邻同像素点之间的梯度来判断该像素点是否为坏点；动态坏点校正是利用相邻同像素点来进行插值的，一般采用均值或者中值滤波的方法。

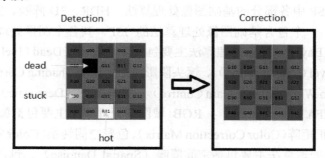

图 9.9　坏点检测与校正（见延伸阅读[8]）

图像传感器，首先将光信号转换为电信号，然后经过模数转换输出数字信号。图像传感器在采集和转换过程中，有两个模块会引入黑电平。第一个模块是光电转换电路，当没有光线的时候，该电路仍然会有一定的电压，不会完全为零，这个电压被称为光学黑电压（Optical black level）；第二个模块是模数转换（ADC）模块。ADC 模块一般无法将电压值很小的模拟信号转换出来，图像传感器会在 ADC 模块之前加上一个基地（Pedestal）电压，目的是为了将图像的暗区保留下来。图像传感器像素点的输出值计算公式如下：

$$\text{Pixel output val} = \text{pixel actual val} + \text{optical black level val} + \text{pedestal val}$$

有的图像传感器会自带黑电平校正的功能，但是 ISP 图像传感器内还是会内置黑电平校正模块来支持不同的图像传感器。图像传感器的黑电平一般会随着模拟增益的变化而变化，而且对每个色彩通道的响应并不完全一致。通常 ISP 会分别对 RAW 图像的四个通道做独立的校正，目前常用的做法有中值、均值和自定义校正。当然也有相对复杂的做法，有的 ISP 会根据图像传感器预先得到的黑电平和模拟增益的响应曲线来做拟合，在不同增益下减去对应的黑电平值。

镜头阴影校正主要为了解决由镜头对光线折射不均匀导致的图像传感器成像不一致的问题，图 9.10（a）所示为未进行镜头阴影校正的图像，图 9.10（b）所示为经过镜头阴影校正的图像。根据镜头的凸透镜原理，图像传感器的中心区域接收的光线比边缘区域接收的光线多，导致了图像传感器中心区域和边缘区域亮度不一致的现象。另外，由于不同颜色光的波长不一样，因此经过凸透镜折射的角度不一样，这也会造成颜色阴影（Color Shadow）。镜头的主光角（Chief Ray Angle）也会影响镜头阴影，当镜头 CRA 远小于图像传感器 CRA 时，会产生图像四周偏暗的情况；当镜头 CRA 大于图像传感器 CRA 时，会产生图像偏色的情况。所以针对不同的图像传感器，选择不同的镜头对于成像质量的影响差异很大。一般 ISP 采用双线性插值或者多项式拟合的方式来对不同的色彩通道进行补偿。镜头阴影校正需要在黑电平补偿之后，3A 统计信息之前来完成。

(a) 未进行镜头阴影校正的图像　　　　　　　(b) 经过镜头阴影校正的图像

图 9.10　镜头阴影校正示意图

自动白平衡控制在 ISP 中执行的功能相对简单，但是很重要。该模块主要完成数字增益控制的功能，首先由 CPU 根据 3A 统计信息得到白平衡和曝光参数；然后反馈到 ISP，在不同的色彩通道上乘以不同的增益来完成自动白平衡和自动曝光的功能，计算公式如下所示。Gain 是数字增益；$\frac{R_{\text{avg}}}{G_{\text{avg}}}$ Gain 是 R 通道上的白平衡增益；$\frac{B_{\text{avg}}}{G_{\text{avg}}}$ Gain 是 B 通道上的白平衡增益。

$$\begin{bmatrix} R' \\ \text{Gr}' \\ \text{Gb}' \\ B' \end{bmatrix} = \begin{bmatrix} R & 0 & 0 & 0 \\ 0 & \text{Gr} & 0 & 0 \\ 0 & 0 & \text{Gb} & 0 \\ 0 & 0 & 0 & B \end{bmatrix} * \begin{bmatrix} \dfrac{R_{\text{avg}}}{G_{\text{avg}}}\text{Gain} \\ \text{Gain} \\ \text{Gain} \\ \dfrac{B_{\text{avg}}}{G_{\text{avg}}}\text{Gain} \end{bmatrix}$$

去马赛克是 ISP 中不可或缺的核心模块，主要是将单通道 RAW 图像转换为三通道 RGB 图像，去马赛克示意图，如图 9.11 所示。去马赛克也被称为色彩滤波器阵列插值（Color filter array interpolation）。因为 CMOS 图像传感器并不能得到光的波长信息，所以需要在每个像素点前面加上不同颜色的滤波片来产生红、绿、蓝的色彩信息。因为人眼对于绿光（$\lambda = 550nm$）最敏感，所以保留了两通道的绿色信息。因此，我们得到的 RAW 图像，包含了红、绿、蓝色彩信息的通道数据。但是人眼可见的彩色图是需要每个像素点有红、绿、蓝三个通道的数据。这样就需要用到去马赛克或者色彩滤波器阵列插值将单通道数据补充为三通道数据。很多种插值算法可以完成去马赛克的功能，比如双线性插值（Bilinear interpolation）算法，基于梯度的插值（Gradient-based interpolation）算法和一些自适应插值算法。

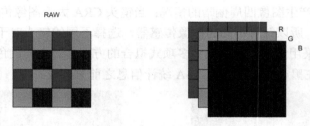

图 9.11　去马赛克示意图

9.1.5　RGB 域的图像处理算法

当图像数据从 RAW 域转换到 RGB 域的时候，我们就可以得到人眼可见的彩色图像了。伽马校正最初是针对 CRT 显示器提出的。CRT 显示器，首先采用阴极射线管对电子进行加速，然后撞击到带有特殊材质的屏幕上来产生画面。屏幕的显示亮度与电子数量成正比，电子数量又与加速电场相关。最终显示亮度与加速电压是一个对数函数关系，计算公式如下。V_{out} 是输出电平；V_{in} 是输入电平；γ 是可调节参数；A 是增益，不同 γ 值的对数函数曲线，如图 9.12 所示。

$$V_{out} = AV_{in}^{\gamma}$$

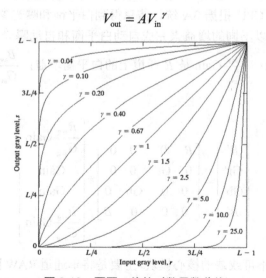

图 9.12　不同 γ 值的对数函数曲线

　　为了能保证原始图像的显示亮度,我们需要在电子加速之前对像素值做一个校正,让最终显示的图像达到线性效果。目前,CRT 显示器被 IPS 或者 LED 显示器取代退出了市场,但是伽马校正作为一个非线性变换模块被保留了下来,用来对图像的动态范围做一定的拉伸扩展。图 9.13(a)所示为未做伽马校正的图像,图 9.13(b)所示为经过伽马校正的图像,可以明显看到右图中的暗区得到了一定程度的提升,整个图像的动态范围得到了扩展。

(a)未做伽马校正的图像　　　　　　　　　(b)经过伽马校正的图像

图 9.13　伽马校正示意图

　　由于图像传感器、镜头、滤光片等因素的影响,还原后的图像跟人眼可见的色彩存在较大的差异,需要通过色彩空间矩阵来提高色彩饱和度以接近人眼可见的色彩效果。色彩空间矩阵计算公式如下所示。$R'/G'/B'$ 为 sRGB 色彩空间的红、绿、蓝三通道数据。3×3 的色彩空间矩阵是需要经过调试校准得到的,$R_{\text{offset}}/G_{\text{offset}}/B_{\text{offset}}$ 分别对应三通道的偏移量。

$$\begin{bmatrix} R' \\ G' \\ B' \end{bmatrix} = \begin{bmatrix} RR & RG & RB \\ GR & GG & GB \\ BR & BG & BB \end{bmatrix} \times \begin{bmatrix} R \\ G \\ B \end{bmatrix} + \begin{bmatrix} R_{\text{offset}} \\ G_{\text{offset}} \\ B_{\text{offset}} \end{bmatrix}$$

　　通常我们会在调试图像传感器输出的图像质量初期对色彩空间矩阵进行标定,一般对 24 色卡进行拍摄,得到一个没有做色彩空间矩阵变换的图像,对于每个色块求实际值与理想值的差值,从而可以求解得到一个变换矩阵。相机得到的 24 色块和理想 24 色块的差值,如图 9.14 所示。

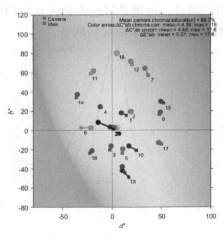

图 9.14　相机得到的 24 色块和理想 24 色块的差值

RGB 是一种比较常见的色彩空间，色彩空间还有 YCbCr 色彩空间、HSV 色彩空间等。考虑到人眼视觉系统对亮度的敏感度较高，对色度的敏感度相对低一点，ISP 可以将 RGB 色彩空间转换到 YCbCr 色彩空间，同时可以最大程度地保留亮度信息，也可以将亮度和色度信息分开处理。从 RGB 色彩空间到 YCbCr 色彩空间的转换公式（ITU-R BT.601）如下：

$$Y = 0.257R + 0.504G + 0.098B + 16$$
$$Cb = -0.148R - 0.290G + 0.438B + 128$$
$$Cr = 0.438R - 0.367G - 0.071B + 128$$

9.1.6　YUV 域的图像处理算法

图像在生成和传输的过程中往往会引入各种噪声干扰进而导致图像质量降低。图像噪声的来源有很多，比如光电转换噪声、电流噪声、ADC 噪声、各个转换处理模块引入的结构噪声等。图像噪声的特点包括随机性、相关性、叠加性等。随机性是指噪声在图像中呈现不规则分布，不仅体现在位置上，也体现在亮度的随机变化上。相关性是指往往图像中的暗区能看到更多的噪声干扰，亮区的噪声干扰不明显。叠加性是指图像噪声经过各个转换处理模块都会在一定程度上改变噪声的分布，并且各个模块引入的噪声是叠加的。根据噪声的分布可以大致把图像噪声分为高斯噪声（Gaussian Noise）、椒盐噪声（Pepper-Salt Noise）、均匀噪声（Uniform Noise）等。图像去噪的过程，首先是对噪声进行建模，得到噪声模型，然后采用相应的去噪算法去抵消噪声的影响。但是通常我们很难得到准确的噪声模型，只能尽量去区分图像中的有效噪声信息和无效噪声信息。双边滤波器（Bilateral Filter）是一个比较典型的空间滤波器，可以在保留边缘的同时去除噪声，具体可以参考本书的 4.5 节。

色彩的处理一般也是在 YCbCr 域完成的，得益于色度和亮度的分离，我们可以单独对色相（Hue）和饱和度（Saturation）进行提升，对亮度（Brightness）和对比度（Contrast）进行调整。色调通常可以用单个数字定量表示，通常对应于色彩空间坐标图（如色度图）或色轮上围绕中心或中性点或轴的角度位置，或者通过其主波长或补色波长。大多数可见光源都包含一定波长范围内的能量，色调是可见光谱内从光源输出的能量最大的波长。如图 9.15 所示的光波长与相对幅值的关系中曲线的峰值。

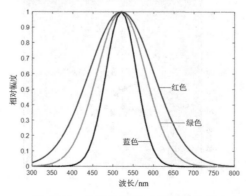

图 9.15　光波长与相对幅值的关系

颜色的饱和度由光强度的组合及它在不同波长的光谱中分布的程度决定，饱和度由曲线斜率的陡度表示。本节红色曲线表示饱和度较低的颜色；绿色曲线表示饱和度较高的颜色；蓝色曲线表示饱和度最高的颜色。随着饱和度的增加，颜色看起来更"纯"；随着饱和度的降低，颜色看起来更"褪色"。饱和度表示颜色的纯度或鲜艳度，没有白色，饱和度为 100% 的颜色不包含白色；饱和度为 0 的颜色对应于灰色阴影。色度和饱和度调整都应用于色度通道。色调调整涉及色调角度的变化，由 cos、sin 函数实现，计算公式如下：

$$Cb' = (Cb-128)\cos\theta + (Cr-128)\sin\theta + 128$$
$$Cr' = (Cr-128)\cos\theta - (Cb-128)\sin\theta + 128$$

色彩饱和度的调整公式如下，其中 k 是饱和度系数。

$$(Cb', Cr') = k\left[(Cb, Cr) - 128\right] + 128$$

亮度是可见光源能量输出强度的相对表达。它可以表示为总能量值（图 9.15 所示的每条曲线都不同）；或表示为强度最大的波长处的振幅（图 9.15 所示的三条曲线的振幅都相同）。在 RGB 颜色模型中，特定的红色、绿色和蓝色的振幅可以分别在 0~100% 的全亮度范围内，这些级别由 0~255 的十进制数或 00~FF 的十六进制数表示。亮度是由视觉目标的明亮程度引起的感知，但它不一定与明亮度成正比，是被观察对象的主观属性，是颜色外观模型的颜色外观参数之一。亮度调整公式如下，brightness 是亮度偏置值。

$$Y' = Y + \text{brightness}$$

对比度定义为系统能够产生的最亮颜色（白色）与最暗颜色（黑色）的亮度之比。高对比度是任何显示器要达到的理想方面，它与动态范围有相似之处。对比度调整公式如下，contrast 是对比度系数。

$$Y' = Y + (Y-127)\text{contrast}$$

9.2　基于 AI 的 ISP 图像加速引擎介绍

9.2.1　AI 在图像领域的应用

2012 年，AlexNet 是第一个在 ImageNet 大规模视觉识别挑战赛上打败其他传统图像处理算法的卷积神经网络，比第二名的 Top-5 错误率低 10.8%。从此，开启了将卷积神经网络大规模应用到计算机视觉领域的序幕。计算机视觉是指用相机和计算机来完成一些可以代替人对图像或者目标识别的高层次（High-level）图像处理应用。而 9.1 节提到的 ISP 是低层次（Low-level）图像处理应用。AI 在图像领域的初期应用中主要面向高层次的图像分类、目标检测或者语义分割等任务。图像分类是计算机视觉领域的基础问题，是目标识别或者图像分割等任务的基础。对于给定的图片，模型需要判别出图片中包含了什么目标，或者有多少个目标类型。目标检测是在图像分类的基础上更进一步地找出目标物体的坐标，输出的是目标物体的边界框（Bounding box）和目标物体的类别（Class）。语义分割在目标检测的基础上更进一步，需要对图像中的每个像素点的类型进行判断，以像素点为单位分割出图像中每种物体的类型。AI 在高层次图像处理任务中取得了巨大的进展，很多应用已经走入我们的生活，如人脸识别、自动驾驶、视觉设计等。AI 在低层次图像处理中也进入了百家争鸣的状态。2015 年，SRCNN 是香港中文大学 Chao Dong 等人提出的基于卷积神经网络做图像超分辨率的方法。同年，Qingyang Xu 等人提出了基于卷积神经网络的图像去噪方法，这才算将 AI 引入到低层次的图像处理任务中，去解决传统计算机视觉算法无法克服的问题。

9.2.2　AISP 简介

用端对端的 AI 模型替代整个 ISP 并取得较好的效果，是由英特尔实验室提出的"Learning to see in the dark"。针对视频监控领域常见的低照度场景，传统 ISP 不能很好地平衡图像细节和噪声大小，所以提出了一个基于端到端卷积神经网络的模型直接作用于 RAW 数据的低照度图像，仅加入黑电平校正模块，不引入其他 ISP 的图像处理模块，完全使用卷积神经网络去产生输出图像。图 9.16（a）所示为三种传统的 ISP 流水线（Traditional/L3/Burst），包括白平衡、去马赛克、去噪、色调映射等模块；图 9.16（b）所示为基于卷积神经网络的图像处理流水线。输入为 RAW 数据和放大系数，RAW 图像经过黑电平校正后进入全卷积神经网络，经全卷积神经网络处理后最终输出原始大小的 RGB 三通道图像。全卷积神经网络结构受限于 GPU 的内存大小，采用了多尺度上下文聚合网络和 U-Net。放大系数决定了输出图像的亮度增益，类似于相机中的 ISO 设置。

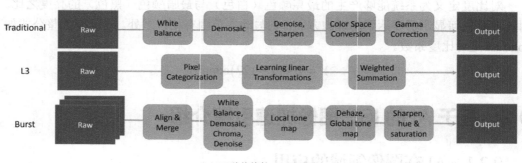

（a）三种传统的 ISP 流水线

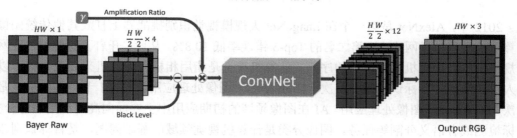

（b）基于卷积神经网络的图像处理流水线

图 9.16　不同结构的 ISP 流水线（见延伸阅读[9]）

数据集也做了重要贡献。众所周知，数据集会极大程度地影响卷积神经网络在计算机视觉任务的表现。对于低层次的图像处理任务，公开的真实数据集很少。所以他们收集了 5094 张短曝光图像和对应的长曝光图像。短曝光图像时间限制在 1/30~1/10s，长曝光图像时间是短曝光图像时间的 100~300 倍。这样短曝光图像作为训练数据输入，长曝光图像作为训练数据的真实参考。经过上千个周期（epochs）的训练，得到一个最终的模型参数在测试集上进行评估。为了体现基于卷积神经网络算法的效果，笔者选取了图 9.17（a）所示的经传统 ISP 流水线线性拉伸的图片，图 9.17（b）所示的经传统 ISP 流水线线性拉伸后加入 BM3D 降噪的图片和图 9.17（c）所示的经基于卷积神经网络流水线的图片。从对比结果来看，基于卷积神经网络流水线的图片质量明显优于其他两种传统 ISP 流水线和降噪算法，保留了图像的细节，同时抑制了噪声。

（a）经传统 ISP 流水线线性拉伸　　（b）经传统 ISP 流水线线性拉伸后加　　（c）经基于卷积神经网络流水线的图片
的图片　　　　　　　　　　　入 BM3D 降噪的图片

图 9.17　三种不同图像处理流水线的结果（见延伸阅读[9]）

虽然从结果上看，基于卷积神经网络流水线的模型能达到较好的效果，但是仍然有很多不足。首先，该模型只评估了静态图片，并没有对连续图像或者视频进行测试；其次，基于卷积神经网络的流水线模型泛化能力较差，针对不同的图像传感器需要重新训练网络；最后，基于卷积神经网络的流水线模型在 CPU 或者 GPU 上处理速度比较慢，达不到传统 ISP 流水线的处理速度。

另外，提出用卷积神经网络模型替代手机相机 ISP 的是来自瑞士苏黎世联邦理工学院（ETH）的团队。其实与上面介绍的"Learning to see in the dark"有一定的相似性。两者都考虑用卷积神经网络模型将 RAW 图像转换成 RGB 图像，也建立了各自的数据集。不同的是前者是聚焦在低照度图像的处理问题上，主要完成低照度提升、去噪、动态范围拉伸等功能；后者是用卷积神经网络模型来替代手机相机中的 ISP，更加强调的是替代传统 ISP 流水线的功能。所以 ETH 团队提出了一个新颖的金字塔卷积神经网络的网络结构 PyNet，如图 9.18 所示。该网络结构包含 5 个层次的特征，分别对应 Level4~5：全局色彩、亮度和对比度校正；Level2~3：全局内容（色彩和形状）的复原；Level1：局部图像校正（细节增强、去噪、局部色彩处理等）。这些层次的构建是受传统 ISP 图像处理模块影响的。如白平衡、图像亮度、色彩映射这些作用于全局图像的是属于高层次特征（High-level features）；局部细节增强、去噪等属于低层次特征（Low-level features）。在构建基于卷积神经网络的图像处理流水线上，这些思路是值得我们借鉴的，将图像看作是不同层次的特征之间的融合。

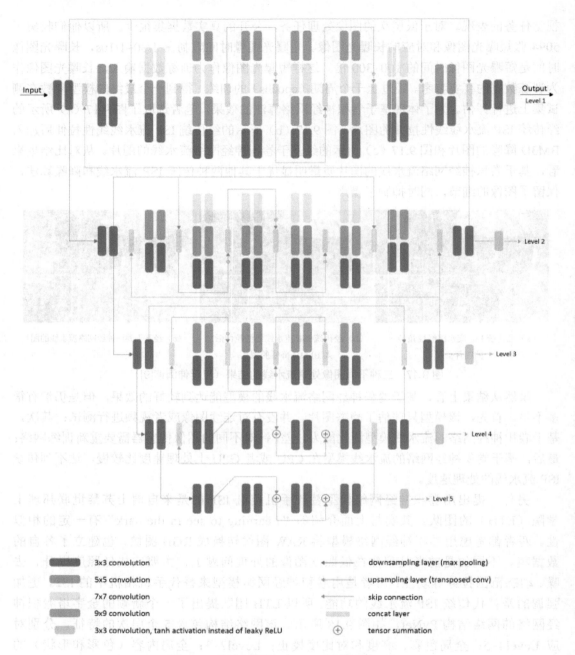

3x3 convolution
5x5 convolution
7x7 convolution
9x9 convolution
3x3 convolution, tanh activation instead of leaky ReLU

downsampling layer (max pooling)
upsampling layer (transposed conv)
skip connection
concat layer
⊕ tensor summation

图 9.18　网络结构 PyNet（见延伸阅读[10]）

　　本节主要从三个方面来评估 PyNet 的效果。一，与同样为 image2image 的网络结构对比，看 PyNet 是否能表现更好的图像效果；二，与华为 P20 内置 ISP 进行对比，看成像质量是否有提升；三泛化能力评估，利用黑莓 K1 的 RAW 图像数据进行还原，看是否能同样保证成像质量。7 种不同架构的结果，从左至右，从上至下分别是 RAW 图像、SRCNN、VDSR、SRGAN、Pix2Pix、U-Net、DPED、PyNet、华为 ISP、Canon，如图 9.19 所示。

图 9.19　7 种不同架构的结果（见延伸阅读[10]）

整体来看，PyNet 在成像质量和细节还原上是优于其他 image2image 网络结构的，和华为 P20 手机的 ISP 及 Canon 单反相机的成像质量差别不大，整体视觉效果更好。RAW/PyNet/华为 P20 ISP/Canon 5D 成像对比，如图 9.20 所示。泛化到黑莓 K1 手机上，整体成像效果比黑莓 K1 ISP 的图像亮度更高，对比度更高，甚至略有过曝。黑莓 K1 RAW/PyNet/黑莓 K1 ISP 成像对比，如图 9.21 所示。从原型上验证了卷积神经网络模型是有潜力去替代手机端的 ISP 的，但是受限于硬件算力，基于卷积神经网络的流水线模型无法达到手机相机实时处理的要求。

图 9.20　RAW/PyNet/华为 P20 ISP/Canon 5D 成像对比（见延伸阅读[10]）

图 9.21　黑莓 K1 RAW/PyNet/黑莓 K1 ISP 成像对比（见延伸阅读[10]）

虽然两者都未能完全应用于实际 ISP 产品中，但是给 AI+ISP 提供了有力的支撑。现在不管是学术界还是工业界，对于 AISP 的研究和应用越来越多了。AIM2020 Challenge on Learned Image Signal Processing Pipeline 是一个聚焦于 AISP 的竞赛，其中提出了很多不同的卷积神经网络架构，也达到了很不错的效果，有兴趣的读者可以去参考、查阅。完全采用 AISP 去替代传统 ISP 目前看来还有一定的距离，主要有以下几点原因：

（1）AISP 的成像效果并没有很稳定，不能完全覆盖所有场景，传统 ISP 虽然在成像质量方面有所限制，但是几乎能覆盖所有场景。

（2）AISP 的效果调试比较受限，传统 ISP 的算法理论基础扎实，也有相应的调试流程和工具，可以对每个算法模块的参数进行调整。AISP 的参数就是整个卷积神经网络的权重，如何调整权重对于 AISP 来说是一个比较大的挑战，当然 AISP 也有相对应的 AI Tuning 工具，智能化的图像调优是未来图像领域发展的重要方向之一。

（3）AISP 可以看作是一个卷积神经网络，相应的硬件架构也会调整为 NPU 而不是传统的 ISP 流水线架构，这对 NPU 的算力和功耗等要求非常高。

（4）即使 NPU 的算力、功耗能满足 AISP 的需求，NPU 的带宽和延时也限制着 AISP 的扩展和应用。

传统 ISP 基于流水线架构，可以将延时做到毫秒级，但是 NPU 运行一定大小的卷积神经网络就需要 100ms 以上的延时。既然目前还无法做到 AISP 完全代替传统 ISP，我们可以考虑将 ISP 中的某些模块，如降噪或者 HDR 模块替换成性能更好的 AI 降噪或者 AI HDR 模块，这样既保留了传统 ISP 的流水线优势，又没有带来很大的算力和延时消耗，同时还能针对很多场景提升成像质量，这样的做法已经在产业界得到了越来越多的应用，而且未来 ISP 的 AI 化是必然的趋势。

9.2.3　AISP 的产业化应用

早在 2017 年，Google 就推出自家的先进的图像协处理器 Pixel Visual Core，集成到 Pixel 2 和 Pixel 3 手机中，利用 AI 技术对手机相机的拍照进行画质提升。其主要是对 3A、HDR 等算法进行了改进。PVC 处理器的放大芯片图，如图 9.22 所示，该协处理器集成了 CPU（A53）、存储接口（LPDDR4 和 PCIe）、图像视频接口（MIPI）、定制的图像处理单元（IPUs），其中每个 IPU 都包含 512 个算术计算单元（ALUs），可以提供 3.28Tops 的算力。相比执行在应用处理器上，HDR+在 PVC 上只需要用更少的时间和功耗去完成，而且效果更好，图 9.23 所示为第三方 App 的拍照图像与 PVC 处理后的 HDR+图像对比。Apple 是另外一家把 AI 技术应用于 ISP 图像处理中的公司，在 iPhone 7 上，AI 首先用来理解相机所拍照片的内容，进一步去区分前景（Foreground）和背景（Background），然后自动设置合适的 3A 值。Google 和 Apple 是将 AI 应用于经由 ISP 处理过的 RGB 图像，做特定的任务，如 HDR 和内容识别。随着时间的推移，三星电子于 2020 年发布的 Exynos 1080 也加入了 NPU 和 ISP 之间的融合技术，可以使 AI 更加便利地用于 ISP 的图像处理过程之中，有针对性地对 3A、降噪等算法进行提升（见延伸阅读[11]）。

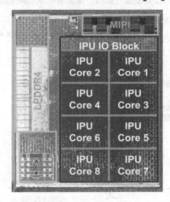

图 9.22　PVC 处理器的放大芯片图（见延伸阅读[12]）

（a）Pixel 2 上第三方 App 的拍照图像　　　　　　　（b）利用 PVC 处理的 HDR+图像

图 9.23　第三方 App 的拍照图像与 PVC 处理后的 HDR+图像对比（见延伸阅读[13]）

2020 年起，国内也陆续有多家公司推出引入 AI 优化画质的 ISP，如海思、爱芯元智、

OPPO 等。海思推出的越影智能图像处理引擎就是将 AI 引入到传统的 ISP 处理流程中，突破传统 ISP 图像处理的极限，将画质提升到新高度。海思越影 AISP 主要从降噪、低照提升、宽动态、防抖、多 Sensor 感知融合等方面超越传统 ISP 图像处理的效果。本节将介绍降噪和宽动态这两个影响画质的关键模块。降噪是 ISP 中不可或缺的一个重要模块，一般传统 ISP 会有多级降噪模块，在不同色彩空间上做空域或者时域降噪，这个已经介绍过了。传统的 ISP 降噪算法并不能完全预测和模拟噪声分布，只能通过特定的滤波器和不同场景下的参数来尽可能多地覆盖大部分的应用场景，但是真正的降噪效果在低照度或者极端情况下是很难做好的。海思越影 AISP 基于大量的低照度图片去模拟和学习真实低照度场景下的噪声分布和有效的信号特征，从而得到一个基于神经网络的降噪模型。神经网络降噪模型以其独有的超非线性拟合性可以极大程度地区分低照度场景下的噪声和有效信号，分别对噪声和有效信号进行不同强度的降噪。海思越影 AISP 能覆盖从月光（约 0.5Lux）到 0.01Lux 的极低照度场景，并且在超感光降噪上比传统 ISP 提升了 4 倍的信噪比，如图 9.24 所示。

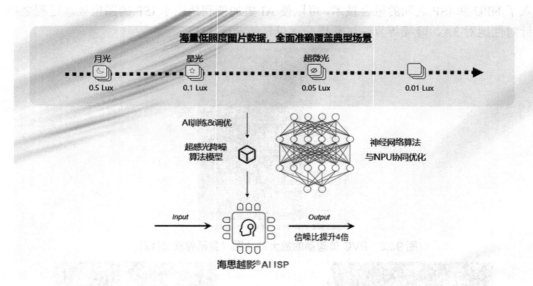

图 9.24　海思越影 AISP 的信噪比提升（见延伸阅读[14]）

在传统 ISP 中宽动态是一个常见的模块，用于增加图像的动态范围和处理明暗对比强烈的场景。宽动态也分为两种，第一种是传感器的宽动态模式，多帧或者长、短行融合，需要 ISP 硬件上支持；第二种是 ISP 支持的数字宽动态，例如，通过直方图均衡来改变像素分布，或者局部色调映射（Local Tone Mapping）。但是这两种宽动态对融合算法或者数字宽动态算法的要求非常高，需要参数能适应真实场景。海思越影 AISP 的超级宽动态对输入图片进行目标场景识别，提取出不同的有效信息，分别设置多重曝光参数，通过神经网络模型进行不同曝光的帧间融合。突破了传统宽动态算法的局限，针对不同场景，可以自动产生不同的参数来控制曝光和融合。图 9.25 所示为海思越影 AISP 和传统 ISP 在出隧道场景的图像动态范围对比，在出隧道场景下动态范围能提升 12dB。

图 9.25　海思越影 AISP 和传统 ISP 在出隧道场景的图像动态范围对比（见延伸阅读[14]）

爱芯元智也推出了两款 AISP 芯片，分别针对高算力和低功耗场景（见延伸阅读[15]）。在其产品介绍中，也是针对 ISP 流水线对人眼感知影响最大的模块进行 AI 化，比如 HDR、3D 降噪、色调映射、去马赛克等模块。他们主要从 AISP 的硬件架构和算法两个方向进行突破。在硬件架构上，他们将 NPU 融合到传统 ISP 流水线中，并且针对 AISP 算法进行特定的硬件优化，例如，支持混合精度计算，选择更大的片上内存以降低片外 DDR 的访问，定制特定的图像算法处理单元来加速典型的图像处理算子等。为了最大化 NPU 的利用率，他们也针对性地筛选训练出多种网络来达到更好的成像效果。

OPPO 于 2021 年 12 月也推出了一款自研芯片（马里亚纳 MariSilicon X），是影像专用 NPU 芯片（见延伸阅读[16]）。其算力峰值能达到 18Tops，平均能耗为 11.6Tops/W。马里亚纳 X 芯片主要解决了由于手机芯片上传统 ISP 和通用处理器算力不足导致夜景视频画质不佳的问题。马里亚纳 X 芯片实现了 4K 20bit 实时 RAW 计算，将图像的动态范围提升到了人眼水平。这类 AISP 的协处理器能解放手机 SOC 的通用算力，而且能达到更高的能效比和更好的视频质量。

9.2.4　本章小结

本章首先回顾了 ISP 的发展历史和应用场景，主要包括传统应用、新兴应用和行业应用。针对不同应用场景，图像处理器演化出不同的图像处理算法和硬件架构。然后，本章分别从 RAW 域、RGB 域、YUV 域介绍了 ISP 的基础图像处理算法和流水线，让读者对整个 ISP Pipeline 和各个图像处理模块有了基本完整的了解。本章从学术和产业两个方向简单介绍了 AI 在 ISP 领域中的应用。从学术研究方向，笔者选取了两篇延伸阅读的论文将 AISP 的图像处理结果和传统 ISP 的图像处理结果进行对比，同时从 AISP 现状上讨论了其优缺点和未来的发展方向；在产业应用方面，笔者回顾了国内、外各大公司在 AISP 研发上的最新进展，可以看到目前各个公司都在低照度场景持续发力，也展示了 AISP 在有限场景下对图像质量的较大提升。随着 AISP 技术的快速发展，学术界和工业界都对 AISP 取代传统 ISP 有强烈的信心，未来我们也会在更多的产品上看到 AISP 的效果。

延 伸 阅 读

第 1 章

[1]《漫话 CPU 指令集架构》，作者：强大的宇宙，来自知乎。

[2]《什么是冯诺依曼结构、哈佛结构、改进型哈佛结构》，作者：夜风，来自 CSDN 论坛。

[3]《哈佛结构和冯诺依曼结构》，作者：我吃印度飞饼，来自知乎。

[4]《STM32 属于哈佛结构还是冯诺依曼结构》，作者：strongercjd，来自 CSDN 论坛。

[5]《哈佛结构和冯·诺依曼结构的区别》，作者：无法显示用户名，来自 CSDN 论坛。

第 2 章

[1]《基于 MATLAB 的 RGB 转 YCBCR 色彩空间转换》，作者：NingHeChuan，来自 cnblogs 博客园。

[2]《YUV 与 RGB 互转各种公式》，作者：罗引杰，来自 cnblogs 博客园。

[3]《ycbcr 是什么颜色模型》，作者：cukexr2833，来自 CSDN 论坛。

第 3 章

[1]《经典对比度增强算法》，作者：charlene_bo，来自 CSDN 论坛。

[2]《直方图均衡化》，作者：桂哥 317，来自 CSDN 论坛。

[3]《Gamma 变换（校正）》，作者：李响 Superb，来自 CSDN 论坛。

[4]《Tune mapping 色调映射》，作者：小呆，来自 CSDN 论坛。

[5]《为啥选择 gamma2.2》，作者：精神时间房，来自知乎。

[6] "Book Images Downloads"，作者：冈萨雷斯，来自官网。

第 4 章

[1]《中心极限定理》，作者：送人亲，来自知乎。

[2]《中值滤波&均值滤波》，作者：在路上 DI 蜗牛，来自 CSDN 论坛。

[3]《数字图像处理之快速中值滤波算法》，作者：yoyo_sincerely，来自 cnblogs 博客园。

[4]《使用 MATLAB 为图像添加噪声》，作者：二进制人工智能，来自 CSDN 论坛。

[5]《高斯模板（高斯滤波）的实现 matlab 版》，作者：xiaobai_Ry，来自 CSDN 论坛。

[6]《双边滤波（Bilateral Filter）详解》，作者：JiePro，来自 CSDN 论坛。

[7]《冒泡排序详解》，作者：一起学编程，来自 CSDN 论坛。

[8]《Bilateral Grid 直观理解》，作者：七海，来自知乎。

第 5 章

[1]《OpenCV_基于局部自适应阈值的图像二值化》，作者：icvpr，来自 CSDN 论坛。

[2]《帧间差分法》，作者：斩铁剑圣，来自知乎。

第 6 章

[1]《图像锐化（增强）和边缘检测》，作者：qiudesuo，来自 CSDN 论坛。

[2]《图像增强—图像锐化》，作者：白水 baishui，来自 CSDN 论坛。

第 7 章

[1] Dong C, Loy C C, He K, et al. Image super-resolution using deep convolutional networks[J]. IEEE transactions on pattern analysis and machine intelligence, 2015, 38(2): 295-307.

[2] Ledig C , Theis L, Huszar F, et al. Photo-Realistic Single Image Super-Resolution Using a Generative Adversarial Network[J]. IEEE CVPR, 2017.

[3] Kong D, Zhu F, Wei Y, et al. BSR: A Balanced Framework For Single Image Super Resolution[C]. 2020 ITU Kaleidoscope: Industry-Driven Digital Transformation (ITU K), 2020.

[4] Hu X, Mu H, Zhang X, et al. Meta-SR: A Magnification-Arbitrary Network for Super-Resolution[C]. 2019 IEEE/CVF Conference on Computer Vision and Pattern Recognition (CVPR), 2020.

[5]《图像缩放技术》，作者：home 普通的人，来自 cnblogs 博客园。

第 8 章

[1] A. Krogh. What are artificial neural networks?[J]. Nature Biotechnology, 2008, 26:195-197.

[2] D.H. Hubel, T.N Wiesel. Receptive fields, binocular interaction and functional architecture in the cat's visual cortex[J]. The Journal of Physiology, 1962, 160(1):106-154.

[3] K. Fukushima. Neocognitron: A self-organizing neural network model for a mechanism of pattern recognition unaffected by shift in position[J], Biological Cybernetics, 1980, 36:193-202.

[4] S. Ioffe, C. Szegedy. Batch normalization: Accelerating deep network training by reducing internal covariate shift[C]. Proceedings of the 32nd International Conference on Machine Learning, 2015(:448-456)

[5] Y. LeCun, L. Bottou, Y. Bengio, et al. Gradient-based learning applied to document recognition[J]. Proceedings of the IEEE, 1998, 86(11):2278-2324.

[6] MNIST 数据集，来自 Yann Lecun 个人网站。

[7] Kaiyuan Guo, Shulin Zeng, Jincheng Yu, et al. A Survey of FPGA Based Neural Network Accelerator[J]. arXiv preprint arXi, 2017.

[8] 一个卷积神经网络的硬件实现，作者：lulinchen，来自 github。

[9] MT9V034 Datasheet，来自 onsemi 官网。

第 9 章

[1] Dave. Litwiller. CCD vs. CMOS: Facts and Fiction[J]. Photomics Spectra, 2001, 35(1):154-158.

[2] Nakamura, Junichi. Image sensors and signal processing for digital still cameras[M]. USA:CRC Press, 2017.

[3] Ahmed, Sherif. Microwave Imaging in Security — Two Decades of Innovation[J]. IEEE Journal of Microwaves, 2021, 1:191-201.

[4] TEAC 公司介绍，来自维基百科。

[5] Henkel-adhesives 公司介绍，来自 Henkel-adhesives 官网。

[6] CF-H290ECI 简介，来自奥林巴斯官网。

[7] 车载摄像头解决方案，来自 socionext 官网。

[8] 开源图像处理器，作者：Cruxopen，来自 github。

[9] Chen Chen et al. Learning to See in the Dark[C]. Proceedings of the IEEE Conference on Computer Vision and Pattern Recognition (CVPR), 2018(:3291-3300)

[10] Andrey Ignatov, Luc Van Gool, Radu Timofte. Replacing Mobile Camera ISP with a Single Deep Learning Model[C]. Proceedings of the IEEE Conference on Computer Vision and Pattern Recognition (CVPR), 2020(:2275-2285)

[11] 三星 Exynos 1080 移动处理器，来自三星官网。

[12] Google pixel visual core，来自维基百科。

[13] Pixel visual core: image processing and machine learning on Pixel 2，来自 Google blog。

[14] 海思越影：新一代 AI ISP 技术，树立画质新标杆，来自海思官网。

[15] AX630A 芯片介绍，来自爱芯元智官网。

[16] OPPO 首个自研芯片马里亚纳 MariSilicon X，来自 OPPO 官网。

缩　略　语

缩　略　语	英 文 全 称	中 文 名 称
第 1 章		
CPU	Central Processing Unit	中央处理器
ARM	Advanced RISC Machine	高级精简指令集机器
DSP	Digital Signal Processor	数字信号处理器
RISC	Reduced Instruction Set Computer	精简指令集计算机
SOC	System on Chip	片上系统
SD	Secure Digital	安全数码
FPGA	Field Programmable Gate Array	现场可编程门阵列
SIMD	Single Instruction Multiple Data	单指令多数据
ECC	Error Correcting Code	纠错码
ACP	Accelerator Coherency Port	加速器一致性端口
SCU	Snoop Control Unit	窥探控制单元
AMBA	Advanced Microcontroller Bus Architecture	高级微控制器总线架构
AXI	Advanced eXtensible Interface	高级可扩展接口
ACE	AXI Coherency Extensions	AXI 一致性扩展
PP	Peripheral Port	外设端口
CHI	Coherent Hub Interface	一致的集线器接口
PPA	Power Performance Area	功耗、性能及面积
AMD	Advanced Micro Devices	超威半导体公司
GPU	Graphics Processing Unit	图形处理器
ISP	Image Signal Processor	图像信号处理器
NPU	Neural-network Processing Unit	神经网络处理器
WWDC	Worldwide Developers Conference	苹果全球开发者大会
TFLOPS	Tera Floating-point Operations per Second	万亿次浮点运算每秒
AVS	Audio Video Coding Standard	音视频编码标准
3A	Automatic Exposure\Automatic Focus\Automatic White Balance	自动曝光\自动对焦\自动白平衡
2D	Two Dimensions	二维
3D	Three Dimensions	三维
DDR	Double Data Rate	双倍数据速率
AI	Artificial Intelligence	人工智能

缩 略 语	英 文 全 称	中 文 名 称
DDRC	Double Data Rate Controller	DDR 控制器
SDIO	Secure Digital Input and Output	安全数字输入输出
SDHC	Secure Digital High Capacity	高容量 SD 存储卡
SDXC	Secure Digital eXtended Capacity	容量扩大化的安全存储卡
SPI	Serial Peripheral Interface	串行外设接口
NOR	Not Or	或非
GMAC	Gigabit Media Access Controller	千兆媒体访问控制器
PHY	Physical Layer	物理层
USB	Universal Serial Bus	通用串行总线
I2S	Integrated Interchip Sound	集成电路内置音频总线
AES	Advanced Encryption Standard	高级加密标准
DES	Data Encryption Standard	数据加密标准
MJPEG	Motion Joint Photographic Experts Group	面向运动静止图像（或逐帧）压缩技术，是一种视频压缩技术
JPEG	Joint Photographic Experts Group	面向连续色调静止图像的一种压缩技术，是一种图片压缩格式
TDE	Two Dimensional Engine	二维引擎
IVS	Intelligent Video Engine	智能视频引擎
CVBS	Composite Video Broadcast Signal	复合视频广播信号
VPSS	Video Processing Sub-System	视频处理子系统
VGS	Video Graph System	视频图像系统
WDR	Wide Dynamic Range	宽动态范围
MIPI	Mobile Industry Processor Interface	移动产业处理器接口
LVDS	Low-Voltage Differential Signaling	低电压差分信号
RTC	Real-Time Clock	实时时钟
I2C	Inter-Integrated Circuit	集成电路总线
SSP	Synchronous Serial Port	同步串行口
GPIO	General Purpose Input Output	通用输入/输出
IR	Infrared Radiation	红外线
UART	Universal Asynchronous Receiver/Transmitter	通用异步收发送设备
PWM	Pulse Width Modulation	脉冲宽度调制
SAR-ADC	Successive Approximation Register-Analog to Digital Converter	逐次逼近寄存器型模数转换器
IPC	IP Camera	网络摄像机
ROI	Region Of Interest	感兴趣区域
IP	Intellectual Property	知识产权
RTL	Register Transfer Level	寄存器传输级
RGB	Red Green Blue	红绿蓝
YCbCr	Luminance\Chrominance-Blue\Chrominance-Red	亮度\蓝色色度\红色色度
DVP	Digital Video Port	数字视频接口

缩 略 语	英 文 全 称	中 文 名 称
SDRAM	Synchronous Dynamic Random Access Memory	同步动态随机存储器
HDMI	High Definition Multimedia Interface	高清晰度多媒体接口
VGA	Video Graphics Array	视频图形阵列
LCD	Liquid Crystal Display	液晶显示器
LVDS	Low-Voltage Differential Signaling	低电压差分信号
SFP	Small Form-factor Pluggable	小型可插拔
PCIE	Peripheral Component Interconnect Express	一种高速串行计算机扩展总线标准
SATA	Serial Advanced Technology Attachment	串行高级技术附件
CSI	Camera Serial Interface	相机串行接口
DSI	Display Serial Interface	显示串行接口
第 2 章		
FPGA	Field Programmable Gate Array	现场可编程门阵列
RGB	Red Green Blue	三原色
YCbCr	Luminance\Chrominance-Blue\Chrominance-Red	亮度\蓝色色度\红色色度
HDMI	High Definition Multimedia Interface	高清晰度多媒体接口
DP	Display Port	显示接口
UVC	USB Video Class	USB 视频类
AVS	Audio Video coding Standard	音视频编码标准
JPEG	Joint Photographic Experts Group	面向连续色调静止图像的一种压缩技术，是一种图片压缩格式
MJPEG	Motion Joint Photographic Experts Group	面向运动静止图像（或逐帧）压缩技术，是一种视频压缩技术
YUV	Luminance\Chrominance\Chroma	亮度\色度\色度
PC	Personal Computer	个人计算机
CPU	Central Processing Unit	中央处理器
BMP	Bitmap	位图
CMYK	Cyan Magenta Yellow Black	青色、品红色、黄色、黑色
MPEG	Moving Picture Experts Group	动态图像专家组
TV	Television	电视
SDTV	Standard Definition Television	标准清晰度电视
HDTV	High Definition Television	高清晰度电视
ITU-R	Radiocommunication Sector of ITU	国际电信联盟无线电通信部门
ARM	Advanced RISC Machine	高级精简指令集机器
ARGB	Alpha Red Green Blue	透明度、红色、绿色、蓝色
ALU	Arithmetic logical Unit	算术逻辑单元
CPU	Central Processing Unit	中央处理器
VGA	Video Graphic Array	视频图形阵列
PC	Personal Computer	个人计算机

缩 略 语	英 文 全 称	中 文 名 称
GPU	Graphics Processing Unit	图形处理器
RTL	Register Transfer Level	寄存器传输级
RAM	Random Access Memory	随机存储器
IP	Intellectual Property	知识产权
LUT	Look-Up-Table	查找表
ASIC	Application Specific Integrated Circuit	专用集成电路
AXI	Advanced eXtensible Interface	高级可扩展接口
DDR	Double Data Rate	双倍数据速率
JPG	Joint Photographic Experts Group	面向连续色调静止图像的一种压缩技术，是一种图片压缩格式
TIF	Tagged Image File Format	标签图像文件格式
AMD	Advanced Micro Devices	超威半导体公司
IDE	Integrated Development Environment	集成开发环境
DSP	Digital Signal Processor	数字信号处理器
第 3 章		
FPGA	Field Programmable Gate Array	现场可编程门阵列
CT	Computed Tomography	计算机断层扫描
DSP	Digital Signal Processor	数字信号处理器
SDRAM	Synchronous Dynamic Random Access Memory	同步动态随机存储器
DDR	Double Data Rate	双倍数据速率
BRAM	Block Random Access Memory	块随机存储器
RTL	Register Transfer Level	寄存器传输级
RAM	Random Access Memory	随机存储器
LUT	Look-Up-Table	查找表
ISP	Image Signal Processor	图像信号处理器
CRT	Cathode Ray Tube	阴极射线管
LCD	Liquid Crystal Display	液晶显示器
PC	Personal Computer	个人计算机
第 4 章		
FPGA	Field Programmable Gate Array	现场可编程门阵列
BM3D	Block-Matching and 3D filtering	基于块匹配 3D 滤波算法
2D	Two Dimensions	二维
JPG	Joint Photographic Experts Group	面向连续色调静止图像的一种压缩技术，是一种图片压缩格式
FIFO	First In First Out	先进先出
RTL	Register Transfer Level	寄存器传输级
LUT	Look-Up-Table	查找表

缩　略　语	英　文　全　称	中　文　名　称
	第 5 章	
FPGA	Field Programmable Gate Array	现场可编程门阵列
RGB	Red Green Blue	三原色
2D	Two Dimensions	二维
ISP	Image Signal Processor	图像信号处理器
ROI	Region of Interest	感兴趣区域
SDRAM	Synchronous Dynamic Random Access Memory	同步动态随机存储器
DDR	Double Data Rate	双倍数据速率
	第 6 章	
FPGA	Field Programmable Gate Array	现场可编程门阵列
JPG	Joint Photographic Experts Group	面向连续色调静止图像的一种压缩技术，是一种图片压缩格式
	第 7 章	
FPGA	Field Programmable Gate Array	现场可编程门阵列
JPG	Joint Photographic Experts Group	面向连续色调静止图像的一种压缩技术，是一种图片压缩格式
BRAM	Block Random Access Memory	块随机存储器
FIFO	First In First Out	先进先出
DL	Deep learning	深度学习
CV	Computer Vision	计算机视觉
SR	Super Resolution	超分辨率
ReLU	Rectified Linear Unit	修正线性单元
SRCNN	Super-Resolution Convolutional Neural Network	超分辨率卷积神经网络
FSRCNN	Faster Super-Resolution Convolutional Neural Network	快速超分辨率卷积神经网络
VDSR	Very Deep Convolutional Neural Network Super Resolution	超深度卷积神经网络超分辨率
MSE	Mean Square Error	均方误差
PSNR	Peak Signal-to-Noise Ratio	峰值信噪比
TFLOPS	Tera Floating-point Operations per Second	万亿次浮点运算每秒
EDSR	Enhanced Deep Residual Networks for Single Image Super-Resolution	用于单幅图像超分辨率的增强深度残差网络
LPIPS	Learned Perceptual Image Patch Similarity	学习感知图像块相似度
GAN	Generative Adversarial Network	生成式对抗网络
BN	Batch Normalization	批量归一化
FC	Fully Connected Layer	全连接层
CVPR	Conference on Computer Vision and Pattern Recognition	国际计算机视觉与模式识别会议
ECCV	European Conference on Computer Vision	欧洲计算机视觉国际会议

缩 略 语	英 文 全 称	中 文 名 称
NTIRE	New Trends in Image Restoration and Enhancement	图像恢复与增强的新趋势
PIRM	Perceptual Image Restoration and Manipulation	感知图像恢复和操纵
PSF	Point-Spread Function	点扩展函数
CCD	Charge-Coupled Device	电荷耦合器件
LR	Low Resolution	低分辨率
HR	High Resolution	高分辨率
AVS	Audio Video Coding Standard	音视频编码标准
SOC	System on Chip	片上系统
DLSS	Deep Learning Super Sampling	深度学习超级采样
	第 8 章	
FPGA	Field Programmable Gate Array	现场可编程门阵列
ANN	Artificial Neural Networks	人工神经网络
CNN	Convolutional Neural Networks	卷积神经网络
CPU	Central Processing Unit	中央处理器
GPU	Graphics Processing Unit	图形处理器
ReLU	Rectified Linear Unit	修正线性单元
MNIST	Modified National Institute of Standards and Technology	修改的国家标准和技术研究所，公开了大型数据库的手写数字集
ALU	Arithmetic logical Unit	算术逻辑单元
FPU	Floating- point Processing Unit	浮点处理单元
DSP	Digital Signal Processor	数字信号处理器
MAC	Multiplication Accumulation	乘累加
ROM	Read-only Memory	只读存储器
IP	Intellectual Property	知识产权
SRAM	Static Random Access Memory	静态随机存储器
HDMI	High Definition Multimedia Interface	高清晰度多媒体接口
BRAM	Block Random Access Memory	块随机存储器
CMOS	Complementary Meta-Oxide-Semiconductor	互补金属氧化物半导体
RGB	Red Green Blue	红绿蓝
DVP	Digital Video Port	数字视频接口
LVDS	Low-Voltage Differential Signaling	低电压差分信号
I2C	Inter-Integrated Circuit	集成电路总线
OSD	On Screen Display	屏幕菜单式调节方式
LUT	Look-Up-Table	查找表
	第 9 章	
ISP	Image Signal Processor	图像信号处理器
AISP	Artificial Intelligence Image Signal Processor	人工智能图像信号处理器

缩　略　语	英　文　全　称	中　文　名　称
MOSFET	Metal-Oxide-Semiconductor Field Effect Transistor	金属-氧化物-半导体场效应晶体管
MOS	Metal-Oxide-Semiconductor	金属-氧化物-半导体
CCD	Charge-Coupled Device	电荷耦合器件
CMOS	Complementary Metal-Oxide-Semiconductor	互补金属氧化物半导体
ADC	Analog-to-Digital Converter	模数转换器
CPU	Central Processing Unit	中央处理器
DSP	Digital Signal Processor	数字信号处理器
ASP	Analog Signal Processing	模拟信号处理
OLPF	Optical Lowpass Filter	光学低通滤波器
AGC	Automatic Gain Control	自动增益控制
3D	Three Dimensions	三维
HDR	High Dynamic Range	高动态范围成像
RGB	Red Green Blue	红绿蓝
YUV	Luminance\Chrominance\Chroma	亮度\色度\色度
LUT	Look-Up-Table	查找表
CRA	Chief Ray Angle	主光角
3A	Automatic Exposure\Automatic Focus\Automatic White Balance	自动曝光\自动对焦\自动白平衡
CRT	Cathode Ray Tube	阴极射线管
LED	Light Emitting Diode	发光二极管
IPS	In-Plane Switching	面内转换显示模式
YCbCr	Luminance\Chrominance-Blue\Chrominance-Red	亮度\蓝色色度\红色色度
HSV	Hue\Saturation\Value	色相\饱和度\明度
ITU-R	Radiocommunication Sector of ITU	国际电信联盟无线电通信部门
AI	Artificial Intelligence	人工智能
SRCNN	Super-Resolution Convolutional Neural Network	超分辨率重建卷积神经网络
CNN	Convolutional Neural Networks	卷积神经网络
GPU	Graphics Processing Unit	图形处理器
CAN	Context Aggregation Network	上下文聚合网络
ISO	International Standards Organization	国际标准化组织
BM3D	Block-Matching and 3D filtering	基于块匹配的 3D 滤波算法
NPU	Neural-network Processing Unit	神经网络处理器
PCIe	Peripheral Component Interconnect express	外围部件互连扩展
LPDDR	Low Power Double Data Rate	低功耗双倍数据速率
MIPI	Mobile Industry Processor Interface	移动产业处理器接口
IPU	Image Processing Unit	图像处理单元
ALU	Arithmetic logical Unit	算术逻辑单元
PVC	Pixel Visual Core	像素视觉核心
SOC	System on Chip	片上系统

中文名称	英文名称	缩写
	Metal-Oxide-Semiconductor Field Effect Transistor	MOSFET
	Metal-Oxide-Semiconductor	MOS
	Charge Coupled Device	CCD
	Complementary Metal-Oxide-Semiconductor	CMOS
	Analog-to-Digital Converter	ADC
	Central Processing Unit	CPU
	Digital Signal Processor	DSP
	Analog Signal Processing	ASP
	Optical Bypass Filter	OIF
	Automatic Data Control	ADC
	Three Dimensions	3D
	High Dynamic Range	HDR
	Red Green Blue	RGB
	Luminance Chrominance Chroma	YUV
	Look-Up-Table	LUT
	Chief Ray Angle	CRA
	Automatic Exposure Automatic Focus Automatic White Balance	3A
	Cathode Ray Tube	CRT
	Light Emitting Diode	LED
	In-Place Switching	IPS
	Luminance Brightness White luminance Red	WRGB
	B's Sarea Visual	BSV
	Radiocommunication Sector of ITU	ITU-R
	Artificial Intelligence	AI
	Super-Resolution Convolutional Neural Network	SRCNN
	Convolutional Neural Network	CNN
	Graphics Processing Unit	GPU
	Graph Aggregation Network	GAN
	International Standards Organization	ISO
	Block-matching and 3D filtering	BM3D
	Neural network Processing Unit	NPU
	Peripheral Component Interconnect express	PCIe
	Low Power Double Data Rate	LPDDR
	Mobile Industry Processor Interface	MIPI
	Image Processing Unit	IPU
	Arithmetic Logical Unit	ALU
	Pixel Visual Core	PVC
	System on a Chip	SOC